［希腊］帕纳约蒂斯·图尼基沃蒂斯

（Panayotis Tournikiotis）

著

王贵祥 译

李怡 校译

现代建筑的
历史编纂

THE HISTORIOGRAPHY OF MODERN
ARCHITECTURE

中国建筑工业出版社

著作权合同登记图字：01–2024–4921 号

图书在版编目（CIP）数据

现代建筑的历史编纂 /（希）帕纳约蒂斯·图尼基沃
蒂斯（Panayotis Tournikiotis）著；王贵祥译 .
北京：中国建筑工业出版社，2025.6. -- ISBN 978-7
-112-31115-6

Ⅰ. TU–091

中国国家版本馆 CIP 数据核字第 2025M6D183 号

THE HISTORIOGRAPHY OF MODERN ARCHITECTURE

Panayotis Tournikiotis

Copyright © 1999 Massachusetts Institute of Technology

Chinese Translation Copyright © 2025 China Architecture Publishing & Media Co., Ltd.

本书经博达创意代理有限公司代理，美国麻省理工学院出版社正式授权我公司翻
译、出版、发行本书中文简体版

责任编辑：李　鸽　陈小娟　孙书妍

责任校对：赵　力

现代建筑的历史编纂

THE HISTORIOGRAPHY OF MODERN ARCHITECTURE

[希腊] 帕纳约蒂斯·图尼基沃蒂斯(Panayotis Tournikiotis)　著

王贵祥　译

李　怡　校译

*

中国建筑工业出版社出版、发行（北京海淀三里河路 9 号）

各地新华书店、建筑书店经销

北京海视强森图文设计有限公司制版

北京君升印刷有限公司印刷

*

开本：880 毫米 ×1230 毫米　1/32　印张：13⅛　字数：337 千字

2025 年 8 月第一版　　2025 年 8 月第一次印刷

定价：**88.00** 元

ISBN 978-7-112-31115-6

（44649）

版权所有　翻印必究

如有内容及印装质量问题，请与本社读者服务中心联系

电话：（010）58337283　　QQ：2885381756

（地址：北京海淀三里河路 9 号中国建筑工业出版社 604 室　邮政编码：100037）

本书献给我的父亲

约翰（John）

前言 ——————————————————————— Preface

　　历史编纂：历史的写作；写作的历史。这个词最早所知在英语中的出现可以追溯到 1569 年，但是这个词却有其更早的希腊词根，即 ιστοριογραφία（isioriograf），来自 ιστορία（isior）——历史（叙述），以及 γράφειν（grfein）——书写。[1] 这个词从拉丁语进入了意大利语和法语，在德语中使用的情况也是类似的。在最近一些年，它的意义沿着两个补充性的方向向前发展，一方面涉及历史编纂性写作中的人；另一方面涉及历史编纂的对象——那就是，写作者的作品。从本质上看来，直到启蒙运动时期，历史编纂者还是一位与某一宫廷有着密切联系的，官方所指定的历史学家。而伏尔泰式的虽然很刻薄，但基本上是准确的，他在他的《哲学词典》（*Dictionnaire philosophique*）中写道："在法兰西，术语'历史编纂者'通常会给予一个文化人，他作为一个领取年金的人，是因其书写历史而被给予俸禄的，正如人们习惯上所说的……。很难说为君主服务的历史编纂者不会说谎；为共和国服务的历史编纂者可能会少一些溢美之词，但是他也不会告诉你全部的事实。" [2] 然而，自 19 世纪始，历史编纂这个词一直被用于不仅是历史的书写，而且主要是指书写历史的文集，其所描述的是历史作品的完整的历史著作体系：例如，拜占庭的历史编纂，路易十四王朝的历史编纂，或现代建筑的历史编纂等。换句话说，它标示出了关于某一特定的历史时期或主题单元下，及其扩展情况下，历史写作的全部文本，它也被应用于有关这样一组著作的更为宽泛之研究下的知识之中。当然，有关这个词的当代的，或者更为学术化的使用是后者，这相当于我们这本书的标题中所使用的历史编纂的意义。虽然如此，其最初的意义仍然留存在那些文本的表象之下，并且能够在理解或解释他所描写的历史事件中，从其字里行间中阅读出来，揭示出作者（无论是否依附于宫廷）在理解和阐释所述事件时本质上的个人介入。回到这个词的词根的最初意义上，我们几乎能够说，历史学家重新建构了历史的过程。如我们将在下面所看到的，那就是我在现代建筑的历史编纂中所要介入与关注的真正领域：我探索了历史话语所加以阐释的方法，以及它最终在多大程度上成为一种具体而成熟的观点的载体——换句话说，一种理论。

我的论题的第二部分涉及现代建筑。很显然，在这里，意义关乎在这一历史编纂研究中所涉及的一个特殊的年代学时期，以及特别的研究主题单元。我使用了现代建筑这个术语，并且使用了现代建筑运动一词，来作为对 20 世纪 20 年代和 30 年代新建筑，及其外延情况的一种等同性的描述——既包括物质性的意义（在大师及由大师们所直接教导的建筑师们的作品），也包括意识形态的意义（对现代性的接受）——步其后尘的余绪超过了 30 个年头。当然，当我研究亨利 - 鲁塞尔·希区柯克、布鲁诺·泽维等历史学家的著作时，也会使用其他同义术语（诸如国际式风格或理性主义），其中通常会负载一些附加的细微差别，以及其他一些内涵性的东西。如果我们承认，现代建筑应该有一个结束点，那么，现代建筑当然很难界定其时间与空间边界——尽管有查尔斯·詹克斯的精确的定义，他宣称现代建筑已经"于 1972 年 7 月 15 日的下午 3 点 32 分左右在密苏里州的圣路易斯死亡了"[3]。在这一研究中，我采取了这种观点，即对于现代建筑运动的质疑，在 70 年代早期已经被转移到了不同的方向上，那是一个仍在继续决定我们的思考方法，以及影响我们之研究领域的方向。因此，我将自己设置在了我所称之为现代建筑之"终点"的那个时间点上了——这至少为我们这本文集，以及为一般的有关建筑的书写文本，设定了一个必要的边界。在这本文集的文字中，有关现代一词的词义转换，以及有关旧与新之间更为一般意义上的关系，是被放置在有关现代性之任何解释的根源上了，无论如何，这种词义转换与关系是我所研究的主要对象。有关这两方面的研究，在最后一章中得到了最为充分的拓展。

这本书的最初形式，是在 1987 年形成的，那是我在巴黎第八大学攻读国家博士学位（Doctorat d'Etat at the Université de Paris VIII）时在弗朗索瓦·乔伊（Françoise Choay）指导下所做的论文。我对她充满了感激之情，特别是她在这篇论文的最初阶段所给予的富于建设性的建议与批评。由于她不断的支持，以及她的坚持，让我在后来的岁月里，在被新的主题和其他项目所吸引时，她坚持让我重新审视建筑之现代性的历史编纂。评审专家组所有其他成员的观点——乔其奥·修西（Giorgio Ciucci）、休伯特·达米斯奇（Hubert Damisch）、阿纳托利·科普（Anatole Kopp）和海尔特·贝卡尔特（Geert Bekaert）——在这一研究的重新撰写方面起到了决定性的作用，就如同库斯塔斯·艾克斯罗斯（Kostas Axelos）所给予的建议一样，艾克斯罗斯一直是这一专家组的一位成员，但却最终没有加入到这个专家组中来。我对他们中的每一个人都怀着真诚的谢意。

在经过了 10 年的中断之后，要想重新再写一个文本，是一件比起第一次写作困难得多的事情。主要问题并不在于一些主要事实及资料已经发生了改变：如作者本身，也发生了变化，他不断地将自己拓展到了一些更为宽泛的领域之中。因此，这是一部全新的著作，虽然延续了原书的核心概念、思想与结构。在这十年间，我最需要特别提出感谢的是我在雅典国立科技大学（National Technical University of Athens）

建筑系的学生们，他们一直在告诉我如何来把握某种创造性的交流。阅读了这本书的手稿的人们提供了十分有价值的贡献，他们那些批评性的观察特别丰富了这个文本最终的形式：这些人包括让－路易·科恩（Jean-Louis Cohen）、约翰·皮伯尼斯（John Peponis）、萨瓦斯·贡达拉托斯（Savas Condaratos）和埃利亚斯·康斯坦托波罗斯（Elias Constantopoulos）等。我最为真诚的感谢还应该送给约翰·考斯托普罗斯基金会（John F. Costopoulos Foundation），是该机构为英语文本的翻译作出了决定性的贡献；我要感谢迪米特里斯·蒙特祖尼斯（Dimitris P. Mantzounis），以及，当然，还包括约翰·苏尔曼（John Solman），是他在与我的第二次合作性的翻译过程中抵挡住了我作为作者的种种偏执。对麻省理工学院出版社，我对罗杰·康诺沃（Roger Conover）充满了感激之情，是他自始至终对于这一研究给予了支持，我还要为编辑上的精心细致而感谢马修·阿巴特（Matthew Abbate），为版面的设计而感谢吉姆·麦克威西（Jim McWethy）。我也要对那些慨允我对其图加以引用，或允许我在其有关现代建筑的历史编纂性著述中摘录文字的人表示感激。特别的感激应该送给布鲁诺·泽维（Bruno Zevi），尤其是他那段慷慨和心胸坦荡的允诺："你可以从我的著作中征引任何你希望引证的东西，也可以复制和引用其中的任何插图。"这体现了对知识工作深层意义的真正坚守。

在 20 世纪的最后 40 年中，建筑与其历史之间的关系问题一直是关于建筑发展方向争论中最重要的话题之一。对于 20 世纪 20 年代的现代建筑运动所宣称的新的历程，以及在第二次世界大战之后这一运动对建筑学所产生的影响，我们都关注过。另外，我们仍然试图评估"回到过去"的意义，这正是由建筑师所创作的许多作品，特别是许多重要作品的特征，特别是在 1960 年以后。这恰好又回到了这个问题——当下语境中过去与未来的关系——这个问题构成了这本书的出发点。我们将在一定程度上深入到现代建筑运动的意义方面，我们也将尝试接触一些与现代建筑运动的历史有关的核心、议题。运用不同的术语来讲，我们将通过现代建筑运动自身的历史编纂来尝试对现代性概念进行解构。这样一种探索将使我们理解存在于建筑、意义和时间之间的关系；换句话说，我们将能够理解存在于概念上的与可见物的两者之间真正的裂隙，而这也将帮助我们把握那由诸多建筑形式所构成的历史真实所依据的条件。

然而，我们将不会从相对比较晚近的 20 世纪 70 年代、80 年代和 90 年代的争论出发，我们也不会重构这一争论的漫长背景，这一争论最初是在 20 世纪 60 年代中期变得突出起来，其中也包括一整个那许许多多的事件和那些有趣的讨论。我们将把兴趣集中在一组文本上，这是一些从 20 世纪 20 年代后期到 60 年代后期撰写的文本，这些文本自诩为现代建筑运动的起源、达到鼎盛和走入衰落的历史。因此，我们将处理的是对与其几乎相同时代的建筑加以历史的解释，记录了一个大约 40 多年历史阶段的建筑及其历史之间的关系在其意义上的转变。

选择被称为历史的文本，也揭示了我们所拟加以分析的那些领域：那些具有决定重要性的词汇，以及能够完全证明自身是理论的另外一个方面的那些历史性话语的基本特征。在一篇接一篇地阅读这些文本的时候，难以区分对近期事件现象的解读与对即刻未来建筑的宣言。一般来说，现代建筑的历史是立足于某种有关"建筑本质"（being of architecture）的立场之上的，也是立足于一种采取了建筑"应该是什么样子"（what-ought-to-be）的或多或少清晰形式的理论之上的，这一理论通常被表述为"应该做些什么"（what-ought-to-be-done）。历史并非是中立的文本；因此，我一直将这些文本看作"客观对象"（objects），并且在研究它们的反应。

在这一研究领域中，我的兴趣是通过对有关现代建筑历史的书籍，以及对那些几乎与它们完全同步的建筑试图加以感知和解释的书籍的沉迷而激发起来的，这些感知和解释从本质上讲是从建筑自身的动态演变出发的。这些历史探究了那些（terra incognita）仍然是某种"未知领域"的按照应该将建筑看作一个整体来把握的原则之下所做的新设计，而在他们的话语中，他们表达了另外一种有关项目实施的清晰的规则与假说，以及更为宽广的设计内容：一个新社会中的全新建筑的设计。

我所进行的研究的另外一个基础是这样一个事实，即在相当一段时间内，这些著作性文本将会对建筑学的进程施加某种强有力的影响——而且，的确是这样的，因为下面我们将要讨论的这些书籍中的绝大多数仍然在出版中，通常是以许多不同的语言在重印。这些历史性的文本在许多代的建筑师培养中都起到了某种重要的作用，并以某种是被历史所限定了的，因而是必然和无可回避的现象，而对现代建筑运动做了一种全面的界定。这些文本的影响力是可以和那些理论宣言，如勒·柯布西耶（Le Corbusier）的《走向新建筑》（*Vers une architecture*），与那些有着大量插图的和广泛影响的期刊，如《今日建筑》（*L'Architecture d'Aujourd'hui*），以及那些大师们的经典作品集相比肩的。

所有这些历史文本的一般性基础是由现代建筑运动中的建筑事件所组成的，因为——以这样或那样一种方式——它们都恰好是在讨论相同的客观对象。然而，通过谱系梳理、解释和描述，它们给予这些对象以广泛的不同，基于在社会、历史和建筑方面的不同信仰而作出了不同的话语阐释。因此，我们必须既要了解同时存在的许多种叙述，每一种叙述都是以不同的方式在谈及那些相同的事件，同时也要接受一个事实，即存在不止一个现代建筑运动，每一种都拥有一个与其他现代建筑运动多少有些不同的立场。当然，这一观察并不意味着有许多现代建筑运动，就像有许多关于现代建筑的历史学家那样，而是说，对于同样一些实际发生的事件，存在同样多种可能性的话语表述。因而，对于这些历史文本的平行阅读有可能揭示与它那相对比较稳定的客观对象（现代建筑运动）恰恰相反的散乱而令人不得要领的形式变换问题，而同时又显现了不同路线的问题。在这些路线中，一些相同的事件被接受，并在其传播过程中被加以了调整，以与那些由不同的建筑历史学家为他们自己所设定的目标保持一致。

通过连续阅读，我得到了这样一个结论，即除了在意义上以及在现代建筑历史的研究对象上的清晰转变之外，还有一种一般性的共同标准编织了一种与众不同的话语结构。理论与历史都是基于一种单一的、有凝聚力的结构，这一结构是由如下部分同时组成的：①一种关于历史的信仰（亦即一种历史哲学），以及由此而产生的有关将建筑历史看作一个整体的观点；②通过确信社会与建筑的变化之间存在着无可回避的联系而产生的一种社会的幻觉；③关于建筑的本质被投射在了一个典型元素的网格之上的论断，透过这些元素，一方面，历史解释的结构被阐释了出来；另一方面，有关未来建筑的创作规则也被表达了出来。随之而来的是，建筑历史中突出了有关"即将出现之建筑"（architecture-which-is-coming）的术语，从而将对于过去之研究与理论思考保持了一致。

从这些思想出发，我尝试着去鉴别和证明那些由建筑历史学家们所撰写的文本的各自特征，并对历史的特点提出自己的主张。一方面，我试图定义这些文本"不是"什么，寻求这些文本与一般性客观对象的差别程度——这一客观对象有时倾向于去建立某种现代建筑的基础，而有时却又使其重要性变成一个问题；而在另一方面，我也试图定义这些文本"是"什么，将它们所暗示的倾向依托着它们外在的目标而加以并置，从而确定它们真实的状况。换句话说，我所寻求的是，在一位作者与另外一位作者之间，什么是持续不变的，什么又是可能变化的，从而检验他们的知识所赖以产生的那些规则。我希望能够揭示那些对历史文本加以了清晰表述，也确立了这些文本类型学特征的散乱结构。

以这种所期待的目标，这个被建造的世界一直被放置在一种需要加以附加说明的位置上；我们的目标是话语的秩序。[1] 在这里我们所涉及的只是书写的建筑学，并且只是从历史学家的观点：那些被称作历史的文本（在更为稀少的情况下，也称为理论），这些文本将未来建筑的基础置于对现在和最近的过去的历史解释中。其结果是，这本书当然并不打算去写一部现代建筑运动的真正历史；甚至也没有去写一部现代建筑运动历史的历史。我们所坚持的目标是从文本的肤浅内容中摆脱出来，捕捉它们的结构本质，从而向其更为晦暗的深层中投入一些光线[那就是，在所书写的东西中，究竟在说些什么（being said）]，使用三种不同的主题确定了我的阅读网络的方向：历史、社会和建筑。我一直试图重新建构一种足以填充在那些书写的文本之间的空隙的无形的文本。因此，我将不会引导到一种对意义的语言学分析，也不会将写一本文献与资料的历史作为我的目标。我的目标只是简单地定位在对于现代建筑历史学家的"话语"（discourse）所进行的检验，按照福柯（Foucault ★ 1）的解释，这种历史话语（historical discourse）是一种话语实践（discursive practice），它系统地构成了它所论述的对象。[2]

与之类似的是，我一直试图远离我们的历史所赖以形成的一般的与特殊的过程性语境。我将不会将历史作为文化、经济或政治条件下的功能而加以检验，正是在如此条件下，这些文本得以撰写，也不会作为建构空间的实际性生产来检验。我的兴趣并不在个别人物的个性上，也不在建筑学或城市规划领域的个别人物的特别实践上。这本书中的主角不是那些作者们，因此，我也不会尝试通过讨论他们的生平细节，或他们的著作写作的真实环境来阐释他们的思想。这就是为什么在后面的章节中没有作者的照片，以及为什么只有最为短小的生平资料被放置在注释的隐约范围之内。需要加以进一步强调的是，我并没有意向去检验历史文本与这些文本所涉及的真实空间和建筑的物质实体之间可能存在的关联性。我将把我自己限定在历史话语的分析方面，就像我在为我的论著所选定的文本的空间中阅读它。这也就是为什么书中的插图并没有显示真实世界的建筑物：这些建筑物显现在那些书的页码之间。这些建

★ 1　福柯·米歇尔，法国哲学家和历史学家，探索知识塑造能力所扮演的角色。他的作品包括《疯癫与文明》（1961）、《性史》（1976—1986）等。——译者注

筑物是被引用的例证，并附带有人们所熟悉的二手复制品所带有的所有技术性缺陷。

在这个经过深思熟虑的对于社会、经济与文化语境，和对于包括在建构过程中的技术条件语境，以及——最重要的——那些主要角色，历史学家本身，及由他们所带动的所有吸引力与影响力之重要性的重新安置，我对于批评意见持开放的态度。我的意向当然不是有意识地要对在现代建筑运动的诞生中，以及在记录了那些事实的文本产生中起到了决定性作用的那些要素加以轻描淡写。历史绝不能够在引导着作者手中之笔的背景性语境之外被理解。尽管如此，这一背景性语境（无论它是从法西斯主义的背景下产生的，还是在战后重建的过程中产生的）及其人物（无论他们是逃难到英国的德国犹太人，还是投身到他们国家社会未来之中的意大利民主人士）并没有告诉我们任何有关书写话语的本质（written discourse per se）性特征，在所有线索中最为重要的，如我们所阅读到的，是进入我们有关这些文本本身之"是怎样"（how）和"何以这样"（why）的可以信赖的解释性架构之中。

我的分析是在一个不同的水平之上向前行进的继续。我检验了那些一直被人们认为是权威性的文本，除了时间和地点之外，还将我们的注意力聚焦在我们阅读这些文本的时间上。我将这些文本看作写作而成的建筑设计，这些设计从作者的手中被释放出来，并对环境产生了冲击，就像是我们容易接触的客观对象一样，不管它们被写作时的条件是怎样的。在这里，重要的因素是在文本和它的读者之间所发展起来的关系：其中重要的因素是阅读的语境（the reading context）。意义是通过变换对历史的接受而产生的，它们被转换成客观对象，并且在远远脱离了文本所构成之最初条件的当代建筑学的一个连续过程中起到了作用。虽然他们可能打算是要对现代建筑进行一种历史编纂，但他们却将其注意力集中在了历史的地理、时间或文化增值的原因之上，我一直选择将精力放在对这些文本的不同程度的阅读上，以期当把它们完全放在近日读者的书桌上时——亦即放在我们自己的书桌上时，能够发掘其中的意义。

因而，我的路径是由对一系列文本的分析所组成的，继之而来的是试图产生一种系统性的综合，其目标在于提高对理论问题的理解。我将会检验现代建筑运动的历史存在或"在场"（being）的模式，但并不试图确定任何"应该是什么"（ought-to-be）或"应该如何做"（ought-to-be-done）之类的东西。通过给予这样一种方法论路径，对于文本的选择就被放在了桌面之上，因为分析是一种最为重要的因素。然而，在谈到有关文本选择问题之前，我将讨论排除的标准；那就是，我将解释为什么我没有将一些特定书籍包括在我的有关历史编纂的文集之中，这些书籍一般都被看作有关现代建筑运动的基础及对其进行解释的关键所在。

我所关注问题的中心所在，是那些历史话语（historical discourse），这些话语有时呈现为补充性的，而且，通常会暗示某种批评性或建筑话语性的形式，并且，间接地，但又很明确地，说明了什么应该是（what-ought）或什么不应该是（what-ought-not-to-be），现代建筑应该像什么（ought-to-be-like）或应该不像什么（ought-not-to-be-like）的问题。然而，主要由建筑师们所表达的批评的和建筑学的话语，作为过程之一个部分的明确叙述，是否拥护或反对了现代建筑的原则和方向，不是我所研究的对象。这种双重的（批评的和建筑学的）话语常常采取了某种历史话语的补充形式，那些历史话语是用来加强其主要观点的，其本质上并不是用来对其作用、功能和意义进行申述的。大多数人们可能会赞成勒·柯布西耶和阿道夫·卢斯（Adolf Loos）的措辞激烈的文本，以及沃尔特·格罗皮乌斯（Walter Gropius[3]）和路德维希·希尔伯塞姆（Ludwig Hilberseimer[4]）的非常有效果的画册类书籍，不管怎样，是可以归在批评的或建筑学的话语范畴之中的，不管它们明显地或隐晦地与过去发生了关联。这些都是历史学家手边的资料来源，但是，这些文本与书籍阐明了一种非历史的话语，因此并不能将它们纳入现代建筑历史编纂的范围。然而，关于这一点之理由，我将20世纪20年代和30年代的一些具有影响力的著述，以及一些曾经对确定现代建筑运动的理论方针起到决定性作用的文本排除在外——例如，阿道夫·伯纳（Adolf Behne）、布鲁诺·陶特（Bruno Taut）、沃尔特·柯特·贝伦特（Walter Curt Behrendt）和古斯塔夫·阿道夫·普拉兹（Gustav Adolf Platz）的书籍——就不是那么轮廓鲜明易于分辨的。为了以一种更为清晰的方式对这些文本进行解释，让我们更严密地检验它们所阐释的话语类型。

阿道夫·伯纳的《现代建造》（*Der modern Zweckbau*）发表于1926年，这是可以归在有关确立和理解现代建筑运动最早的那些书之列的一本书[5]。事实上，不像建筑师们所谈论的那些透过他们自己的作品而写作的那些书，伯纳写的是他人的作品[6]，是他自己时代的那些建筑师们正在实施的作品，他强调了这些作品的现代性，并对其价值进行了评估。在这层意义上，他当然是属于可以归在我们这个有关历史编纂的文集中的作者之一。但是，伯纳的著作依赖于——从其第一页开始就可以看到——有关建筑学的一个更深层次的定义，在其展现出某种以批评的和建筑学的话语方式对建筑作出全面描述之前的一种与功能和使用，以及必要性和美学要求相反的定义的时候，在他的文本中完全没有历史解释的元素，在第一章的仅仅两节之后，他就将笔墨放在了有关巴洛克建筑"在过去的几个十年中"已经堕落为"枯燥无味的学院派传统"方面的简单观察上了，关于这种学院派传统，他恰如其分地表达了"一种决定性的反对"[7]。实际上，在19世纪最后十年开始的每一件事情，都恰恰比他这本书的写作早30年，这本书被架构成3个主要的章节，以一种多少有一点像口号一样的方式来作为这几个章节的标题："要一座房屋而不是要一个立面""要空间的塑造而不是要房屋""要设计的真实而不是要空间塑造"。

对于那些现在被看作现代建筑运动最重要的代表的那些建筑师，伯纳表现为抨击、挖苦或沉默，在他那时的建筑理论框架中，这些建筑师并不具有这样的地位。从他那固执的以德国为中心的立场上看来，新建筑只是严格地被局限在荷兰、德国和奥地利，只有很少的几个例外，且也主要是在那时正处于革命中的俄罗斯建筑之中。他的著作对于现代建筑历史学家们而言确实是很有价值，而这些历史学家也正是我们在这里要涉及的，同时，对两次世界大战之间时期的那些德国先锋派的学生们也是很有价值的，但是，这本书并不是一部现代建筑的历史，而且书中也没有作出这样的表述：这是一个有争议的文本，是一个有着清晰而明确视野范围的宣言书。

在第一瞥之中，历史的维度在由古斯塔夫·阿道夫·普拉兹于1927年所出版的长篇大著《现代建筑艺术》（*Die Baukunst der neuesten Zeit*[8]）中表现得比较明显。这本书的三个部分中的第一部分所采用的标题是："在建造艺术中的新运动（一种从历史视角的回顾）"，这一部分是以"19世纪在形态学上的混乱状态"开始的；而其结束部分，是在经过了 12 个章节之后，用了"新建筑的国际团结"为标题的。尽管，在一开始的有关 19 世纪之形态混乱的描述内容有 2 页半之长；紧随其后的却是一个其数量令人难以置信之多的有关 20 世纪建筑学的相关叙述，其中在直接涉及德国的建筑实践问题时，以一种强烈与活跃的兴趣，特别强调了技术与结构方面的问题。在这里没有历史的话语，只有一个例外是在随便提到 19 世纪的一些结构例子时偶有涉及。普拉兹的论述在建筑学方面是出类拔萃的。他自己是一位公共部门的建筑师[9]，普拉兹愿意将他的文字用建筑师所关注的问题来把握，他将各种资料组合与分类以帮助建筑师们保持对当前发展的了解，以求得对当代进步有一个较好的理解，从而帮助他们在自己的设计实践中把握方向。这一目标主要被安排在了这本书的第三部分之中，这一部分的 13 个章节覆盖了包括诸如"楼层平面、空间和材料的结构""功能""金属结构""混凝土和钢筋混凝土结构"等方面的主题。

文本在第 199 页处来了个突然中止，以便为大量的插图提供空间。接下来的 300 页左右（在 1930 年的版本中）都是由令人印象最为深刻的有关现代建筑的大量图片所构成的，其分类的方式是按照其所涉及的主题、照片的质量，以及材料所代表的典型性来区分的。毋庸讳言的是，人们可能会认为，这些图片的内容比起这本书的文字部分本身来说，显得更为重要，因为，在本质上，它以其充满矛盾的权威性，"奠定"（founds）了现代建筑的形象。特别是，在这本书出版的时候，图片的形象话语对于交流功能来说，已经能够起到具有催化意义的传达思想的作用了。

普拉兹为我们显示的建筑学并非那种可以用创新或激进等术语定义的东西。它以一种相同的原则，将一些建筑师，如海因里希·特斯诺

（Heinrich Tessenow）的作品也包括了进来，这些建筑师提倡一种非前卫的建筑，紧接着的是一大堆其名字现在除了极少数专家圈子中的人记得之外，早已被完全忘却的建筑师的作品，这些建筑师及其作品在建筑史上是完全不见踪影的，关于这些建筑师及其作品，我们在这本书的较后部分会有所涉及。这样一种并置的处理揭示出一种缺乏论辩性的效果，其结果是使得批评性的话语变得衰弱了。《现代建筑艺术》（*Die Baukunst der neuesten Zeit*）一书在文字与图片上达到了一定程度的平衡，沉着自若地提供了相关的材料与信息，使我们能够将其作为一个完整的文集来阅读和观察在此之前不久所汇集起来的建筑作品。无论如何，这是一些支撑由普罗皮莱恩出版社（Propyläen Verlag）所出版的那个十分宽泛的系列丛书的基本原则。但是，在建筑批评与历史话语两方面同时发生的衰落给予这本书以一种比起它第一眼所展现出来的样子有更为突出的"实用性"特征，因而，当然，也就剥夺了它被列入"历史"性著作范畴之中的可能。

布鲁诺·陶特（Bruno Taut）的著作《现代建筑》（*Modern Architecture*）是用英语写作的，并于 1929 年发表于英国，以回应出版商为了最初将英国读者大众引入这场"新运动"——亦即，现代建筑运动——的原则与发展之中的目的而做出的委托 [10]。虽然这个文本是经过了很好地组织的，并且在建筑本质方面有着高度特殊的和清晰的导向性立场，但是，这本有着 212 页，并被 284 幅大张的照片所主导的书，其照片背负了要表达现代建筑的几乎所有可能多样性的巨大包袱。此外，这本书的核心特征是它的作者，建筑师布鲁诺·陶特 [11]。在给予每一位建筑师的作品以 1 到 2 张照片之后 [对阿道夫·梅耶（Adolf Meyer）、勒·柯布西耶和佩雷兄弟（Perret brothers）则给了最多 7

张照片]，陶特为他自己的作品提供了 25 张精美的照片，最终是想（虽然是很含蓄地）证明，这场新建筑运动的最好表达，可以体现在他自己的思想与作品之中。

这本书开门见山，是要回答这样一个问题："为什么会有一场新建筑运动？"[12]——对于这样一个问题的解答进而转变成为另外一个问题："什么是现代建筑？"[13] 其结果是，我们有了一个在 5 个基本点上发展出来的建筑定义[14]——这也是一个关键性的定义，虽然它坚持说建筑的本质一直是，而且将来也总会是："我们深信不疑的是，我们今日的建筑观念与过去时代所表述的建筑观念是非常类似的，也就是说，我们有一种，并且只有一种有关建筑艺术的观念，而不是好几种。"[15]过去和历史就存在在那里，但是它们在陶特的文本与插图中并没有找到一席之地。这不仅是因为他相信"历史本身并不是持续不变的，因而它也不具备客观性"[16]，或者只是简单地因为，他认为"只有现代人的眼睛，像一束搜寻之光，能够照亮古代文化中一些特定方面的意向"[17]；这也是因为，陶特从某种具有永恒性的思想层面上对过去进行了回顾，以期向我们解释，在这场新的建筑运动中，建筑的本质与建筑的普遍性本质并没有什么不同："那些原本不属于建筑学的东西……也同样不会归在现代建筑学的范畴之下。"[18] 陶特并不否认，也不争辩，而且，最为重要的是，他也不会为了将现在放在过去的基础之上，而对过去做任何的批判。他对于过去建筑的批评，与他对于当前建筑的批评一样，都是轻描淡写的，而且，对于两者的最好回答，都可以通过这本书中所展示的设计项目中，特别是他自己的设计作品中，所表现出来的新建筑运动，来给出一个最好的答案。

陶特当然使用了一个具有叙述性的现代建筑系谱，仅仅记录了一些积极的探索实践，并且是从申克尔（Schinkel）的作品和论著开始的。接下来，他对英国的拉斯金（Ruskin）和莫里斯（Morris）的思想，以及法国和美国的工程师们的作品进行了强调，从而将这场新运动镌刻进了能够表达集体意愿的，并且具有实践客观性（sachlichkeit）的观点之中，而这也为通向尼古劳斯·佩夫斯纳（Nikolaus Pevsner）的《现代建筑运动的先驱者》（*Pioneer of the Modern Movement*）一书中的观点，指明了道路。然而，当我们阅读或迅速翻阅《现代建筑》（*Modern Architecture*）一书时，我们意识到我们所面对的当然不是一种历史性话语。布鲁诺·陶特是一位创造性的艺术家，而且也是作为这样一位艺术家，同时具有一些历史的和理论的修养而从事写作的，他主要是对于当前的建筑现状，以及如何指出通向未来之路，有着比较大的兴趣。他的解释比起他的"建造"要少。并且，毫无疑问，他令他自己向有创造性的建筑师们进行说教，向他们提出有用的思想，以及与现代建筑实践有关的一些内容广泛的技能，并将其按功能标准分为以下几个部分：工业建筑，办公楼、商店、餐馆等，公寓，郊区建筑，健身中心等建筑，会堂、剧场、体育场等，宗教建筑等。他的话语毫无疑问是建筑学的，被放置在了与勒·柯布西耶和阿道夫·贝内（Adolf Behne）相同的概念领域。

《现代建筑》（*Modern Building*），是由沃尔特·科特·贝伦特（Walter Curt Behrendt）于 1937 年出版发表的，并且是首要面向美国读者[19]，这本书努力使用简单的词语和历史的实例来解释那些在其他地方或为其他书提供的已经建造起来的例子。毫无疑问，在 20 世纪 30 年代后期，全球范围内掀起了"回归秩序"（retour àl'ordre）的思潮，而美国于"1934 年在华盛顿矗立起来的那些新建筑"[20] 以及在"斯德哥尔摩的新市政厅"[21] 是那些姗姗来迟但却仍然充满活力的折中主义建筑的最为令人感到惊骇的实例；这就好像现代建筑运动从来没有发生过，也完全不曾存在一样，这在一定程度上证明了那些充满痛苦的争辩。然而，贝伦特的著作是明显具有深刻洞察力的。这本书的作者展示了某种批评性的话语，这些话语更多的是与对新建筑的本质及其外观的某种认知，而不是对现代之前所发生之事物的某种反对所关联的。与之相联系的是一种无意于采取历史形式的建筑话语，实际上也不会这样做。现代建筑被严格地放置在其所阐释的时间与地点之中：它既不需要去对过去加以解释，也不需要为当下提出一个系谱。它已经了解了那些事物，如别的什么人所做的那样，它也从其他人那里借用了某些东西，即使它并没有从某种新的角度对其用语加以重写。贝伦特的勃勃雄心是要维护建筑学在可见未来的进步。

当然，他的文本具有一些明显的历史话语成分。他将部分章节放在了对于自文艺复兴以来的过去所选择的一些时段的陈述上。但是，如他在其前言中所解释的，他的话语并非历史性的："这本书不是一部囊括了人物与传记资料的现代建筑历史著作，而是对现代建筑之精神的一种论说……是对数百年来保存下来的，并且提供了有价值的资料来源的历史书籍的一种概要性遴选，这些书籍可以在参考书目中找到。作者非常高兴能够将这些书籍用于自己的论证……去探索与追溯那些推动了现代建筑之发展与兴起，并预示了一种新风格的到来的思想。"[22] 仅有有关过去的大量参考资料对于写作一部建筑历史著作还是不够的。尽管贝伦特涉及了主要的主题，并且将其编织进了新建筑的谱系之中，就像艺术史学家们所做的那样，将其记录了下来 [如尼古劳斯·佩夫斯纳（Nikolaus Pevsner）关于莫里斯和新艺术运动，埃米尔·考夫曼（Emil

Kaufmann）关于勒杜（Ledoux）与勒·柯布西耶的关系的论述等]，而且，尽管他对于历史问题的处理是风格式的，并且充满了敏锐的观察，但却当然不能说他是推进了某种整体性的解释：这本书是由碎片化的评论和批判性立场构成，逐步勾勒出了有关新建筑的重要主题的。从另外一个方面看，他对于建筑物的审美、功能与结构元素是充分知晓的，并以极其清晰的方式对这些方面进行了描述。他理解在一个楼层平面中空间布置的精确意义，他也通过对两位建筑师，如赖特与勒·柯布西耶之间的比较而完全掌握了他们彼此的术语，并且预言了战后布鲁诺·泽维（Bruno Zevi）在这方面的批评。更重要的是，他以一种建筑学的术语表达了他自己——就像是一位建筑师与其他建筑师们之间的交谈，而不像是一位艺术史学者为那些知识更为宽泛的、有教养的读者们描述绘画与雕塑的形式那样。其结果是，他将注意力集中在那些与建筑师作为设计项目的"创作者"的作用相联系的那些问题上，并试图对那些在眼前的未来围绕建筑物的设计所面临的种种问题加以解决。他所使用的话语同时既是批评性的，也是建筑学的，但却不是历史的。

在有关现代建筑学所形成的真正历史方法论之叙述方面，存在着目的、结构与媒介上的差异。这种叙述倾向于用来对相对比较近的过去加以解释，在这一方面，往往是以对眼前的运动所具有的优势为基础的，此外，它很可能是在没有放弃本学科所固有的习惯方法之下，从整体上接近那些事物，从而对未来作出某种规划，此外，在绝大多数情况下，都是从叙述者个人的学术立场出发的。历史的话语（historic discourse）是从一个清晰定义的立场上被加以阐释的，这一立场以学术风格为载体，并辅以严谨的文献佐证，从而确保其在历史学（history）方面无可争议的权威性。这是某种在一个更加广为被人接受的学科概念领域内对真实事件加以叙述的话语（discourse）。当从这样一种立场加以表述的时候，它也能够作为一种批评的和建筑学的话语载体而起作用，但是，当它以这种方式展开其叙述之时，也就自动地将其自身从某种令人生疑的个人信仰，或朝三暮四的短暂理论，抑或片面偏颇的特征等方面的负担中解脱了出来。因此，我们将把我们自己限定在那些有意识地以历史的形式加以表达的文本方面，从某种清晰的理论维度寻求它们那晦涩难懂的结构。

　　在接下来的几章中将要分析的历史文集一直是按照如下两条标准选择的：这些文集所代表的典型程度，以及其作者们的研究方法或研究路径（démarche）。文本的选择在数量上相对来说是受到局限的，但却代表了在现代建筑运动历史上所发现的各种问题的主要方向，从其在 20 世纪 20 年代时的外观，到其在 20 世纪 60 年代时的外观等。我一直牢记在心的是这些历史性文集的影响，并没有对现代建筑的整体感觉加以塑造。文集中的那些文本是由尼古劳斯·佩夫斯纳（Nikolaus Pevsner）、埃米尔·考夫曼（Emil Kaufmann）、西格弗里德·杰迪恩（Sigfried Giedion）、亨利－鲁塞尔·希区柯克（Henry-Russell Hitchcock）、布鲁诺·泽维（Bruno Zevi）、莱昂纳多·贝内沃洛（Leonardo Benevolo）、雷诺·巴纳姆（Reyner Banham）、彼得·柯林斯（Peter Collins）和曼夫里多·塔夫里（Manfredo Tafuri）所撰写的：文集中并没有说明，这些文章不能够覆盖有关现代建筑运动历史解释的全部范围，但是，这些文本提供了一个机会，将那些在研究方向（démarche）上我认为是最具结构的或历史的重要性的部分并置在了一起。其所代表的问题并不是按照时间、空间或作者的国籍而确定的：其各自的限定范围是由不同的研究方向所决定的。这一点解释了，为什么其中没有囊括进大量有着非常广泛的读者范围与极大影响力的历史学文本，同样也解释了为什么完全没有来自法语背景的历史学者的文章——尽管在现代建筑的发展过程中，法国人起到了决定性的作用。那些人们所公认的作者，如于尔根·若埃迪克（Jürgen Joedicke）[23]、文森特·斯库利（Vincent Scully）[24]、皮埃尔·弗朗卡斯泰尔（Pierre Francastel）[25]的文章无疑是十分重要的，而且有时在他们的文章中所论及的一些问题，在我们这本文集的那9位作者的文章中却没有发现。但是，他们所表达的话语——当然，这是以我一己之见——并没有表现出任何充分的差异性或具有根本意义的全新的研究方向（démarche）性。

为了了解和感觉这些文本中的话语结构，我从与3个补充性的方向有关的方面进行了研究，这3个方向是作为3个工作性的假说而提出来的，以便对其加以分解而展开进一步的分析：

一是历史的方向：以建筑学的过去、现在与未来的关系为基础的历史概念。

二是社会的方向：建筑形象与社会需求之间的关系；换句话说，在一起被表达的建筑与社会之变化的路径特征，这是一件在很大程度上依赖于作者的承诺。

三是建筑学的方向：关于建筑之本质所赖以立足的那些方法——无论它是否能够被投射到未来——被整合进了文本之中。在某种程度上，另外两个方向多多少少都取决于这一方向。

按照这一分析式架构对文集中的文本所作的比较性阅读，使得有可能按照人们对事物的处理方式而分成三组[26]。（在紧接而来的章节中，会从一个更深的层面上对这类问题进行讨论）第一个文本组，我称其为实施性的（operative），反映了弥漫于两代"建造者"之中的乐观主义，如他们所宣称的——以一种富于变化的清晰与可论辩的方式——这也是作为历史研究对象的建筑学的胜利。首先，是历史建构了现代建筑运动的基础（佩夫斯纳、考夫曼、杰迪恩）；然后，它验证了这场运动的胜利，并且重新树立起了它的乐观主义（泽维、贝内沃洛）。第二个文本组，我称其为贬抑性的（derogative），检验并宣称了那些并不按照规则办事的规则——在这里，是指现代建筑。这样也就与其目的是要有效地建立一种规则的实施性路径明确地区别了开来。贬抑性的研究路径（démarche）反映了觉醒的一代那持怀疑性的态度，而这有助于他们——以一种富于变化的透过某种明显哲学方式而展开的论辩术——对建筑学的判断，这样建筑也就进入了研究与调查的范畴之中。一方面，在这里历史在寻求现代建筑运动的真实存在，以便将其应用于更高一层次之建筑发展的基础 [这是巴纳姆（Banham）和柯林斯（Collins）的求真性话语]；另一方面，它也从本质上质疑了现代建筑运动的存在模式，为某种不同的建筑而建立起一些理论性的基础，当然，这种建筑有赖于未来的时日（塔夫里的质疑性话语）。第三个文本组，也是最后一种范畴揭示了一种倾向，这种倾向将会消除人们对刚刚讨论过的几种情况的任何兴趣。在这里，是一种纯粹解释性的研究路径，它被表述为是客观性的（objective），因而与建筑学中的任何一种承诺都是背道而驰的。

这样一种分类明显地标志出一种对于区分与阐释方面的需求，并假定不同类型的研究路径应具有一些共通的或彼此相互重叠的特征。的确，在一些情况下，我们能够识别那些位于支配性结构下面的散乱而类型各异的层，这些层倾向于使我们最初的分界线变得模糊，并证明要在各种不同的话语陈述类型间做出一个准确的区分，会是多么困难的事情。

为了能够将那些特殊的和控制性的方法应用到我的分析之中，我通过仅仅对每位作者的一本书加以研究的方式，来把握对这本论文集的范围的限定。这样一种限定，再加上对作者的选择，只是在两个特殊的案例中有所违背：一些希区柯克和泽维的文本，在发展的过程中相互补充，这一点激发了我们对这一问题的探究。然而，从一般的视角，在对每一个人的著作进行分析之后，我相信，从总体上看，这两位作者最具代表性的话语表述，是体现在现代建筑运动的历史状态上的。在涉及文本或插图方面，我一直使用这些书的第一个版本，或它们的第一个英文译本，在这一方面很少有例外。

第一流的学术性选择之一就是，一定要将原始文本放在绝对优先的地位。然而，这里的情况有些不同。文本的第一个版本，当然，是排在第一位的，这对于某种历史编纂来说，具有决定性的重要意义，因为它将其自身放在了该书赖以成文的语境背景之中。但是，大多数现代建筑历史学家，是从一种发展的角度来处理对某一问题所做的解释的——既根据客观对象本身，也根据对于客观对象的批评与鉴赏。佩夫斯纳、杰迪恩，甚至泽维的那些重要著作，在一个跨越几十年的时期中，始终处在不断的发展之中，对其进行的修订与增补具有重要意义。在这里，第一个版本的重要性，是由其最后一个版本所反衬出来的，然而，处于两者之间的那些版本，也不应该被忽视。杰迪恩著作的最后一个版本，当然不具有其第一个版本的原创性，但是，这个版本对于作者的整体的，以及实践方面的经验，还是做了一个总结，在这方面，它成了作者最终观点的一个载体。也正是这个版本，在建筑院校中被人们阅读了30多年，而且至今仍然可以在建筑师们的书架上找到它的踪影。这本书为现代建筑运动中那些流行概念的塑造起到了很大的作用——其中包括我们从这本书中获得的概念，也就是，我们这一代人是如何看待现代建筑运动的，这正是处在我们阅读范围内的一个观察视角。接下来的问题是，对于最初版本的坚持，不应该被看作一个不可逾越的清规戒律。

我按照以其研究路径为基础的先后次序，对这个文集中的文本逐一进行了检验。只有一个例外，那就是希区柯克的文章，这一次序也是与其出版年月的先后顺序相一致的。我列举了3位艺术史学家（佩夫斯纳、考夫曼和杰迪恩），他们都拥有共同的基于德国传统的教育背景，我用了一个章节，对他们在研究路径上的相似性进行了讨论，暂时将他们之间的不同点搁置在了一边。在这一整个序列结束之后，我从一个更具一般性的理论层面的思考出发，从对我的分析中那些较特殊的论点，以对比的方式加以比较。在穿透了作为这一对比与比较分析之载体的事物表面现象之下，我尝试着去捕捉由现代建筑运动中的那些历史学家们所表达的话语的主要规则，从而推进我们在当代建筑学发展过程中对历史与理论所起作用的深入思考。

与现代建筑的历史学家们所表达的话语结构的不断转换并驾齐驱，我也试图同步地——如前面已经提到的——去理解那些似乎在现代建筑运动中起过主导作用的对于过去的批评的意义之所在，以及在20世纪60年代发生的对于这场运动提出的质疑的意义所在，那些质疑，激发了人们对于曾经遭到反对的过去的回归。对于现代建筑运动的历史考察进行的分析告诉我们，对于建筑事件的不断变化的接受，以及对于建筑学和它在我们这个文集中那些书所覆盖的 40 多年的发展历史之间的关系，两者是并行不悖的。这一方法显然受到了时间范围的局限，同时也受到我所选版本角度的局限。但是，我并没有试图在现代建筑的历史中，去寻找一个完全是自主产生的文集，或者一个完全是原初性的研究路径。没有人能够低估维奥莱 – 勒 – 迪克（Viollet-le-Duc）和奥古斯特·乔伊西（Auguste Choisy）在法国的根本的先驱性作用，同样也不会低估雅克伯·伯克哈特（Jacob Burckhardt）和海因里希·沃尔夫林（Heinrich Wölfflin）在德国，或杰奥夫雷·斯科特（Geoffrey Scott）在英国的先驱性作用。这里提到的仅仅是那些最为人们所熟知的人的名字。然而，我的倾向并不是要在一个更为宽泛的谱系框架下去描述现代建筑的历史编纂，也不是要建立一个甚至有可能延伸到今天的发展序列。

正如我已经完全忽略了这些文本和它们的语境背景之间的关系，并且拒绝将它们放在其写作的那一时刻加以解释，因此我也赞成要忽略那些被称为历史的文本之谱系。这样，我就没有必要一定要回溯到康德（Kant★1）和黑格尔（Hegel）了，虽然毫无疑问，他们也有其一席之地，就像许多其他人物一样。我的目标不是对他们在其所假想的先驱者之间的地位加以说明，从而对其文本进行解释。我只是希望通过阅读而了解他们说了些什么，并且在此基础之上，识别出将这些文本联系在一起的那些线索，这些文本随着空间与时间而存在巨大的不同，然而，如果考虑到它们所具有的共同目标，这些文本又是能够非常紧密地联系在一起的。

★1 伊曼纽尔·康德（Immanuel Kant，1724—1804），18 世纪德国古典哲学家，主张经验现象通过理性转变成知性。其经典著作包括《纯粹理性批判》（1781）和《实践理性批判》（1788）。在这些著作中他提出了基于绝对命令的伦理学体系。——译者注

因此，不存在通过回顾过去或在我们的小小文集中加入其他历史来扩大研究的史学视野的问题。我更倾向于对由现代建筑的历史学家们所阐发的话语和由于现代性趋近尾声而在建筑学领域引发的一系列问题之间的联系加以检验。的确，建筑史学的历史现在还没有撰写出来。到目前为止，唯一的出版物是不多的一些注解性的研究，这些出版物很像是在一个参考书目的基础上，添加一些经过扩展了的注释一样[27]。试图对曾经宣称过的所有历史表述给予一个详细的记录，或者，甚至在一个单一的论述中去覆盖大量孤立的案例，这当然是一件力所不能及的工作[28]。问题恰恰是——我们不妨再重复一遍——探索建筑历史研究对于建筑理论的确定与阐述贡献何在，更重要的是，要在建筑理论与历史的内容之中，识别与确定其在意义上的转换。对于这位作者而言，是在寻求那些不是通过形式的和建造方法与模式的不同而发生的意义转换，而是通过建筑所赖以为基础的话语性变化，或是通过基于对表面形式与材料的把握的零散的实践性活动而产生的意义转变。在这一分析的结束部分的那些历史学家们，如巴纳姆（Banham）、科林斯（Collins）和塔夫里（Tafuri），已经指出了朝向这一方法的路径，而且，从他们那个时代开始，这一研究路径已经在许多层面上发展了起来。由柯林·罗（Colin Rowe）[29]和艾伦·科尔克霍恩（Alan Colquhoun）[30]所撰写的那些短小但却极其重要的文章中的批评性与历史性话语中，已经沿着同一条路径平行地向前推进了许多。

着手开始这样一个可以接近最近一段时期建筑发展之路径的探索，其最好的出发点应该是识别和验证这些变化的话语基础，在这一基础之上，其意义被经常性地加以了宣传，就像是随时由全球性的建筑观点所确定的那样。对在不透明的表面之下那些可见之物加以研究，我们应该探索其关键思想贯穿于我们建筑文化发展之中的那些方法，从而，能够使我们理解历史的意义及其在建筑理论建构中的作用，并对现代社会之不同历史阶段的不同需求加以识别。

在建筑文本的分析方面[31]，以及在将空间作为一种艺术来描写的路径方面[32]，我们已经拥有了一批极其重要的书籍。我相信，我们应该在一个类似的方向上，以及在对历史事实的充分认知方面做出努力，因为对史实的确认也决定了我们是如何看待过去的。我们也应该与过去言归于好，这是因为，我们应该对过去变得更为熟悉，并且要将其更为清晰地摆放在我们当前的建筑创作之中。这样一种路径，其内在的本质是对当代建筑的兴趣所在，对于这一观点我是不会拒绝接受的。建筑师们对于建筑历史与理论领域的探索，是不能够与他们对于全新建筑作品的创作兴趣分离开来的——这是一种，以这样或那样的方式，停留在其思考的出发点上的兴趣。我们不能够对我们周围所发生的事物或人们所说的话表现得漠不关心。的确，在大多数情况下，正是在我们所生活的城市中的真实的建筑存在激发了我们对于理解的渴望，从而使我们为了对真实的世界有一个充分的了解和感知，而可能采取某种行动。

为了给这个导言做一个总结，我要对摆在我的思想出发点上的两个重要方面的问题加以强调。一方面，是最近几十年中一直流行于建筑历史研究方法之中的那些导致了无数令人混淆与不安的某种批评态度；另一方面，则是某种对于基础性问题加以探究的需求——研究并不都是具有直接的实践性意义的，但是，对于基础的探究是一个理论性行为，其主要目标是在建筑学方面的[33]。我试图对建筑学更深层次的历史结构加以检验，并且将这一结构整合进理论框架之中，当然，这一企图并不完全是一个最为根本性的承诺。无论如何，这是一个有着明确方向的企图，是一个雄心勃勃的企图，其目标是为了使我们对处在我们的传统成就与我们未来建筑的实践路径之间的联系变得不那么神秘，从而通过术语性阐释，对于当代建筑的深入思考作出一点实实在在的贡献。

目录 ——————————————————— Contents

第一章

艺术史家与现代建筑谱系的建立

CHAPTER ONE

The Art Historians and the Founding

Genealogies of Modern Architecture

作为一个理论性问题范畴和一个独立自主的学科，艺术史在德国的发展远比在其他欧洲国家或美国的发展要早得多。尼古劳斯·佩夫斯纳（Nikolaus Pevsner）、埃米尔·考夫曼（Emil Kaufmann）和西格弗里德·杰迪恩（Sigfried Giedion），所有那些从这一德国传统中熏陶而出的艺术史学家，在两次世界大战之间那一段时期即将结束之时，都发表了一些重要的论文——采用论战性的写作范式——他们致力于为现代建筑运动奠定一个基础，并试图对现代建筑运动的谱系做出多元解释。他们的文本，特别是佩夫斯纳和杰迪恩的论著（在其思想被接纳的国家是用英文出版的），通过不断地再版，滋养了一代又一代建筑师们的思想，在塑造现代建筑运动的意识形态方面，起到了至关重要的作用。简而言之，他们的思想深刻地影响了继其之后的所有有关现代建筑的学习与研究。

在这一章中对三个文本的分析属于同一种基本原理：他们的作者，明确地提出了一种具有实践导向的话语，努力要去证明现代建筑运动的历史正统性——而现代建筑运动与在其之前时期的建筑发生了抵牾与碰撞——其目的是鼓励建筑师们积极地参与到它的发展之中。在 20 世纪 30 年代由有德国教育背景的艺术史家们所写作的这 3 本书，都带有深深的德国在艺术史方面的传统烙印。它们的共有特征之一是对历史时期的对立性对比。他们所论及的建筑被描述为一种视觉元素——体量与形式——的并置，而这些视觉元素又被社会的和道德的价值判断所加强。不必说，德国艺术史学的基本原理植根于他们的理性的内核，例如我们了解的时代精神（zeitgeist）、形态学分析、历史阶段的演进逻辑，以及普遍性优于特殊性等。

然而，尽管存在这样一种一般性的理论，这些文本为我们提供了三种非常不同的谱系。他们所试图建构的现代建筑却不具有某种相同的内聚力；各个文本只是在其自身内部才具有这种聚合力。阿道夫·卢斯（Adolf Loos）是唯一同时被佩夫斯纳（Pevsner）和考夫曼（Kaufmann）所论及的现代建筑先驱；杰迪恩（Giedion）却几乎完全没有提及阿道夫·卢斯。佩夫斯纳将沃尔特·格罗皮乌斯（Walter Gropius）看作现代建筑运动的主要代表人物，而在他提到勒·柯布西耶的名字的时候，却充满了讽刺性的暗喻。然而，在考夫曼那里，勒·柯布西耶却成为设计具有"独立自主"之精神的建筑作品的主要代表人物——而对于杰迪恩而言，格罗皮乌斯和勒·柯布西耶在塑造"新的传统"方面，是势均力敌的。为了从不同的角度对事物进行观察，佩夫斯纳和杰迪恩两人都将绘画看作处在建筑学之后的推动力量；但是，当佩夫斯纳将注意力集中在印象主义，如卢梭（Rousseau[1]）的绘画，以及表现主义绘画，而对毕加索（Picasso）表现出了某种忽视时，杰迪恩却将毕加索，这位新造型主义者，和马里维奇（Malevich[2]）置于领先的地位。这些明显的差异，在事实上，造成了由这三位艺术史家所阐释的话语的一致性与差异性问题。因此，我将尝试着以已经建立的三种分析方向——即历史的、社会的和建筑的方向作为主要标准来探索他们的文本——而

★ 1　亨利·卢梭（Henri Rousseau，1844—1910），法国原始派风格画家与后期印象派画家。——译者注

★ 2　凯斯米尔·马里维奇（1878—1935），俄罗斯至上主义画家，对抽象艺术的发展具有很大的影响。他的作品包括《白中之白》（1918）。——译者注

且，我将预先提出一个假设，即佩夫斯纳和考夫曼是处在一个与杰迪恩在部分方面显得截然不同的层面上的。

佩夫斯纳和考夫曼详细阐述的现代建筑谱系是沿着平行的研究路径（démarches）。当然，考夫曼的确是在没有展开实际描述的情况下，奠定了现代建筑运动的基础；他的著作是以宣言的形式发挥作用，但是，若将其作为建筑师的一本指南却显得十分不足。这一点也解释了为什么这本书仅仅获得了部分的成功，因为，在艺术史家的眼中，这本书只是一篇重要的评论文章。佩夫斯纳，则采取了相反的路径，他通过对其建筑物进行描述，奠定了现代建筑运动的基础。他的历史著述是一篇宣言，同时也起到了一部指南的作用——对于英国的建筑师们而言尤其是如此，因为在那个时代（20世纪30年代）的英国，仍然处在欧洲大陆发展的边缘位置上。无论如何，在两种情况下，他的文本中包含了一种潜在的建筑设计的意向，包含了一座某位建筑师可能要在某一天建造起来的"建筑物"——无论这位建筑师的名字是格罗皮乌斯还是勒·柯布西耶，或者是别的什么人。正是这个特殊的因素决定了他们在话语上的可实施性特征。

佩夫斯纳和考夫曼当然了解这样一个事实，即需求、技术、功能和美学在建筑学中共存。即使是这样，他们的著作局限于建筑的形态学呈现。他们向公众所推介的现代建筑似乎并不依赖于要建造一座坚固的房屋的需求，也不依赖于要填充一个功能化平面的需求之上。他们所提供给公众的建筑物，其现代性的优势是建立在由一系列形态学元素构成的所有视觉对象之上的。尽管佩夫斯纳对19世纪工程技术上的伟大成就赞美有加，但他最终所涉及的也仅仅是这些成就的美学层面。

在两种情况下，建筑学与社会都被清晰地联系在了一起。建筑不可避免地与一个时代的精神捆绑在一起——"时代精神"（zeitgeist）——因此被看作社会进步的一种视觉表现形式。在这样一种感觉下，人类的自由通过那些独立不羁的建筑反映出来：这些建筑的出现并不是从一个或另一个创造性团体，经过自发的首创性工作中而来的，而是在时代精神抽象激励下的一种结果；对于考夫曼来说，这种结果的产生，还需要仰赖西方世界伟大社会革命的理想，这一革命发生在1789年。几乎以完全相同的手法，佩夫斯纳通过对自由经济及个人主义的主导性地位的讨论，而将其与19世纪的历史相对论统一了起来——个人主义的19世纪与现代建筑运动大相径庭，在现代建筑运动中，起主导作用的是集体主义。这两位历史学家都没有寻求对社会的改造；但他们都在寻求在建筑学上的改变。无论如何，他们所声称的新建筑与新社会是可以画等号的，在考夫曼和佩夫斯纳那里，我们同样可以将现代建筑运动的设计与对一个不同社会的设计等同起来。

在贯穿一生的时间中，考夫曼和佩夫斯纳在学科上的学术感觉，始终是一位艺术史学家。即使是当他们试图为现在辩护而对过去进行研究时，或者当他们所写文本的最终目的是作为一个宣言时也是一样，在他们的感觉中，历史就像是一种工艺，其目标也是相对客观的。基于确信他们是在某种向上的集体社会进步而工作，同时，也是在为某种艺术与建筑方面的进步而努力，他们一直是在为确立他们在德国传统中艺术史方面的地位而工作，实际上，他们并没有利用任何其他机会去争取这一地位。

杰迪恩是以几乎相同的方式在向另外一个不同的方向上努力的。他所呈现在他的读者面前的"新传统"正与佩夫斯纳与考夫曼的形态学一样，而他的文本是充分附加了范例式建筑物插图的，这些范例式建筑物被用作某种指南，尽管缺乏形态学元素方面的清晰架构，其中仍然包含了某些潜在的建筑设计成分——但是，他的人文主义世界观，以及他那种被赋予艺术史学家之不可或缺的使命感，揭示了一种全然不同的态度。

杰迪恩将科学与建造技术新潜能催生的工程设计，与现代乃至史前时期的艺术进行了比较。在他看来，艺术和科学——思考与感觉——在 19 世纪时一直是处于分离状态的，现在则应该在"对我们这个世界的一个具有连续性的总体观察……一种本能地建立起来的精神与知识活动的和谐状态"[1]的观点之下，加以重新整合。他透过一种抽象的清晰性，对他的这一观点进行了解释：

思考与感觉相一致的程度，决定了一个时代的平衡与和谐。当这些方面彼此相互脱离之时，一种文化或传统的产生就变得不大可能。这些并非远离我们主题的深思熟虑：我们很快将会看到，正是这些处在思想与感觉之间的不幸裂痕，衰减了 19 世纪的伟大能量。在这个断裂之外，伴随而来的是人格的断裂与文明的断裂。[2]

这种方法决定了杰迪恩关于科学与技术在"新传统"的发展中所起作用之研究的框架与特征。然而，将已经断裂的个性和断裂的文明重新整合起来的理想，并不包含有社会变革方面的计划。"新传统"并没有向人们许诺一个具有根本性不同的新社会，只不过是一条"通向为无数人们提供的某种新的和安定生活的"具有普遍性意义的路径[3]。杰迪恩对于他那个时代的社会问题主要采取了一种中性的态度——这是一个与世界大战几乎同时开始的时代[4]——他的兴趣主要集中在持久性与变化性的平衡问题，以及个体的内在生命力及其外部关系之间的平衡问题上。

然而，真正使得杰迪恩与其他艺术史家分道扬镳的原因是他的那种要为历史寻找其同时代之动因的概念。在他试图对当前作出解释之时，如果可能的话，他也尝试去预测未来，并且，当一位艺术家的身上浸透着他自己时代的精神时，他也十分明确地拉开了自身与德国传统中的艺术研究（kunstwissenschaft）★¹ 的距离 [5]。他使自己不仅站在了一些艺术史家，如其目标是要在消除任何其他操作性特征的基础上，按照历史专业的特点建构一部建筑历史 [6] 的保罗·弗兰克尔（Paul Frankl）的对立面上，而且站在了考夫曼和佩夫斯纳的对立面上，这两个人是在没有否定他们自己所宣称的对现代建筑的偏爱的前提下，试图捕捉到建筑变化更为深刻而广泛的意义。佩夫斯纳反过来也因杰迪恩将"历史编纂与宣传活动"相提并论而在 1949 年对其提出了尖锐批评 [7]：

杰迪恩博士 [佩夫斯纳评论《空间、时间与建筑》（*Time and Architecture*）] 在这里试图通过以对由 20 世纪开始的某种对风格的理解之感觉成分来取代对 19 世纪建筑风格的理解而建构的基本感觉成分。杰迪恩博士推崇一组价值观——而且它们是一组非常重要的价值观——但却是在损害其他所有价值观的前提之下，因为它们恰好对于建筑的现在与未来表现了最大的兴趣。以那种来自明显的历史真实之转变——完全的真实——来鼓噪一种吹嘘，这是非常鼓舞人心的吹嘘，但却是历史学家心中的一种内疚与缺憾。[8]

这样一种比较既没有减少论辩的结构，也没有减少考夫曼和佩夫斯纳的表述特征。然而，它确实使我们获得了一幅由 3 位艺术史学家所表达之评论性话语而投下的不同光影的非常清晰的画面。这些话语

★ 1　科学 Kunstwissenschaft 是德语专有术语，指 19 世纪德国建立的"艺术科学"学科体系，而非泛泛的"艺术研究"。

的光影反映了每一位作者在有关现代建筑之进程每日每时的争论中个人的投入程度：考夫曼并没有参加任何争论，只是将他自己限定在法国大革命时期建筑师所造成的主要断裂的研究之中；佩夫斯纳对现代建筑保持了一种持续不懈的兴趣，并且发表了——主要是在《建筑评论》（*Architecture Review*）上——许多有关现代建筑的重要性及其历史的文章，但是，却从来没有将自己纳入某种艺术史学家的学术范畴中去加以观察；杰迪恩积极参与了为达成现代建筑的目标而展开的斗争，并作为国际现代建筑协会（CIAM）的一位秘书，以及一位作者，而在世界各地的刊物上不断地发表着他的文章。

佩夫斯纳与考夫曼的平行方法论
The Parallel Démarches of Pevsner and Kaufmann

　　佩夫斯纳和考夫曼的实践导向话语是对那整整一代建筑师所感受到的乐观主义的一种反映。他们的文本集中在故事的情节之上，即他们所讲述的历史进程。现代建筑的起源与开端是在直接与其研究客体有所关联的路径的帮助下，被信心十足地，甚至有点狂热地加以了解释，这些路径都是按照预先确定之方法与规则发展而来的——这正是德国艺术史的传统。这些文本为现代建筑运动奠定（establish）了合法性，并且以胜利揭开了这场运动的序幕，即使这些作者们提出了不同运动的概念，甚至彼此不属于同一个谱系之中。因此，他们在历史编纂方面的贡献，是使过去变得具有了时代性，并且能够为现在而辩解，其作用就像是一个宣言，可以在不远的将来给予建筑创造活动以某种指导。

　　尼古劳斯·佩夫斯纳《现代建筑运动的先驱：从威廉·莫里斯到沃尔特·格罗皮乌斯》（ *Pioneers of the Modern Movement from William Morris to Walter Gropius* ）一书的绝大部分内容是在他离开德国之前完成的，但却是在 1936 年于英国伦敦第一次印刷出版的 [9]。这是佩夫斯纳的第一本英文著作 [10]。埃米尔·考夫曼的《从冯·勒杜到勒·柯布西耶：自主建筑的起源与发展》（ *Von Ledoux bis Le Corbusier：Ursprung und Entwicklung der autonomen Architektur* ）是于 1933 年在奥地利维也纳出版的，不久后作者也离开了祖国（前往美国）[11]。这是他的最后一部德文著作 [12]。

　　这两本书存在着结构上的相似性。两本书都是从对我们也许可以示意性地称之为建筑 A 的存在所进行的解释开始的，这种建筑是对它的时代的一种忠实反映，但却是被用负面性的术语所描述的，并且是以一种抽象的实体而被加以处理的：只有很少的几个与之相关的代表性建筑被赋之以名称。他们两人都观察到了一种裂隙（rift），这一裂隙在最初的先驱者的作品中采取了个别的形式，从而使建筑 A 的问题在一个给定的点上及时地创造了出来。然后他们述说了向建筑 B 转换的冗长过程，在这一过程中，那些先驱者们实现了他们自己的范例性设计。同样，建筑 B，也是对其时代的一个忠实反映；在一位建筑师的作品中，它是被以正面的词汇加以描述，并加以总结的。然而，尽管这两本书有着共同的结构，并且在出版的时间上也十分接近，但这两本书中并没有使用相同的历史性细节。

对于佩夫斯纳来说，建筑 A 是对 19 世纪上半叶的社会的一种表达，这种建筑可以通过术语"历史主义"来加以概括：历史风格的建筑和自由经济。具体的裂隙表现在威廉·莫里斯的作品之中，这一裂隙发生在 1851 年，正是举办伟大的万国博览会那一年，这一时刻标志了向建筑 B 转换的开始。这一发展过程的前驱者们或先行者们可以被归在三个方面的类型之中：艺术与工艺美术运动、金属结构工程，以及新艺术运动。建筑 B 的基础，依序应该是分别由弗兰克·劳埃德·赖特、托尼·加尼耶（Tony Garnier）、阿道夫·卢斯（图 1.1）和彼得·贝伦斯（Peter Behrens）所奠定的。建筑 B 采取了它最后的，也是确定的形式，是在 1914 年沃尔特·格罗皮乌斯的作品（图 1.2）问世的那一关键时刻之前不久的事情。建筑 B 即是现代建筑运动：理性与功能的建筑，20 世纪建筑的表现形式。

而对考夫曼而言，建筑 A 是对法国大革命之前社会的一种表达。这一表达大致可以归纳为"巴洛克建筑"，或更为精确地表述为"非自主性建筑"。这一裂隙具体体现在克劳德 – 尼古拉斯·勒杜（Claude–Nicolas Ledoux）的作品中，勒杜代表了法国的革命性建筑，其时间可以被精确地推测到 1789 年的 7 月 14 日，这个日子象征了开始向建筑 B 转换的起点（图 1.3、图 1.4）。在 19 世纪的时候，一些先驱者的名字，如迪朗（J.N.L.Durand[1]）、卡尔·弗雷德里希·申克尔（Karl Friedrich Schinkel[2]）、奥·冯·克伦策（Leo von Klenze）和戈特弗里德·森佩尔（Gottfried Semper[3]）是被编织在代表了正面发展的画面之中的。建筑 B 是在 1900 年之后不久，由亨德里克·彼得鲁斯·贝尔拉格（Hendrik Peterus Berlage）和阿道夫·卢斯所奠基的，而建筑 B 的最后确立，却是通过勒·柯布西耶。建筑 B 属于 20 世纪的建筑，考夫曼将其称为"自主性建筑"。

在两种情形下，我们都能够看到相同的论辩性结构：为了将建筑 B 建构为"现代"建筑，并且确认它从根本上来说是"新"的，两位作者都试图将其对立面，建筑 A，作为典型而凸显出来。也就是，为了建构其理论，他们都着眼于对立的一面，这一面是被作为与其论证目标——建筑 B，亦即建筑 A 的对立面——不可分离的一个要素而被建立起来的。存在于历史主义与现代建筑运动之间，或非自主性建筑与自主性建筑之间的基本矛盾，正是从这个对于过去的负面的、论战性的态度中产生的。

对于两个文本的分析表明，存在决定建筑 A 的 A 类要素矩阵与决定建筑 B 的 B 类要素矩阵，二者形成对应关系。矩阵 A 中的每个要素

★ 1　让 – 尼古拉斯 – 路易·迪朗（Jean-Nicolas–Louis Durand，1760—1834），法国 19 世纪建筑师，曾在巴黎理工学院任教。——译者注
★ 2　卡尔·弗雷德里希·申克尔（Karl Friedrich Schinkel，1781—1841），德国 19 世纪建筑师。——译者注
★ 3　戈特弗里德·森佩尔（Gottfried Semper，1803—1879），德国 19 世纪建筑师。——译者注

72. Loos: House on the Lake of Geneva. 1910

图 1.1　阿道夫·卢斯位于维也纳的斯坦纳住宅（Steiner House）代表了一种新风格的诞生，摘自《现代建筑运动的先驱：从威廉·莫里斯到沃尔特·格罗皮乌斯》（*Pioneers of the Modern Movement from William Morris to Walter Gropius*，London：Faber & Faber，1936），尼古劳斯·佩夫斯纳著，第 192 页。

83. Gropius: Model Factory, Werkbund Exhibition, Cologne. 1914

图 1.2 现代建筑的标志性建筑，摘自《现代建筑运动的先驱：从威廉·莫里斯到沃尔特·格罗皮乌斯》（*Pioneers of the Modern Movement from William Morris to Walter Gropius*，London：Faber & Faber，1936），尼古劳斯·佩夫斯纳著，第 192 页。

Boullée: Entwurf zu einem Stadttor.

Ledoux: Haus einer Strombehörde.

图 1.3　建于 18 世纪末的建筑，建筑物名称不详，摘自埃米尔·考夫曼著，《从冯·勒杜到勒·柯布西耶》（*Von Ledoux bis Le Corbusier*，Vienna：Rolf Passer，1033），第 28 页。

Haus eines Holzfällers.

Kugelhaus für Flurwächter (Querschnitt des Kugelhauses auf der Titelseite).

Panarétéon (Haus der Tugenden)

图 1.4　勒杜建筑中的标志性的几何形状，摘自埃米尔·考夫曼著，《从冯·勒杜到勒·柯布西耶》（*Von Ledoux bis Le Corbusier*，Vienna：Rolf Passer，1033），第 31 页。

在矩阵 B 中均有其对立项，反之亦同。属于建筑 A 的结构能够通过使用矩阵 A 的元素来加以描述，而属于建筑 B 的结构也能够通过使用矩阵 B 的元素来加以描述。当我们将一位建筑师如勒杜，或一位艺术家如莫里斯，纳入矩阵 A 的重要组成部分的问题之中，并用来自矩阵 B 的要素将其取代之时，被人格化了的裂隙就会产生。类似的情况是，那些先驱者们的设计中，来自不同网格的成分都是十分明显的。对于佩夫斯纳而言，在一个设计中，矩阵 A 的要素与矩阵 B 的要素之间的比率，决定了一位建筑师处在建筑 A 和建筑 B 之间的位置。

矩阵 B 是被作为矩阵 A 的一个对立面而被定义的，它存在于形态性成分（素平的表面、简单的几何形体、强烈的色彩，如此等等）的本质之中。这样，形式就会被与附加在形式之上的社会性和道德性的条件联系在一起：普遍性与特殊性相对应，健康的与病态的相对应，诚实的与不诚实的相对应，纯粹的与混杂的相对应，如此等等。从矩阵 A 向矩阵 B 的转换被诠释为净化（catharsis）过程，就像是一次新生，或一场革命一样；作为一个进步，迈出一个向上的台阶，或一个朝向更高层次的跳跃——而且，同时也是作为终点，或一个至高无上的巅峰。这场革命也是要奠基于一个最为基本的过去之上的，"回归基本原理"（back to fundamental）是这两个文本共同提出来的口号。涉及根本问题，涉及基础性与原真性的问题，涉及早期的问题，涉及纯粹与简单等问题时，其作用就如同可以带来进步的一次新生。这些相关的问题也可以被用来使所有处在早期与当代革命之间的那些历史空间变得黯然失色。

对于佩夫斯纳文本的一种分析性的阅读，将我们引导到了通过对佩夫斯纳文本的分析阅读，我们对构成现代运动、历史主义以及两者对立的结构的要素进行了第一次分组。佩夫斯纳的现代建筑是被一组形态学上的元素所描述的，而这些元素几乎与建造没有任何联系。这些元素是给予建筑 B 的唯一表述。这个文本是由十分丰富的建筑物外部立面与室内景观照片作为插图的，但是却没有建筑物的平面图与剖面图。建筑 B 是由相互交叉的垂直线与水平线，平整的和不中断的表面，对装饰的有系统抛弃，和简单的几何体块（如矩形、方形、纯粹的立方体、圆柱体、球体和圆锥体），以及平屋顶、凸形窗、用大块而不加分割的玻璃组成的水平窗等所组成的。建筑物的结构，在其立面上是清晰可见的，透明的玻璃、钢、强烈的色彩，在现代建筑运动的美学中扮演了它们各自的角色。

佩夫斯纳所不赞成的建筑描述是很少的。这种建筑，一般说来，是由一些形态学元素所组成的，这些元素与上面所罗列的那些元素恰好相反：比较而言，用了弯曲的表面（一般来说是任意表面），表面的装饰用的是写实的或自然主义的主题，空间的几何组织采用了古典传统的某种延续性。此外，更重要的是，以一种特别的蔑视而将"无用的对称性"排除在外。佩夫斯纳对于这两种形态学体系之间的对立所做的说明，是十分开诚布公的。现代建筑是原创性的，是独立于传统之外的，摆脱了对历史风格的模仿，与 19 世纪的理念形成鲜明对立。因此，这是一个与过去和与传统的完整的裂隙。每一件东西都是全新的：现代建筑是某种过去从未出现过的事物，是一种以没有先例的形式所组成的新的精神。

出现在这个文本中的形态学体系是由一系列美学品质与价值判断为特征的："赤裸裸的真实（是）令人钦佩的"（174）[13]，"赤裸的"（174），"极好的"（106），"洁白率直的"（153），"诚实的"

（114），"壮丽的简单"（148），"纯粹的、节制的"（197），"高贵的"（154），"严谨的"（181），"纯洁的"（146），"一丝不苟的"（156），"这座建筑物的首层平面是明确而清晰的"（160），"可靠而有利健康的"（42），"高尚的"（196），"务实的"（sachlich），"天然的"（84），"天真烂漫的"（142），"不谙世故的"（80），"普遍的"（111），"强硬的"（174），"革命的"（175）。由意识形态所决定的人们期待的那种空间，在短语"生活在这样的物体中，我们呼吸到了一种新鲜空气"中达到了高潮（149）。

佩夫斯纳所提出疑问的建筑的消极属性是多不胜数的，它所包含的形态学上的成分在数量上却是成反比例的："冗长的"（92），"错综复杂的"（101），"过多的"（51），"自负的"（67），"戏剧性的"（92），"怪异的"（52），"肆无忌惮的"（71），"不协调的，不可原谅的"（51），"庸俗的"（111），"个别的"（110），"在其有益健康与根本价值方面令人生疑的"（101），"如画风格的"（94），"接近真实的"（94），"不诚实的"（20），"任意专断"（108），"令人作呕的粗俗感"（111），"浪费的混乱"（60），以及"激烈的梦想"（193）。

像它的对立面一样，所期待的形态学体系表现了一种对于社会发展的特殊解释。以一种同等的分类方法，佩夫斯纳详细论述了为了某种有益于健康的表现所需要的一种新美学与新道德，莫里斯在他那个年代所一直使用的社会批评：

所有工业艺术都充斥着恶劣的粗俗，……造成事物的这种可悲状态的原因是工业革命，以及——较少为人所知，但却起到同样重要作用的是——自1800年以来所创立的美学理论。……他将他自己与他那个时代的真实生活隔绝开来，退缩到他那神圣的小圈子之中，为艺术而艺术，为艺术家而艺术。……他受到了他同时代绝大多数人的嘲笑，只是受到很少几位批评家以及一些富有的艺术鉴赏家们的赞美。……莫里斯是意识到……自文艺复兴以来的若干世纪中，特别是从工业革命以来的那些年中，艺术的社会基础已经变得如何地不确定与糟糕的最早艺术家。……艺术家们脱离了与日常生活的接触，"将他们自己包裹在希腊与意大利的梦幻之中……而对于希腊与意大利，只有寥寥可数的几个人甚至只是假装懂得，或者正变得要懂了似的。"[14]

一种真实的风格应该具有社会的、伦理的、政治的和艺术的凝聚力；它应该被置于服务于人民大众的位置上，而不仅是为了少数人。对于佩夫斯纳来说，现代建筑之存在的统一与协调，是真实无疑的，而且是必然与时间和社会群体紧密地联系在一起的。建筑师的责任就是表现他自己的时代，并以他具有开拓性的建筑来为时代的进步铺平道路；如果他将精力投向任何别的什么东西，那么他就是在做某种保守和倒退的事情。

从这样一个角度来观察，现代建筑运动中的诚实而简单的形式是建筑所赖以发展的社会、政治和经济等外在条件的不可避免的结果，故而，这些形式才是这个时代所要求之美学的真实表现。感知到了这样一种时代精神（zeitgeist）的建筑史学家和建筑师们，是站立在了一个能够了解他们时代的建筑表现实际上是个什么样子，以及它应该是什么样子的位置之上的。其结果是，他们能够为使其作品成为社会发展的催化剂而沿着由佩夫斯纳所预先设定的历史决定论与形而上学乐观主义的康庄大道而努力工作向前[15]。现代建筑运动中的设计作品，以其坦诚、真实、简单的形式，创造出一种能够包裹和覆盖与社会 A（即自由经济社会，资本主义社会）截然相反的社会 B 的一个真实建筑设计项目的表皮：这是一种新型的集体主义的社会，这个社会应该具有一种健康、诚实、年轻与简单的品质，而这与本来就属于现代建筑运动的那些新形式的属性与特征如出一辙。

※

考夫曼描绘出了 14 世纪后期与 18 世纪后期具有的某种相似性，这两个时代都在原则、哲学和社会的层面发生了全面变革。他观察到西方文明透过一种向基本原则的回归而发生了某种深刻的更新，这些根本原则为（法国）大革命奠定了基础，从而也标志了一种全新建筑传统的开始[16]。

在他的有关勒杜和勒·柯布西耶研究著作的开始部分，考夫曼提出了 5 个论题，以这 5 个论题为基础，他建立了他有关自主建筑的谱系：

一是发生于 1770 年至 1790 年的大革命将西方人的社会体系改变到了它最根本的事物之上。

二是在与大革命几乎完全相同的这一时期中，康德的著作达到了成熟与完备的程度。

三是勒杜、康德和大革命在年代学上的巧合并非命运的偶然，而是诸多事实通过内在关联形成的必然结果。

四是其间所产生的裂隙是深刻的、普遍的和具有终结性的，而这一裂隙却是走向自主与自律之新方向的决定性一步。

五是《人权宣言》（*The Declaration of the Rights of Man*）和康德的自律伦理学，与勒杜有关自主建筑的创立 [17]，两者具有同等重要的价值。

按照考夫曼的说法，文艺复兴传统的成熟表现体系是由一系列特征所组成的，这些特征构成了巴洛克艺术的叙述方法：对历史杰作的模仿；对人类身体比例确信不移的应用；出于装饰的目的而从大自然中获得灵感——从树木中得到柱子的灵感，从树叶中得到装饰母题的灵感等；多立克柱式的男性化属性特征与爱奥尼柱式的女性化属性特征；将一个结构的木制构架比作人类身体的骨骼构架；以建筑构件的秩序与级差来反映社会的等级；在所选择的柱式、体量和主要部分之间存在的理性关系，首先是这些部分彼此之间的，其次是这些部分与其更为细小的细部之间的关系；从各个构成成分之中自然显露出来的装饰性；阿尔伯蒂（Alberti * 1）有关审美理论的应用（整齐匀称、均衡对称、比例和谐、部分与整体的协调统一）；为确保建筑物一般性外观是富于变化与令人愉悦的有关尝试；不仅仅是功能上的满足，而且是视觉上的满意。然而，作者的兴趣并不在这些巴洛克造型语言之本身的基本原则上：这些原则仅仅是使勒杜的革命性建筑作品得以形成的一部分途径。

在另外一些方面，而且更为出人意料的则是由于在这本书的标题中，有关 20 世纪的建筑，既没有被描述，也没有被评估。它的正面表达是隐含其中的，唯一的例外是——以其善辩的口吻——前言和最后一章："在最近这一时期，在当代，我们拥有了勒·柯布西耶时代诸多

★ 1　莱昂·巴蒂斯塔·阿尔伯蒂（Leon Battista Alberti，1404—1472），意大利文艺复兴时期的作家、建筑理论家、音乐家、数学家和艺术家，他的关于绘画、建筑和雕刻的论文将古典文艺的理念引入文艺复兴时期的艺术作品中，从而具有深远的影响。——译者注

建筑作品的证明，这些作品以其表现上的纯粹性，将其存在之影响扩展到如此程度，以至于任何更为细微的分析，都显得有些多余了。"[18]
这本书是对革命性建筑的一种描述，辅以一个与形式、结构和成分组织相关联的矩阵所做的特别的特征分析；拒绝所有与基本几何元素背道而驰的形式，拒绝所有装饰，这些装饰被看作是毫无意义的赘疣；将无机性元素压缩到仅仅是建造的自然法则而已，这些自然法则排除了有机形式的使用；每一客体的形式确定都是以其室内的参数为基础的；一种新的各部分之综合，以及由自由的孤立元素组合所产生的仅仅以他们自己的便利为前提的形式；一种关于古代的新态度。然而，当考夫曼将这个通用矩阵应用于勒杜的作品中，他含蓄地提到了一些直接与"勒·柯布西耶的时代"相关联的元素：平整、光滑的墙体，各个楼层之间任何等级差别的缺失，不使用任何水平和垂直的连接，组成构件之间的无连接部、无等级差，在完全空白的墙上使用没有窗框的窗子，平屋顶、各个部件之间严格的建筑布置。

纯净、简单和裸露的形式之首要性在考夫曼那里，如同在佩夫斯纳那里一样毋庸置疑。但是，对这些形式所给出的描述——新的建筑形式——在两个人的情况下，都被局限在一个如此狭小数量的实例之中，以至于一个完整的形态学体系都不能够从这些实例中被建构起来。这意味着，接近这种新建筑的途径，在很大程度上所依赖的都是插图。

在考夫曼看来，对建筑起决定作用的并不是形式，而是建筑被组装起来的方式。每一个时代建构了它自己在形式和体系之间的关系，并对过去的形式加以修正，采纳那些由新的建构方式所创造的，或是通过对自然形式的重新诠释而获得的新的形式。当然，对于新形式的追求其结果也可以是追求一种新的体系，故而，形式变成了第二位的：正是这个体系，具有第一重要的地位。从这个角度去观察，法国大革命标志了建筑历史的一个新的篇章，因为革命性建筑师的唯一目标是为一种以自由为理想的全新的建筑体系奠定一个基础。[19]

按照考夫曼的说法，勒杜预见了当代的伟大建筑成就。他的许多作品与现代建筑师的作品所存在的诸多相似性就是考夫曼所能提供的最好证据。这些相似性并非仅仅局限在形态学问题上：考夫曼发现，在勒杜和勒·柯布西耶之间存在着一种理想主义，这一理想主义正是以18世纪以后流行的有关道德和公正的新理想为基础的[20]。然而，这并不是说，勒杜就能点亮了后来被现代建筑师们擎接过去的火炬。没有哪一个个人，能够靠他个人的力量，来创造一种新的风格或一个新的体系。基于对德国艺术史传统的忠实，考夫曼相信即使勒杜从来没有出生过，19世纪和20世纪现代建筑的体系也将是会存在的。无论如何，正是一个个人——勒杜——在新思想的表达上首先获得了成功——这样做的决定性效果就是，以一种令人充分了解的方式，使他成了他的这个时代，以及这个社会的代言人。最为重要的是，他设法表达了一个全新建筑体系的思想。

以完全相同的方式，考夫曼写到了"事物的新状态"——那就是，20世纪30年代的情形——"从艺术的层面上，可以被看作是18世纪后期那种令人质疑之倾向的一种特别而自然的追求。"[21]换句话说，勒杜所回应的自然目标，正是勒·柯布西耶的建筑，也是20世纪现代建筑运动中的建筑。当然，在18世纪后期，以及整个19世纪，对于事件是以这样一种序列发生做出预言是不可能的。然而，通过回过头来向后的追索，考夫曼发现了一个途径，通过这个途径，可以以一种真正的革命性方式，为新建筑的形态革命奠定基础，反之亦然，将建筑中的新形式和寻求将激进思想完全应用于社会革命之中联系在一起。从而，使自主建筑和人类自由，在决定论与相对乐观的社会进步观中，难解难分地纠缠在了一起。

艺术家与历史学家的平行历程
The Parallel Lives of the Artist and Historian

《空间、时间与建筑》(*Space，Time and Architecture*)[22] 一书是由西格弗里德·杰迪恩(Sigfried Giedion)于 1941 年出版的[23]，这本书的结构与我们已经讨论过的佩夫斯纳和考夫曼的文本大致上是相同的。作者试图将现代建筑合成为一个有内在凝聚力，并且具有某种新形式的建筑，这一思想是通过对现代建筑谱系的建立而加以申明的。他的目的甚至表现在该书的副标题中："一种新传统的生长"(The Growth of a New Tradition)。像他的两位先行者一样，杰迪恩举出了一个与现代建筑呈相反状态的可供仿效的设计案例——那就是，19 世纪的历史风格建筑。然而，他所提出的谱系显然比起前两位所提的谱系更为复杂。它包括了对历史建筑的所有解释，从其初始之时直到现今时代："那个令我感到神魂颠倒的问题是我们这个时代究竟是如何形成的，以及，今日思想的根基究竟掩藏在什么地方。"[24]

被杰迪恩研究的这一时期是从文艺复兴开始的。然而，我们只有牢牢记住他的有关整个建筑历史的三个阶段论，再去理解这个出发点的真实意义才是可能的。在第一个阶段期间，建筑的概念包括了相互连锁的形体体积，却没有过多地涉及室内空间问题。这就是属于美索不达米亚、埃及和希腊的那一时期。在第二个阶段，开始于罗马时代，并随着巴洛克建筑的衰落而结束于 18 世纪，其建筑观念主要是将兴趣放在了室内空间上。19 世纪是一个转折时期的分界点，它同时应用了第二个时期的几乎所有风格，消解了每一种独立风格原来所具有的内在凝聚力。这一个简短的转换时期使得杰迪恩——他对于罗马、中世纪和文艺复兴的建筑财富推崇有加——将其构成为一个被污名化的单元，而未赋予其独立阶段的地位。然而，这样一种并置——以一种激进的和容易引起争辩的方式——对建筑历史中的第三个或最后一个阶段加以了反对。在这个摩登时代，建筑致力于将第一个时期的体积概念和第二个时期的室内空间概念综合在一起。以这种方法，它向前迈出了一步：从一场废除古典主义的透视法的革命开始，并由立体主义的绘画完成了这一革命，继之而来的是，它第一次达成了室内空间与室外空间的相互渗透；除此而外，它从根本上获得了时间和运动共同参与的建筑概念。这样一种有关现代建筑来源的诠释，为他的书名《空间、时间与建筑》给出了一种解释。

因此，第三阶段的谱系开始于 14 世纪。文艺复兴时期的人们看到了诸如人、空间和完整的宇宙等新概念的引入，这些概念在很大程度上是以透视法的形式来表现的，并且开启了一条与中世纪截然相反的新传统。同样值得注意的是它的新精神（esprit nouveau）——这是对勒·柯布西耶和现代建筑的新精神的一种直接的提及。这种精神中的基本成分是一种全新的以透视法为基础的造型语言：杰迪恩认为伯鲁乃列斯基（Brunelleschi）是造成这一裂隙的始作俑者。然而，他解释说，透视并不是某一单个人的个别性发明，而是社会一般性的一种表达。然后，他在透视法于形成文艺复兴的造型语言和立体主义绘画于形成现代建筑造型语言方面所起的作用相提并论。文艺复兴时期的那些前卫的画家们，构想和揭示了他们时代的新精神的最早的艺术家们，被与 20 世纪早期的先锋派画家们，即构想并揭示了他们自己时代的精神的最早的艺术家们进行了比较。

杰迪恩回顾了空间透视法的整个传统，并特别集中在其"现代"

这一时段上——西斯五世教皇（Pope Sixtus V★1）的罗马规划，博罗米尼（Borromino）的波浪形墙体与灵活平面——并将 19 世纪早期的复古运动视为这一传统的自然终结。在他这本书的插图中，这些有关过去的"现代"层面被直接地与 20 世纪最勇敢、最大胆的设计进行了比较，如弗朗切斯科·博罗米尼（Francesco Borromini）为圣艾夫斯（Santlvo）教堂所做的灯塔与塔特林（Tatlin）的构成主义建筑（图 1.5）的比较，巴斯的蛇状新月形（Serpentine crescents）与勒·柯布西耶在阿尔及尔（Algiers）的波浪形天际线的比较。时代进步的决定论观点是从其起源到其巅峰，然后进入衰落，以及从文明的较低级阶段到较高级阶段，允许——确实指出了——作为历史上升之度量的某种平行而存在的一个证明。

在 19 世纪，以一种相反的方式，被看作是"由于人力、材料与人的思想的滥用，而成了最不堪一提的一个时期"[25]。杰迪恩因为这一"罪恶"而谴责了工业革命："个人被裹进了商品生产的大潮之中；他被商品生产的贪婪所吞噬。"[26] 依托于建造领域的进步，其能力仅仅被应用于对历史风格的某种模仿之上，因此，这里提出了一个巨大的道德性问题。然而，问题正是发生在这一危机之中，发生在对于进步的阻滞之上，以及发生在应用于建筑中的倒退性虚伪装饰上，杰迪恩将之看作是"对建筑中之道德性呼唤"[27] 的爆发，而"新的传统"也就将会堂而皇之地进入人们的生活之中了。

这条道路是由工程师们铺就的，他们的金属结构为那些新问题提供了新的解决之道。现代建筑的胜利是他们努力的一个结果，在这一历

★1　教皇西斯五世（1521—1590），其中 1585—1590 年在位。——译者注

52. TATLIN. Project for a monument in Moscow, 1920. This, like the Eiffel Tower and some other monuments of our time, is a contemporary realization of the urge toward the interpenetration of inner and outer space.

←
51. FRANCESCO BOR-ROMINI. Sant' Ivo, Rome. Lantern with coupled columns and spiral. Culminating point for the movement that penetrates the whole design.

图 1.5　弗朗切斯科·博罗米尼（Francesco Borromini）为圣艾夫斯（Sant' Ivo）教堂所做的灯塔与塔特林（Tatlin）的构成主义建筑的比较，摘自《空间、时间与建筑》（Space, Time and Architecture，Cambridge: Havard University Press，1941），西格弗里德·杰迪恩著，第 118~119 页。

程中有 3 个里程碑。在 1890 年前后，这些先行者们以真理与道德对谎言与欺骗做出了回应，与这一回应同步出现的是具有艺术表现力的新技术力量。他们的名字是亨利·范德·维尔德（Henry van de Velde）、维克托·霍塔（Victor Hota）、贝尔拉格（H.P.Berlage）、奥托·瓦格纳（Otto Wagner）、奥古斯特·佩雷（Auguste Perret）和弗兰克·劳埃德·赖特，以及芝加哥学派。在 1910 年左右，这些先驱中的第一代人受到了立体主义画家们的追随，这些画家抛弃了透视法，因而为走向现代建筑扫清了障碍（图 1.6）。这一过程大约在 1930 年得以完成，其标志是 3 位顶尖艺术家的作品：沃尔特·格罗皮乌斯、勒·柯布西耶和密斯·凡·德·罗。由他们的作品所标志出的这一新的出发点，是可以与文艺复兴时期的伯鲁乃列斯基的成就相媲美的。

图 1.6　立体派绘画中重叠的平面与包豪斯建筑的透视效果的对比，摘自《空间、时间与建筑》（*Space, Time and Architecture*，Cambridge：Havard University Press，1941），西格弗里德·杰迪恩著，第 494~495 页。

杰迪恩实践导向话语中这个容易引起争辩的结构不同于佩夫斯纳和考夫曼的对应话语结构。建筑 A（19 世纪建筑）是被负面的语言加以描述的，并成了建筑 B（现代建筑）的对立面，同时也作为了建筑 A*（文艺复兴建筑）走向衰落的最后一个阶段，而文艺复兴建筑与那些和建筑 B 相一致的建筑一样，是被作为正面的术语而加以描述的。紧随在建筑 A* 与建筑 B 之后的一定是与之在结构上相似的东西；但是，它们在其历史上升的过程中所起的作用是不同的，而且，特别是在它们所接受的形态体系，以及附着于其上的社会与道德准则是不一样的。胡安·保罗·邦塔（Juan Pablo Bonta）关于这些准则提出了一种分类以对应于在《空间、时间与建筑》中所讨论的 33 种建筑物，他使用了 12 种意义类型：①道德概念（"诚实""正直"）；②组成材料的特征（强度、连接的可能性、构件的尺寸大小）；③与社会、政治和文化发展，包括过去的与现在的，有关的建筑师之态度；④社会集体意识或与相应的发展阶段相匹配的社会的某一特殊阶层的集体意识；⑤艺术概念（空间、空间 / 时间、色彩、室内与室外的关系）；⑥哲学理想；⑦结构方面；⑧功能方面；⑨精神的与心理的表达；⑩"永恒""无限性""普遍性""匿名"；⑪关于自然的思想及建筑的针对性；⑫隐喻。[28]

确定这一叙述性元素的过程，以及确定在此之前一些时期中有关正面要素的表达特征，都可以被直接追溯到非常开始的阶段之时，而这对于他来说，似乎恰是有关重建的一个保证，此外，这也被看作是对最近的过去之效果的一个净化过程，同时，也是一个永恒的承诺。正是在这最后一个方面——基于对远古与现代之形式的比较——而这正是杰迪恩在他生命最后 10 年中所做研究的焦点所在。他在他的不朽之作《永远的现实》（*The Eternal Present*）[艺术之源（The Beginnings of Art）和建筑之源（The Beginnings of Architecture）]，甚至在他最后的一本著作《建筑与过渡现象》（*Architecture and the Phenomena of Transition*）都延伸与发展了这一研究焦点。

在其被确立之后的第一个十年的简单轮替中，以及在其之前那一个阶段开始（以罗马万神庙的落成为起点）之后将近 20 个世纪之时，建筑历史上这第三个阶段之基础的矛盾与统一，揭示了杰迪恩实施性话语的真正维度。他表达了他自己时代的乐观主义——这里主要是指格罗皮乌斯（1883—1969）和勒·柯布西耶（1887—1965）的时代——通过某种绝对自信，甚至有些狂热与盲目的态度，对现代建筑的起源做出了描述，并且依据当下正在进行之事务的角度来对过去的事件加以判断。因此，他的文本以与佩夫斯纳和考夫曼的著作相当的方式，成了现代建筑的一个宣言，尽管他与另外两位作者在许多方面，如建筑史学家在其社会中的作用等，有着许多的不同。

相信建筑历史学家应该将为人们创造生活的空间作为自己的职责，这一点的确是杰迪恩的基本立场所在。他的建筑历史观能够被进一步总结为如下 3 点：

1. 历史不是静态的：它是处在运动与变化之中的。过去是不能够轻易摆脱，无论是从现在，还是从将来都是一样；事实上，过去、现在和未来都是一个单一的、不可约分的整体的不同组成部分。当然，虽然过去能够确保被用来树立现在的信心，但真正重要的却是将来。在这个意义上，我们应该从现在的立足点去观察过去——这个现在是立足于"一个宽泛的时间尺度之上的，因而它能够被那些仍然具有活力的过去的某些方面所丰富。这是一个与连续性而不是与模仿性相关联的事情"。[29]

2. 历史学家，像艺术家一样，被它的时代精神所浸润。"历史学家必须对他自己时代正在变化的结构中发生的事物投入一定的观察。他的观察必须与那些我们称之为艺术家的专家们的视野相平行，因为正是这些艺术家，在我们其他人对这一切有所了解之前，在那些正在流行的有关这一时期生活的说教（原文如此）中制定着规则与符号。"[30] 因此，历史学家的责任是认识事物的来龙去脉，并通过揭露其隐藏的那些方面来证明它们之间的连续性。这也就是透过过去来发现在未来的初始阶段还会连续下去的那些元素。[31]

3. 在历史学家那里是不存在什么客观现实的。当然，历史学家必须以其所能够带来的清晰与力量来标志出历史进化过程中的阶段性，然而，历史更像是一面镜子，它总是在映射出那张正在向它观察着的面孔："观察某种事物，就是或是要依照它来行事，或是要改变它。"[32]

杰迪恩从现在的时间出发，并依据它自己时代的精神，对历史做了重新解释。其作用与其他一些建筑师的方式是相同的——如勒·柯布西耶——他相信他能够洞悉遥远过去那永恒真理的最伟大部分，洞悉那些逃离了风格之专横约束的构成要素（constituent fact），因而当其声称现代建筑不再是一种风格之时，他有能力显示出现代建筑是正确的。根据这一点，他所关注的是鉴别：

被压抑与束缚的一些趋势不可避免地要重新出现。它们的重新崛起（这一点是有争论的）使我们意识到，从整体上来说，它们属于那些将要产生某种新传统的要素。在建筑中，那些构成要素，例如，是墙体的起伏，是自然与人的居所的毗邻与并置，是开敞的首层平面。而构成要素在 19 世纪表现为建造中新的潜在可能，工业生产所带来的大量产品的应用，以及，变化了的社会组织。[33]

在认知一种可以将过去、现在和将来统一在一起的历史连续性之时，多亏了显而易见而又神秘叵测的现代之时代精神的力量。杰迪恩争辩说，如果我们为每一个现在附加上一个量度的话，那么过去就是一个持久性的话题（永恒的现在）。从这一点出发，他所寻求的是那些构成要素，以及现代建筑在其本身开始之时的意义（建筑的开始），那时人的作品是具有某种原始的特质的，因而也是永恒的纯粹性的。[34]

理论的悖论与艺术史家的理论分流
The Paradox of Theory and the Diaspora of the Art Historians

为现代建筑运动确立基础的任务——在欧洲是在 20 世纪 30 年代开始实施的——通过谱系溯源与历史研究方法，这几乎是专属于艺术史学家的范畴。他们那投注在其自身时代建筑上的兴趣具有决定性的重要性，关于这一点，有着两方面的主要原因：

第一个原因是艺术史家的理论路线与建筑师们的实践之间所分离开来的距离：这是 1951 年由保罗·祖克（Paul Zücker）提出的"悖论"[35]。不管他们是否将其兴趣集中在象征主义或抽象主义上，集中在体积、在空间，或是在两者的结合上，20 世纪早期的艺术史家在两个关键点上都持了赞同的意见：一种对于折中主义的大规模拒绝与抵制，以及对功能作用的弱化[36]。毫无疑问，除了对于功能主义的一些一般性提及之外，且不论佩夫斯纳与吉迪恩对工程师在现代主义运动发展中作用的强调，本章讨论的三位史学家均将现代建筑的建构停留在形式与体量层面。在他们的眼中，建筑学的本质不是奠基于对阿尔伯蒂的三个基本原则的应用上：在建筑的视觉维度名义之下，必需（necessitas）和适用（commoditas）被置于一旁不加理会了，在对形式与体积的配置与处理的名义之下，其重要性甚至超过了愉悦（voluptas）之概念的重要性，从而变成了社会的目标性表达，并且成为时代精神的产物。他们像艺术史家们那样使用了建筑摄影再现，将其分析的理由放置在将一些时期完全不同的绘画与雕塑通过照片重现加以相应的视觉比较之上。因此，在他们的著作中首层平面和立面图显得很少——而在杰迪恩的著作中那种将博罗米尼的圣艾夫斯

（Sant'Ivo）教堂和塔特林的螺旋形造型的纪念碑，或将毕加索的《阿莱城的姑娘》（L'Arlésienne, Lee Miller）与格罗皮乌斯的包豪斯，或（在第五版中）将一块新石器时代的墓碑与勒·柯布西耶的朗香教堂（Ronchamp，图 1.7）并置做法的感觉中，仅仅依赖于一种形态学上的相似，正是在这种相似性之上，对建筑本质要素（constituent

344a. Stele at the neolithic monumental "Tomb of the Giants" in Sardinia.

344b. LE CORBUSIER. Pilgrimage Chapel of Notre Dame du Haut, Ronchamps, 1955. View from the west. A Mexican architect, R. Barragan, pointed out the secret affinity of the tower of Ronchamps with a prehistoric cult structure in Sardinia.

图 1.7　新石器时代墓碑与朗香教堂塔楼的对比，摘自《空间、时间与建筑》（*Space, Time and Architecture*，Cambridge：Havard University Press，1941），西格弗里德·杰迪恩著，第 577 页。

facts）的整体探索。没有其他任何方面的联系，既没有社会学方面的，也没有技术层面的联系，能够将这些彼此来自不同地方或不同时代的作品连接在一起。

在建造之中的功能主义和理性主义，以一种相反的方式，成为建筑师作品中的决定性参数。形式主义史学中普遍隐含的自由平面，其来自于某种与功能和新技术相联系的支持，比起来自于什么诸如审美性研究方面的支持要大得多。特别是在 1945 年之后，在那些自己本身就是建筑师的，以及那些在其建筑历史著作中向自己发问"我们应该怎样建造？"，并且拥有所有必备的条件来提供一个具体的回答的那些建筑史学家们之中，功能主义和理性主义成了他们的基本参数。

关于为什么德国艺术史家们的兴趣是在建筑历史方面，还有第二个原因，具有决定性的重要性。即在 20 世纪 30 年代，被胁迫逃离了德语世界的那些人，将一整套艺术与建筑史的理论方法体系引入移居国并加以确立。在他们所居留的那些国家，还没有准备好立即去接受这样一套完整的方法与路线；在那里艺术史还不能算作是一个自主与自立的学科，大多数国际性的著作与文献还留在德国。其结果是，德国艺术史家们在美国与英国那些伟大的大学中从事教学活动，他们所发表的英文论著的大量扩散，不仅仅是一种文化侵入或单纯的传统丰富，或者仅仅对一种既有传统的丰富与扩展。事实上，他们的全球流亡对战后的艺术与建筑史，以及其他类似方面，产生了深刻的影响 [37]。更为重要的是，这是 1945 年后现代建筑历史与理论所赖以建构的基础。无论是布鲁诺·泽维，还是莱昂纳多·贝内沃洛（Leonardo Benevolo）都没有机会将他们自己的研究置于此前已经存在的谱系之中——即那些将他们的烙印（或是正面的或是负面的）留在了我们这本文集中提到的所有艺术史家身上的谱系，只有希区柯克是个例外，至少在一开始的阶段，他在历史研究上的发展，有些方面上是采取了不同方向的。

第二章

现代建筑的批判性复兴

CHAPTER TWO

The Critical Resurgence

of Modern Architecture

第二次世界大战刚刚结束，布鲁诺·泽维（Bruno Zevi）就提出了对现代主义运动的一种实质性重新评估，并倡导建立一种以弗兰克·劳埃德·赖特（Frank Lloyd Wright）的建筑为基础的"有机建筑"。泽维属于第一代在求学期间接触到现代主义运动起源的建筑师，他们从那些流亡在外的德国艺术史家们用英语撰写的论著中获益匪浅[1]。他的三大重要理论来源是尼古劳斯·佩夫斯纳（Nikolaus Pevsner）、沃尔特·科特·贝伦特（Walter Curt Behrendt）和西格弗里德·杰迪恩（Sigfried Giedion），他正是通过这三个人，奠定了现代建筑运动的优势及其谱系基础[2]。在对现状提出疑问，并提倡某种新的东西方面，这位年轻的意大利建筑师不得不在接受这些重要文本的认知性内容的同时，还要对它们的立场提出质疑。其结果是，那些他在 1945 年至 1950 年发表的极其重要的作品引起了这样一些事实，这些著作插图中的相当一部分是从那几位德国艺术史家们所提供的原始材料中来的，尽管泽维还可能对其一直保留着批评[3]。对于那些熟悉这些材料来源的人，他在《走向有机建筑》（*Verso un'architettura organica*）一书的英文版的前言中用了一些委婉的说法，因此不需要再花时间去读他这本书的最初几个章节了[4]。泽维的研究集中在有机建筑的发展上，对于他来说，有机建筑是将理性主义或功能主义建筑加以延续的舞台，或者，甚至是高于理性主义或功能主义的。当涉及他所生活的时代时，他使用了术语"现代建筑"，以及形容词"现代"（例如，现代语言、现代历史等）一词，

图 2.1 弗兰克·赖特的流水别墅是生态建筑的经典范例，摘自《现代建筑史》（*Storia dell'architettura moderna*，Turnin：Einaudi，1950），布鲁诺·泽维著。

他的目标就是这个时代那直截了当的勃勃雄心：对建筑及其持续的进化加以组织。在他的文本中，现代一词意味着当下的时代。在现代这个词的后面，是不会用来修饰两次世界大战之间那一时期的建筑运动的；这不是一个与格罗皮乌斯和勒·柯布西耶的建筑有所关联的词汇，也不是一个与佩夫斯纳和杰迪恩的相应概念相一致的词汇。当涉及如上这些问题时，术语理性主义和功能主义也是这样被加以应用的。如果是站在这些术语及其对立词汇的意义框架之外，对于泽维的解释我们就很难加以理解了 [5]。

1943 年的冬天，泽维在伦敦开始写他的第一本书——《走向有机建筑》（*Verso un'architettura organica*）[6]，他的写作伴随着 V-1 飞弹的轰鸣与危险，战争刚刚结束，他就投身到他自己国家（以及整个欧洲的）民主重建的进程之中了 [7]。从一开始，他的建筑批评活动就证明了，这是一种具有双重目的（政治的与建筑学的）的真正的战斗。他的第二本书《可见的建筑》（*Saper vedere l'architettura*）[8]，是于 1948 年发表的，这是一次将建筑学中的空间概念作为一个整体而进行的一次历史回顾。泽维将这种新的有机三维方法与历史上和世界各地应用的所有其他方法加以了比较。两年以后，他的《现代建筑史》（*Storia dell'architettura moderna*）一书也问世了 [9]。实际上，这本书是泽维第一本书的一个经过修订与提高的版本 [10]。在同一年，泽维发表了他的评论集《建筑与历史》（*Architettura e storiografia*）[11]。以这些书为基础，到 1950 年他已经完成了为现代建筑及其历史建构一个他自身最为重要立场的过程。

《建筑的现代语言》（*Il linguaggio moderno dell'architettura*）[12] 一书的面世晚了许多，这本书出版于 1973 年，这是鉴于其关键 20 年的发展，对其初始立场的系统化梳理 [13]。这本评论集构成了《现代建筑史》（*Storia dell'architettura moderna*）一书之修订本的一个衍生物，这个修订本发表于 1975 年。《现代建筑语言》（*The Modern Language of Architecture*）于 1978 年在美国出版，这是一本《建筑的现代语言》（*Il linguaggio moderno dell'architettura*）和《建筑与历史》（*Architettura e storiografia*）两书的简单混合物 [14]。然而，这并不妨碍其成为对泽维从 1945 年到 1950 年这 5 年中所阐述的基本立场的一个最好的总结，就如同在 20 世纪 70 年代这些基本立场被现代化了一样。更为重要的是，这本书还是以一种简单的手册书形式而对建筑的当下（being）与历史（history）所做的一种解释，这本手册书还关注了 20 世纪 70 年代时的当代建筑的实践方面。

泽维在历史的、批评的与理论方面的那些文本是他试图为建设一个在其所有的文化与政治维度上都要显得截然不同和完全现代的社会而不懈奋斗的一部分。他将建筑视为这一更广泛斗争中的核心议题。他每周发表在《表达》（*L'Espresso*）上的文章，他在期刊《建筑学——编年史与历史》（*Architettura-Cronache e Storia*）中担任的编辑这一角色，他在大学担任的教职，他所参与的一系列建筑设计与城市规划设计的准备工作，他在社会党中承担的一些政治义务，他在各种委员会中担任的委员工作——所有这些都完完全全地证明了他远远超出了我们所期待的一位纯学术型的建筑历史学家的兴趣范围。

※

泽维是在一个反法西斯的环境中长大的，他是一位民主理想的热情鼓吹者。他为自由、平等和社会公正而奋斗，他也为一种民主的——基本上是乌托邦式的——社会而奋斗，在这个社会中，所有的人都拥有平等的机会。他心目中的建筑，是与对一个自由社会的许诺与义务不可避免地紧密联系在一起的，他完全相信建筑形式是与其所服务的社会政治结构紧密联系在一起的。从这样一种信仰出发，泽维对于建筑中"冷峻刻板的空间语言时期"与"反叛的时期"加以了区分[15]，他将这两个时期分别与古典主义建筑时期（作为对于自由的一种妨害）、现代建筑时期（作为表现民主社会的一种最高形式）联系起来。同样地，他将古典主义建筑的形态与法西斯主义建筑的形态等同起来，他还将对希腊—罗马文明的拒绝看作是这方面的一个自然结果。

我是在法西斯的统治下长大的，从 17 岁时我就与法西斯开始了战斗。当我决定变成一位建筑师和建筑评论家时，我不得不向自己发问：法西斯主义在建筑中的本质性东西是什么？……结果，我的回答导致我对希腊与罗马建筑说"不"，这两种建筑备受法西斯主义者的抬举；我还要对文艺复兴建筑，及其随之而来的庄严与伟大感说"不"；要对巴洛克建筑说"不"，这几乎就是天主教的专属领域；并且要更为明确地对 19 世纪的折中主义建筑说"不"。……通过排除法，我的回答是，可以对中世纪的民用建筑说"是"。……对于我来说，这是唯一能够称得上民主建筑之先例的建筑。[16]

处在泽维所主张的建筑与社会的中心位置上的，是自由的个体。正如他在他于 1945 年返回意大利之后所立即创立的有机建筑协会（Associazione per l'Architecttura Organica）的宣言中所称的：

有机建筑是一种社会的、技术的和艺术的活动，其目标是为一个全新的、民主的文明创造一种环境；它构想了一种为人的建筑，是一种按照人的尺度，并与一位作为社会成员之一的人的知识、心理和当代需求相匹配的建筑。因此，有机建筑是与纪念性建筑恰呈相反的状态的，纪念性建筑是为用来创造国家的神话而建造的。[17]

泽维的现代建筑的任务是既拒绝古典主义的形式主义，也拒绝理性主义的形式主义，它将自身定位为：要为人们每日每时的需求提供服务——但是，这里的人并不是一个抽象的人，而是在统计学量度下的，以及在一个在生产过程中从事人类环境改造之研究课题下的个体单位：一个理想化的、自由个体的人，其最高价值是追求建筑学中存在的理由（raison d'être）。在泽维的心目中，住宅应该从室内向室外进行设计，并且应该围绕着其居住者的日常活动展开其建构，并与他们的生活方式保持同步。其立面应该是其室内空间的简单表达。从整体上来说，住宅建筑不应该是被一种静态的美学与技术所左右的，而应该是被生活在建筑物之中的人们动态的生活所支配的（图 2.6）。这样一个以人为中心的概念，决定了现代建筑作为一种为人民群众而建的建筑的社会性维度，从而与为建筑师而建的建筑明显地区别了开来。[18]

虽然他拒绝古典主义传统的建筑词汇与建筑语法，但是，泽维对于人文主义建筑表现出某种拥护，而人文主义建筑是从文艺复兴建筑那里寻求自己的源头的：

我们对于任何让人压抑的、支配人和压迫人的东西表示了毫不保留的反对；我们今天对纪念性建筑的拒绝就属于这一类；我们的社会公理是为人所规划的城市，我们的住宅理念是按照现代材料，以及人们的心理与宗教的需求所确定的——所有我们这些内在的、有机的、精神的态度，都可以追溯到15世纪以来的建筑学，因为，的的确确是从那个时候开始，奠定了现代建筑的根基；也就是说，正是人为建筑确立了法则，而不是相反。[19]

现代建筑还基于犹太教的时空观念，这一观念与古典建筑所赖以产生的希腊人的空间观念恰呈对立的状态[20]。为了解释这一观点，泽维通过大量引证特尔利夫·博曼（Thorlief Boman ★1）的理论之方式，对希腊人与犹太人的思想进行了比较[21]。他写道，希腊思想满足于存在（being）的概念，甚至是在一种完全静止的状态下。而犹太人的思想则相反，如果没有运动，存在就是不可想象的。这一区别后来也渐渐地渗透到建筑之中。在希腊人的感觉中，一座建筑物是一个静态的客体：这座住宅 / 这个物体，这座神殿 / 这个物体。而对于犹太人而言，建筑物则是一种功能性的空间：这座住宅 / 为人生活起居之所，这座神殿 / 人们聚集的空间。希腊人的概念中强调了形式；犹太人的概念中则强调了功能。随之而来的情形是，基于希腊观念基础之上的建筑，是某种严格美学规则的产物（对称，和谐的比例等），是受到某种合成式形象的支配的，既不可能再添加些什么，也不可能再减少些什么。这种建筑的结构是被不可逆地限定了的，并且，其结果是，它成为一种专制主义的政治体制表达。那种奠基于犹太观念之上的建筑却是截然相反的：一种处在不断进化中的灵活的、有机的建筑，它并不受制于某种预先设定的美学规则或形式禁忌，如对称、同轴布列、严格的透视感，以及给定的用来填充空间的空地比率等方面的限制，因而是对民主理想的一种彻底表达。

泽维相信建筑之所以对我们有用并非由于它的形式（希腊思想），而是由于它的用途（犹太思想）[22]。其结果是，他拒绝一切与希腊思想相联系的建筑（抛弃那种诸如静态的、古典的、"有着优雅比例的"东西），

★1 特尔利夫·博曼，《与希腊比较的希伯莱思想》（*Hebrew Thought Compared With Greek*）一书的作者。该书出版于 1970 年。——译者注

并且赞成一切与犹太思想相关联的建筑（接受那种诸如流动的、灵活可变的、"非定形的"东西）。将这些思想应用到艺术方面，他反对立体主义艺术，但却对表现主义艺术赞美有加："犹太思想选择了表现主义作为在艺术中表现自身的一种途径。"[23] 这一点导致他对那些"伟大的"理性主义建筑师如勒·柯布西耶、格罗皮乌斯、密斯·凡·德·罗和乌德（J.J.P.Oud ★1）提出批评，因为他们喜欢立体主义艺术，而对赞成表现主义的（犹太）建筑师艾里奇·门德尔松（Erich Mendelsohn）表示了崇敬："犹太人发现了一位犹太建筑师。"[24] 以一种同样的原则，弗洛伊德（Freud）、爱因斯坦（Einstein）和勋伯格（Schoenberg ★2）（三位犹太人）以其三位一体的方式左右了现代文明与现代生活与思想方式——这种思想与生活方式在世界建筑中的代表人物是弗兰克·劳埃德·赖特（Frank Lloyd Wright）[25]。尽管这位美国建筑师不是犹太人，但是，泽维认为是他"在希腊—罗马思想主导了两千多年之后，第一次将圣经中的思想引入到了建筑领域"[26]。

※

对于一种不同社会的建议，以及对于现代建筑语言的接受，前提是回归文化"零度"："在建筑中也是一样，'零度'意味着要重新审视所有基本问题，就好像我们是在建造历史上的第一座房屋一样。"[27] 回归到文明的源头，回到史前时期，变成了一种迫切的需求，"就如同我们关于技术社会未来的幻觉变得渐渐消退一样，或者如同我们意识到了困扰我们这个星球的生态灾难之严重，意识到了使人类与同胞以及周

★1 乌德（J.J.P.Oud，1890—1963），荷兰建筑师。——译者注
★2 这里应当是指音乐家阿诺德·勋伯格（Amold Schoenberg），奥地利犹太人，1874 年 9 月生于奥地利，1953 年 7 月在美国洛杉矶去世。——译者注

围环境疏远的原因或与其环境变得越来越疏远的巨人症，也意识到了将个体的人挤压到了唯命是从境地的官僚政治程序对个性特征进行剥夺的程度"[28]。这并不是说，泽维屈服于过去的浪漫主义诱惑。恰恰相反，他呼唤某种以"力量和勇气"而对"史前的和历史上的建筑进行再阅读，……这样我们就能够书写或述说现代建筑语言"[29]。通过回归到源头，回归到伊甸园中的亚当之家，泽维是希望我们在踏上通往理想社会的坦途，通向应许之地（promised land）之前，寻求某种精神净化，现在，我们能够进入这福地之中，多亏了现代建筑的语言[30]。然而，革命性的改变不能够在没有经过一个对于源头的祈祷与诉求就开始，到了那个时候，人类就会摆脱社会规则的制约，沉浸在"游牧生活的自由自在之中"，并且"享受着在广阔无垠的大地上漫无目的地游荡之乐"[31]。

泽维使用了名词"革命"（revolution）以及形容词（名词）"革命的"（revolutionary）这两个词，包含了两个方面的意义。首先，它们被用于概念，如个体的，或运动的概念之中，以指明它们的创新性特征，以及它们反古典主义的倾向：现代建筑语言决定了建筑的"现代革命"（revolution）[32]，"赖特是一位革命者（revolutionary）"，"像威廉·莫里斯（William Morris）以及像所有其他先行者一样"[33]，"芝加哥学派……是建筑学领域中的一场革命运动（revolutionary movement）"[34]，而且，甚至"那些基督徒们……为拉丁式空间带来了功能性的革命（revolution）"[35]。第二个方面的意义是社会革命。如我们在后面将会要看到的，泽维相信现代建筑语言是"一种革命的武器，是一种实际上由建筑的美德所引爆的武器"[36]。现代建筑显示为是既有秩序的敌人，战斗在社会斗争的第一线，并且像是站在为社会带来变革的立场上一样。在这里，泽维的话语采取了一种毫不妥协的论辩式姿态：

如果我们真的要用现代建筑语言进行表述，那么我们就将面临两种可能的情况。或者我们可以被允许自由地表达我们自身，或者我们就毫不留情地扫除阻止我们这样做的一切障碍。我们将不得不与审查制度作斗争。是房地产投机限制了人们的自由言论吗？那么，我们必须要以与城市建筑学（urbatectural）语言同等重要的活力而与之斗争。但是，一旦我们的土地被集体化了，那么我们的目标就会大打折扣，按照建筑审查制度，什么也没有发生改变，如在苏联时期的情况那样。[37]

换句话说，我们不得不与当下的社会作斗争——无论它是资本主义社会还是社会主义社会——这个社会在现代表达之路上设置了障碍与审查制度，并且进行房地产投机活动。我们不得不引发一场革命，并且将土地集体化（就如同苏联在 20 世纪 20 年代所做的一样），同时还要抵制独裁主义与官僚主义的专制统治。泽维所推崇的是一个集体主义的、自由的和民主的社会。

现代建筑的革命性特征在建筑、城市与景观的重新整合方面，呈现为一种纯粹乌托邦式的维度——那就是，在都市建筑学（urbatecture）中，现代建筑语言中的第七种恒定因素，关于这一点我们将在后面谈到。泽维的现代建筑与赖特的乌托邦城市十分接近[38]，但同时这种现代建筑与赖特的形式语汇又相去甚远，对于 20 世纪 60 年代那些先锋派建筑师们的城市构想，他采取了一种接受的态度。

历史的教训
The History Lesson

对于泽维来说，历史就是一些创造性的（可能是浪漫主义、巴洛克，或有机建筑）与衰退性的（即古典主义和理性主义）相互冲突的历史时期的一个有条不紊的连续过程。他追随维柯（Vico★1）、哥德（Goethe★2），尤其是贝内德托·克罗齐（Benedetto Croce★3）的脚步，提出了建筑史上进化的螺旋结构（图2.2）：平行现象彼此相似却非完全相同[39]。在那种感觉之下，十分必要的是，在冲突时期，理性主义与有机建筑会依序地发生，但是，与之伴随的问题是，在理性主义没有顺利展开之前，有机建筑的应用是不可能的。在他看来，那就是有机建筑在意大利没有取得成功的主要原因："这里没有必要的功能主义传统可以被依赖；如果没有首先在深度上的进展，在意大利就不可能达到其发展的第二个阶段。"[40]

泽维受到了贝内德托·克罗齐思想的深刻影响[41]，克罗齐使20世纪的人们重新恢复了对贾姆巴蒂斯塔·维柯（Giambattista Vico★1）的兴趣[42]。泽维称自己为"克罗齐主义者"（Crociance），他还告诉我们，他是通过阅读"大师"的作品而学会了思考的[43]。其结果是，

★1 贾姆巴蒂斯塔·维柯（Giambattista Vico），意大利哲学家，1668年6月生于意大利那不勒斯，1774年1月卒于那不勒斯。——译者注
★2 约翰·沃尔夫冈·冯·歌德（Johann Wolfgang von Goethe，1749—1832），德国作者和科学家。精通诗歌、歌剧和小说。他花了50年时间写了两部戏剧长诗《浮士德》（分别出版于1808年和1832年）。他也致力于各个领域的科学研究，在植物学方面享有盛誉，并几次在政府中担任职务。——译者注
★3 贝内德托·克罗齐（Benedetto Croce，1866—1952），意大利哲学家、历史学家和评论家，以其现代唯心主义的主要作品《精神的哲学》（1902—1917）和坚决反对法西斯主义而闻名。——译者注

图 2.2 建筑史的螺旋式演进，摘自《现代建筑史》(Storia dell'architettura moderna, Turnin: Einaudi, 1950)，布鲁诺·泽维著，第 552 页。

他接受了感性知识和理性知识之间的区别；他提倡想象和直觉，并将其作为理性与科学的对立面；他用与当代视觉概念紧密联系在一起的情感因素，而不是用原始的建筑观念，来指导建筑。因而，使当代观察者的情感冲动，超过了过去的理性分析。

布鲁诺·泽维是透过当代人的眼睛去看历史的，是在过去中寻找对我们时代的建筑有激发或证实性作用的元素，他反对两次世界大战之间那一时期前卫艺术家的许多拒绝历史的表现方式，主张对在历史与建筑实践之间建立了深厚联系的过去应该有一种全新的阅读。在这些情况下，艺术史和艺术批评的一致是不可避免的。每一场新的运动都变成一种诗歌创作的载体，或一种视觉事物的方式，以这种方式，历史学者受到了批评家们的彻底影响。其结果是，两者的立场都是以由特定的运动所创造的方向确定的美学观念为基础的[44]。关于利昂内洛·文丘里（Lionello Venturi）[45]，泽维认为，从古代到温克尔曼（Winckelmann★1）的时代，历史学者和批评家们都将他们所得以立足的主要理由看作是对其同时代艺术的判断与评估。温克尔曼通过以古希腊艺术标准对他那个时代的艺术进行判断的方式推翻了这种关系，从而使完美的艺术作品又回到了过去的时代。泽维对这一概念提出了质疑——这一概念在整个19世纪都居于主导的地位——泽维还主张回到有关历史的一种活生生的解释上去，那就是，将"一种建筑美学，从而一种对于过去各种艺术趋势的判断方法"确立在功能主义运动与有机建筑的基础之上[46]。

因此，泽维的现代建筑恰好是与一种对过去建筑进行观察的新方法，一种还原其历史性的方法，变得一致了。然而，为了促成这一重建，文艺复兴的观点必须被超越，古典主义和学术教条主义必须被克服。这样一种精神净化的方式将使得建筑师们能够重新体验历史上的各个不同时期，并且发现过去的反古典主义的——亦即，现代的——那些方面。第一位在反对历史的潮流中游泳的建筑师是勒·柯布西耶（图2.3）："在我们这个时代，只有一位建筑师是向古希腊寻找与发现的。而且他确实发现了它，却摆脱了巴黎美术学院的桎梏。这个人就是夏尔–爱德华·让纳雷（Charles–Edouard Jeaneret），他经过了希腊的圣水洗礼之后，就将其名字改成了勒·柯布西耶。"[47]为了证明这一历史的真实性，同时更进一步证明现代建筑的永恒性，泽维重新做了一个令人印象最为深刻的回顾，将人们从赖特和勒·柯布西耶的作品带回到了

★1　约翰·乔基姆·温克尔曼（Johann Joachim Winckelmann，1717—1768），德国考古学家和古文物收藏家，被认为是考古学之父，他是第一个把古代艺术当作历史来研究的人。——译者注

图2.3 雅典卫城与柯布西耶的单一体量对比，摘自《现代建筑语言》（*The Modern Language of Architecture*，Seattle：University of Washington Press，1978），布鲁诺·泽维著，第100~101页。

史前时期——那是一个远比文字的发明还要早很多的遥远时代（图2.4、图2.5）：

勒·柯布西耶唤回了欧洲理性主义的源头，回到了阿道夫·卢斯的清教徒主义，即维也纳分离派的反对者，由布鲁塞尔建筑师维克多·奥尔塔（Victor Horta[1]）在1893年所开创，并由英国艺术与工艺美术运动的热情洋溢的使徒哈利·范德·维尔德（Herry van de Velde）充当先

★ 1 维克多·奥尔塔（1861—1947），比利时建筑师，被称为欧洲新艺术建筑的关键人物。其作品有布鲁塞尔的塔塞尔宾馆、迈松杜人民报报社大楼等。——译者注

图 2.4 从赖特到柯布西耶，再到史前的历史回顾，摘自《现代建筑语言》（*The Modern Language of Architecture*，Seattle：University of Washington Press，1978），布鲁诺·泽维著，第 93 页。

图 2.5 从赖特到柯布西耶，再到史前的历史回顾，摘自《现代建筑语言》（*The Modern Language of Architecture*，Seattle： University of Washington Press， 1978），布鲁诺·泽维著，第 95 页。

锋的新艺术运动在奥地利的对应人物。通过由威廉·莫里斯在 1859 年所建造的红屋（Red House）带来了现代建筑的开端。但是，只有当我们将其放置在可以上溯到 1747 年在贺瑞斯·沃波尔（Horace Walpole）位于伦敦附近草莓山上的乡间邸宅中所预言的新哥特文化的上下文中，我们才能够理解莫里斯的变革……。为了把握住由赖特和勒·柯布西耶所声称的语言的脉络，我们必须回到公元前四个千年之时，然后，追溯至文字发明前的远古时期。[48]

现代建筑的历史真实性因对客观现实与历史研究方法的根本性改变而得以恢复。泽维声称有必要建立一部建筑学的现代史，这是一部能够为过去提供一套现代看法的历史，其方向是朝向未来的："如果有必要，现代建筑使人们以一种创新的精神来熟悉建筑历史，甚至更为至关重要的是，一部经过更新的建筑历史，将会对一种更为高级的文明建构作出贡献。"[49] 这一现代历史将不得不切断其自身与考古学联系起来的功能，特别是，如果它能够透过现代有创造性的艺术家的眼睛来阅读过去的设计项目的话。公众不得不确切地相信，"在你对一件过去的大师之作所做之判断的方式和你所生活于其中的住宅之间，在一座拜占庭教堂的空间与你所阅读的一座住宅或公寓的空间之间"，并没有什么不同[50]。问题不再是将一部有可能建立起来的明显优于过去的现代建筑历史堆放在一起，而是要建构起一部可以吸收与消解过去的现代建筑史。"这场历史编纂方面的革命成了这场建筑革命的一个不可或缺的同谋。"[51] 这一立场并不能证明这是一个将过去添加在当前建筑之上的做法；事实上，这是对过去的一种排斥，一种驱除。泽维并没有这样一个意向，即为了从本质上理解较早那些时代的建筑，我们应该学习与研究它们；他的主张是，我们应该运用一种现代的方式去解释它们，在它们之中识别出我们自己时代的形象；并将其真实状态的问题归于它们所处的历史语境。

　　同时，作为一种教育方法，现代建筑的历史呈现出了它真正的维度，建筑教育在奉献给建筑创作的传授方面，起到了积极与活跃的作用 [52]。"向学生们显示，每一件过去的伟大纪念性建筑都是'现代的'"，这一点还很不充分。泽维主张，建筑创作应该通过一种历史的方法来加以教授，这一方法的最终目标是将历史上的创作题材与作品完全整合起来 [53]。泽维的现代建筑史具有明显的实战属性，是论战性方法论的一部分，其目的是将过去作为一个整体吸收到现在之中，并且巩固现代建筑的原则和目标。泽维将历史作为一种托词，以服务于他那利用他自己有关建筑的信念而坚持的容易引起争论的倾向，这样目标并不是通过他自己所设计的建筑作品，而是通过向其他建筑师建议一种使他们能够设计他们自己的建筑作品的方法而达到的。

现代语言的路径
The Path of the Modern Language

由布鲁诺·泽维的论述具有显著的实践导向性。尽管他对现代建筑运动持苛刻的批评态度,但是他承认现代建筑运动的巨大影响,并且通过弗兰克·劳埃德·赖特的思想与作品来重申现代建筑运动的乐观主义。他的文本不再致力于构建现代运动的谱系学与历史根基,而是阐述现代建筑的应用原则。随着这些术语的不断发展,泽维的文本越来越倾向于朝向一种能够允许现代建筑被成批地加以实施的现代建筑语言之构成。这些文本与其说是对历史的考察,不如说更像是一种建筑实践。

泽维的话语在某种意义上是综合了两种不同形式的论辩式结构:一方面,是将认知话语的语义分裂为一些连续的失败与成功的状态(各个不同历史时期的空间概念对应于空间的有机概念);另一方面,依靠它所包含的对立面的设计来巩固作者的地位(古典建筑语言对应于现代建筑语言)。前者在《可见的建筑》(*Saper vedere l'architettura*)一书中占主导地位;后者则在《现代建筑语言》(*The Modern Language of Architecture*)一书中占主导地位。这两种形式都出现在了那套孪生文本《走向有机建筑》和《现代建筑史》(*Verso un' architettura organical/Storia dell'architettura moderna*)中了。这套孪生文本倾向于在现代建筑与有机建筑的谱系中追寻其构成成分。

谱系学是以古典主义的传统开始的,这是建筑 A 的一种,而建筑 A 是绝对负面的,并且是未被描述的。谱系学是以有机建筑为结束的,这是建筑 C 的一种，这是一种绝对反古典主义的建筑，并且是被以正面的术语所描述过的，这种建筑在弗兰克·劳埃德·赖特的作品中得到了总结。从一种建筑向另外一种建筑的转换，采取了一种长时期的连续向上的形式（从 17 世纪后期到 1918 年），朝向了建筑 B（1918—1933），也是一种以正面的术语描述的建筑，然后是一种由中间而向下的状态（1933—1940），这一状态为最后攀爬到建筑 C 的水平，提供了一种必要的推动力。这最后一个阶段是对现代建筑的一种真实表达。其胜利是更为一般意义上的人文、政治和社会的期待的一个不可避免的部分。更为特别的是，泽维第一次涉及了建筑 B 的问题，他将建筑 B 看作根本性和基础性的——通过一种初步的——建筑 C 的形成阶段。然后，他转向了最后阶段（C）的形成，仅仅可以在对建筑 B 的关系中看到。给出了两种基本关系的连续性，建筑 B 的谱系不再能引起泽维的兴趣。他将自己限定在他的读者从前一代建筑史学家那里已经变得熟悉了的谱系之中，配合这些特殊点，那些建筑史学家们给出了他自己在可实施性话语方面的需求。

在现代传统方面的这一长时期的不断上升，是在 17 世纪后期平稳地开始的，并且一直延续到 1918 年。它的基本原因是在审美趣味上的自然进化（"理想主义"），在建造上的科学与技术进步 ["机械主义（meccanistica）"]，新的美学理论 ["抽象—具体（astratto–figurativa）"]，和社会的根本变化 ["经济—实证（economic–positivistica）"][54]。在 1850 年之后，在这一长时期上升的最后阶段，这一时期开始获得更为清晰的表达，泽维将其称为现代建筑的第一个时代。这种状态在建筑 B 的个别先驱者的名字和作品中得到了描述，但是，他们至今也没有形成一个连续而紧凑的学派：艺术与工艺美术运动的大师们，苏格兰的查尔斯·伦尼·麦金托什（Charles Rennie Mackintosh），比利时的维克多·赫塔（Victor Horta）和亨利·范德·维尔德（Henry van de Velde），荷兰的亨德里克·佩特鲁斯·贝尔拉格（Hendrik Petrus Berlage），奥地利的奥托·瓦格纳（Otto Wagner）、约瑟夫·马利亚·奥尔布里奇（Joseph Maria Olbrich）、约瑟夫·霍夫曼（Josef Hoffmann)和阿道夫·卢斯(Adolf Loos），法国的奥古斯特·佩雷(August Perret）和托尼·加尼耶（Tony Ganier），德国的彼得·贝伦斯（Peter Behrens)和汉斯·珀尔齐格（Hans Poelzig），以及西班牙的安东尼·高迪（Antoni Gaudí）。

建筑 B 是一个相当成形的运动。这场运动开始于 1918 年，那是紧随着一场世界大战之后开始的，并且是以正面的术语而被加以描述的，这场运动结束于 1933 年，恰好与影响了整个欧洲的那场大规模的政治动荡的时间相巧合。这场运动的内聚力和清晰度体现在了 4 位大师的作品上：他们是勒·柯布西耶、沃尔特·格罗皮乌斯、路德维希·密斯·凡·德·罗和乌德（J.J.P.Oud），如果他所走的道路没有那么孤独，埃里希·门德尔松本可以成为第五位大师，与其他人比肩。建筑 B 是被 3 座建筑物所表达的：萨伏伊别墅（Villa Savoye），在一个较小的范围上，还有包豪斯校舍建筑和巴塞罗那世界博览会德国馆。泽维使用了名词理性主义或功能主义，以及形容词理性主义的和功能主义的来定义这种建筑，从而为美国人保留下了国际式建筑这一术语。

经过了这 15 年的辉煌，紧随其后的是从 1933 年的大萧条到第二次世界大战爆发前这两段时间之间的那一个时期。一方面，这一时期是被在德国、意大利和苏联的政治动荡所引发的，与这些政治动荡相伴的是一种向古典主义的回归；另一方面，则是因为结构危机而受到深刻影响的理性主义，特别是在法国。这一介于中间的衰落时期，使得泽维将其描写成为一次危机，并被表现为是理性主义建筑的一次失败的叙述，然后却引导出了有机建筑的成功叙述。然而，有机建筑（C）并不是理性主义（建筑 B）的对立面：有机建筑将建筑 B 的所有积极要素都结合进了它自己的范围之中。即使是在 1933—1940 年之间那段时期中，泽维也意识到了由那些特定的斯堪的纳维亚青年建筑师们 [阿尔瓦·阿尔托（Alvar Aalto）、埃里克·贡纳尔·阿斯普伦德（Erik Gunnar Asplund）、斯文·马克里乌斯（Sven Markelius）] 所作出的贡献，这些建筑师们既信奉理性主义的原则，也努力使其作品走向有机建筑。甚至弗兰克·劳埃德·赖特，在经历过了最初的对于理性主义大师们的影响之后，他又以这些大师们的正面原则来丰富他自己的作品。

虽然我们很容易做出一个假设，即建筑 C 的出现并没有负载任何特别的时间印记——例如战争结束之时。当然，1945 年是与《走向有机建筑》（Verso un'architettura organica）一书的出版相伴而来的，这是一本与勒·柯布西耶的《走向新建筑》（Vers une architecture）直接有关的宣言。但是，这篇宣言向世界所建议的建筑，其实已经在弗兰克·劳埃德·赖特的作品中被发现，而赖特"是现代建筑的先驱者，他对于现代建筑在许多方面表现出来的活跃与优势，以及现代建筑的未来发展，所起的作用是功不可没的"[55]。在这一意义上，对于有机建筑的披露，接着立即将过去的世界转化为一片白板（tabula rasa），从而赋予建筑 C 成为现代建筑的巅峰形态。这是一种建构性的话语，它向我们所显示的是通向我们这个社会的人道主义与民主的重建之路。

有机建筑是由一种社会条件所决定的，而这种社会条件本身又是依据它的伦理的与政治的特征所定义的。这样一种说法并没有贬低技术和美学在现代建筑语言建构中的作用。虽然如此，技术和美学仍然是从属于有机建筑的社会维度的："当房屋、住宅和城市的空间组织是为了人的愉悦，包括物质的、心理的与精神的愉悦，而布置的，其建筑就是有机的。因此，有机建筑是基于社会理想之上的，而不是基于一种象征的思想。只有当其将目标瞄准的首先是人，我们才可以称这一建筑是有机的。"[56]

在其出发点上，采取了这样一种社会的维度，泽维第一次在有机建筑（C）与理性主义建筑（B）之间设置了一个元素网格，以此来定义两者之间的不同。对于这个网格，有两个补充的部分：理性主义建筑中的一组消极的成分，和有机建筑中的一组积极的成分。这组双矩阵要素，是以一种出类拔萃的建筑，并以相对于有机建筑之社会维度的理性主义建筑的技术与美学的高度，为观察建筑 B 和建筑 C 之间的关系提供了某种基础和背景。同时，这一网格也表现出了泽维话语中容易引起争论的结构，而其话语也在建筑 B 的失败叙述之上，为建筑 C 的成功叙述奠定了基础。

这组消极成分是与造成法国理性主义危机的 5 种基本原因有所关联的[57]：

1. 理性主义是不能发展的：理性主义发展出了一种容易引起争辩的理论，其目标是反对传统建筑。在这一斗争中，理性主义赢得了一场决定性的胜利，但是，它的实用主义和机械论立场（例如，一座房屋 ="居住的机器"）显然是不适当的（建筑 B 之技术条件的结束）。

2. 抽象语言是无用的：在技术的功能主义与美学的抽象性之间没

有聚合性（建筑 B 之美学条件的结束）。

3. 现代建筑变成了一种教条：它的实用主义和美学规则是理论与思维的抽象线条的结果，它使得城市产生了令人窒息的效果，从而激怒了城市中的居民。

4. 现代建筑沦为风格主义（Mannerism）：现代建筑是与所有其他风格一样的一种风格，是一种被外在地用来以装饰那些用传统方法建造的房屋的风格。

5. 理性主义建筑在本质上并非是功能主义的：它使用了预先设定的一些想法（例如在南方国家巨大玻璃嵌板的不合理使用），它不能够经受住时间的考验（廉价的抹灰应用在其立面之上是粗劣的，或是仅仅在其建造完成 6 个月之后就开始出现破裂），它要求先进的建造技巧（在其优美的绘图与其被实施过程中许多细微的过失与不足之间存在着某种矛盾），由于不得不使用需要高度技能的工人，因此它是极其昂贵的[58]。

上述前两条原因决定了建筑 B 在技术与美学上的贫乏，为了直接满足这一建筑在出类拔萃方面的需求，故而借助了社会方面的条件。第三条原因表明了理性主义的刻板，并通过一条不同的路线来确认它在超越理性主义方面的需求。最后两条原因是根据它们在建筑 C 的社会条件方面的两条消极因素而确定的：有机建筑不是像所有其他建筑那样的一种风格，有机建筑也不可能滑落进手法主义的窠臼之中，而且，有机建筑从本质上来说是功能主义的——也就是说，它并不采用某种预先设定的思想，它能够经受得住时间的磨炼，它并不特别要求什么先进的建筑技术，而且它也并不显得十分昂贵。

这组由 6 种要素组成的积极组成成分是能够直接从弗兰克·劳埃德·赖特的建筑观念中引出来的：

1. "作为一种真实存在的内部空间"：建筑师不再依赖建筑的平面和立面，而是依赖建筑的内部空间来表现他们自己了。

2. "自由平面"：空间的连续性与灵活性，是按照每一具体个人的需求来决定房间布置的基本要素。泽维将赖特的有机自由平面与勒·柯布西耶的理论自由平面加以对比，这种理论自由平面是按照居民的需求划分室内空间的，但却是在首先设计了建筑外壳之后，而且，确实完全是以几何的严谨性来进行划分的。

3. "外部形体是室内空间的产物。……房屋是从一个室内的核发展而来的，它们'像植物一样'绽放开来。"

4. "室内与室外的统一：沉浸在大自然之中的住宅。"住宅与它的环境形成了一个不中断的连续统一体，因为房间经过了布置，而这些房间的外壳经过了选择，并以这样一种方式将它们整合进一个给定的基址中。

5. "因应材料之本性。"住宅与它的环境形成了一个不中断的连续统一体，因为来自相同地方的材料会为了确保与自然环境在功能上和形态上的连续性而被自然地建构起来。

6. "作为一个遮蔽物的住宅，这是一个掩蔽处，进入其中的人和动物能够藏身其中，就像进入一个洞穴中一样，可以防止风雨和强烈光线的侵袭。"[59]

前面三个元素引入的是社会方面的优越性，但却没有涉及技术与美学。空间是建筑的本质。然而，我们所谈的既不是由德国艺术史家所使用的某种感性的知觉或心理学上的可视空间（space visible），也不是那种类型学之建造意义上的有量度的空间（space measured）：泽维所论及的是体验性空间（space experienced），这是一种由使用这一空间的具体的个人活动所确定的空间。自由平面允许这一空间服务于其所有者的生活方式，如此则使内在的功能支配了外在的立面形式（图2.6、图2.7）。接下来的两个元素提供了空间（社会条件）、形式（审美条件）、材料（技术条件）之间的联系。建筑与自然之间的平行性与相似性在最后一个元素（作为一个遮蔽物的住宅）中找到了它真实的表达。泽维对于卢梭主义的默许，以及他所论及的人类起源之时的纯粹性，使人立刻就能够联想起他的民主理想与他的社会乌托邦思想。

就如同理性主义建筑的先驱者所作出的卓越贡献一样，在为有机建筑奠定了基础之后，泽维开始着手进行用一般性的术语将其综合在一起的任务，这一任务是从三个彼此互补的领域展开的：为建筑之空间性诠释的绝对优越性提供支持；并证明有机建筑超越其前所有建筑的优越性之确定无疑；同时，由此而被明确地加以述说的一种现代建筑语言，其优越性能够在未来得以被维持。所有这三个方向的任务，在特征上都是可实施的，在结构上则是可能引起争辩的，而为了给不同的社会建立某种空间规则，就必须要依赖于空间的社会规则。

为了给予建筑的空间诠释的优越性提供一个基础，泽维在《可见的建筑》（*Saper vedere l'architettura*）一书中提出了有关人为建造环境的所有其他诠释的一种批评性表述，指出了这些环境的欠缺与不足。更为特殊的是，他在政治的、哲学—宗教的、科学的、经济—社会的、

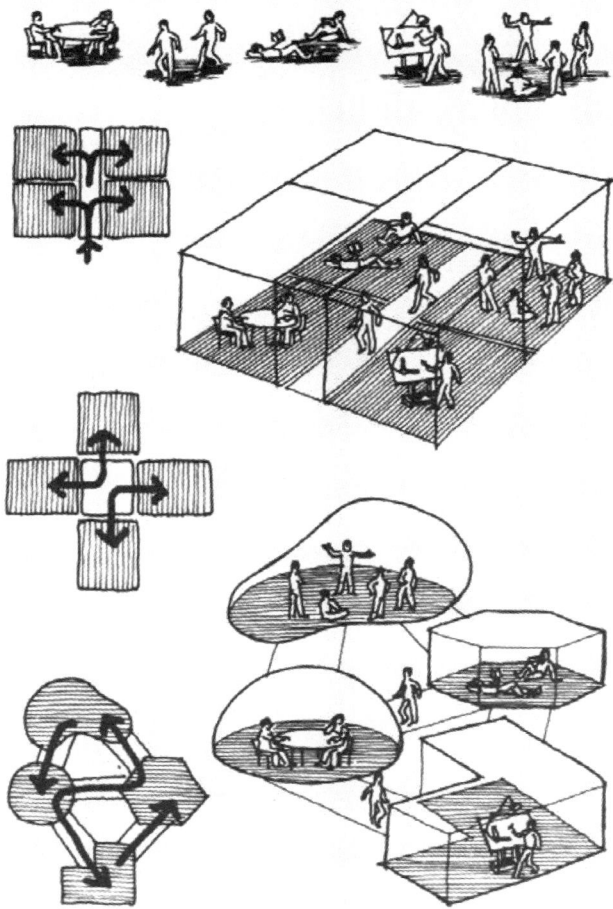

19. Architecture without buildings. The architect must study human functions without worrying about how to box them in *(above)*. He must avoid forcing them into single boxes or series of regular prisms *(center)*. The modern language of architecture adapts spaces to human functions and movements *(below)*.

图 2.6　满足人类需求的空间，从赖特到柯布西耶，再到史前的历史回顾，摘自《现代建筑语言》（*The Modern Language of Architecture*，Seattle：University of Washington Press，1978），布鲁诺·泽维著，第 51 页。

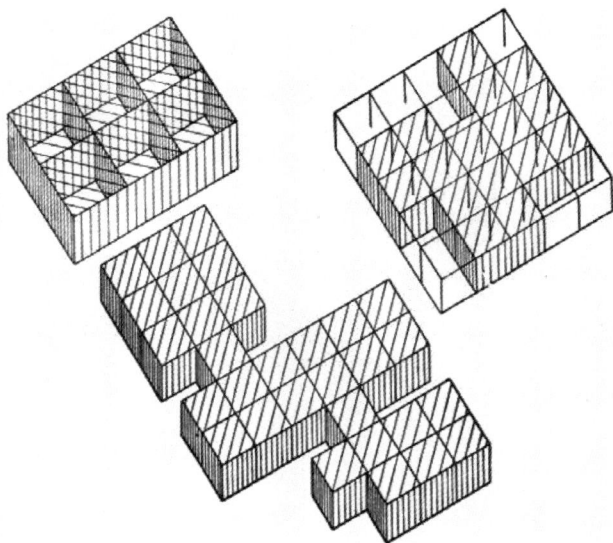

图 2.7 从死板的布局重构为部分连接的示意图,居住项目的有机解决方案,摘自《现代建筑史》(*Storia dell'architettura moderna*, Turnin:Einaudi,1950),布鲁诺·泽维著,第 339 页。

材料的、技术的、生理—心理的,以及形式的解释方面,做出了成功的表达。在这一表达序列的结束部分,他继续将空间解释作为唯一的整体性建筑解释[60]。他的观点可以通过两条一般性结论加以总结:

空间解释与其他解释之间并不会产生冲突,因为它们彼此之间并不是在一个平面上展开的。[61]

每一种不是从空间角度开始的解释都会被限制去建立那种至少在建筑的一个或另外一个方面是微不足道的东西,因而可以不考虑它,而是去选择,去推理,去将精力集中于事情的一点之上。[62]

为了证实有机建筑优越于所有其他在其之前的建筑，泽维在同一本书中着手于贯穿整个"空间时代"的某种空间感知的批评性分析（也就是，我们感知和体验建筑物室内空间的方法）。为了这一目标，他在12个短小的章节中引证了12个"时代"，这些章节也被用来作为他自己有关建筑历史的一个概要性节略：

> 古希腊的空间与尺度；古罗马的静态空间；基督教空间中人的方位；拜占庭建筑中的刺激性与膨胀性空间；被蛮族中断的空间与韵律；罗马风建筑的空间与韵律学；哥特建筑中维度的矛盾性与空间的连续性；早期文艺复兴空间的规则与量度；16世纪的造型与体积主题；巴洛克建筑运动的空间及其解释；19世纪的都市空间；我们这一时代的有机空间。[63]

这些时间阶段的前11个时期，都或多或少地是被以负面的术语所加以描述的。当然，在它们中的每一个时期，泽维都意识到了一些特定的正面元素，这些因素被融入了现今的时代，但是这一点退让并不能够改变他从整体上对这些时代的否定。在另外一个方面，最近的这个时代，在整体上又是被以正面的术语所描述的。此外，这一时代集中了，并且更新了较早一些时代的许多正面的元素。在两种情况下，泽维的立场都是基于一种可能引起争辩的结构，这种结构所采用的话语形式，就像它的意义一样，是被割裂开的，以许许多多失败的叙述开始，却仅以一个成功的叙述结束。

后来，在《现代建筑语言》（*Linguaggio modern dell'archittura*）一书中，泽维试图编纂一个完整的创作规则网格，他的勃勃雄心在于要将其变成一种现代传统的语言，这种传统与它之前的古典传统大相径庭。在他的方法中有两种互补的状态是可以被区别开来的：第一，承认创造了古典建筑语言的那些成分（这是在过去的许多世纪中唯一的一种一直被视作经典的建筑语言）；第二，对古典建筑语言拒绝的定义是由现代建筑所引发的。因而，通过这些拒绝的引导，现代建筑语言也就显现了出来。它是由一连串 7 个不变的恒量组成的，这些恒量详细地说明了现代建筑的社会、审美和技术条件，而且这些恒量也能够接受道德与政治方面的属性。这些恒量拼凑了一种基础性的语言，使得任何建筑师，再添加上更进一步的 10 个、20 个或 50 个恒量之后就能够有所提高——只要它们不与那些已在其位的恒量发生冲突就好[64]。然而，没有哪一位伟大的理性主义大师能够在同一个项目中同时贯彻所有这 7 种恒量。这些恒量被充分执行的最理想例子是弗兰克·劳埃德·赖特的考夫曼（Kaufmann）住宅，流水别墅（参见图 2.1），这座建筑是"现代建筑语言的神圣戏剧"[65]。

第一个恒量，称之为列表，或详细清单，决定了现代建筑的社会条件。它的原则是反对将古典主义建筑作为一个整体，而主张回归到一个最初的纯粹性，这样就可以汇集一个需求和功能的详细列表，伴随一个相应的有机形式，这一形式，必然将会与之前的任何形态截然不同的，换句话说，这将是：

古典规则的分解和关键性的拒绝，"柱式"，一种从前的假设，为每一种类型和种类设定了惯用语和规则。从一种文化湮灭的过程中，详细的列表也就呼之欲出了——亦即罗兰·巴特（Roland Barthes ★1）所称之为的"零度写作"——这导致了对所有传统和既有准绳的某种否定与拒绝。它呼唤一种新的开始，就好像这之前从来没有什么语言体系存在过一样，抑或像是历史上第一次我们不得不建造一座房屋或一座城市一样。[66]

然后，在这些规则变得正面之前，我们依据道德与革命的原则，将其以完全的净化而加以处理。

另外 5 个恒量决定了现代建筑的审美与技术条件。不对称、不和谐、反透视的三度空间，以其与古代建筑语言截然相反的方式，定义了现代建筑的形态学框架。例如，"对称是古典主义建筑语言的一个铁律。因此，不对称就成了现代建筑语言的铁律"[67]。不和谐是继审美拒绝而带来的结果：非平行性对应平行性；非几何性对应几何性；弯曲、歪斜和倾斜对应一本正经的直角四方形；非同轴性对应同轴性；非比例对应比例。

几乎以完全相同的方法，非透视法成为透视法的反面，并要求对那些迫使建筑服从某种整体的形象以适应一系列分散但等同景象的做法加以拒绝。透视形象无疑是古典传统中的基本要素之一。当这种方法在文艺复兴期间被发明出来以后，它表现为一种象征性特征，这种特征是以主题与宇宙之间某种关系的哲学为基础的，这一哲学对于空间的透视也有相应影响。因此，非透视并不只是对空间造型技术的一种简单拒绝，但却是对整个文艺复兴传统的一种象征性拒绝[68]。在泽维的眼中，包豪斯校舍建筑是现代非透视形象特征的最好说明："刻意的不谐和体块因而被以一种对透视法的蔑视而联系在了一起。没有一个透视点可以将整座建筑完整表达出来。你不得不绕着它转。因此，它就动起来了，也因此，它就有了时间的维度。"[69]

四维空间的分解式句法以其新造型主义的分析式迸发而取代了古

典空间的统一。它第一次寻求将"古典主义的盒子"肢解为一些独立的面，然后试图使这些面能够重新组合起来，从而在一种运动的连续统一体中创造出某种流动的空间（就像在巴塞罗那世界博览会的德国馆和考夫曼住宅中一样）。因此，"古典盒子"分解的审美条件与建造模式的技术条件和自由平面的社会条件是彼此不可分离的。

下一个恒量，悬臂、壳体和膜结构，从字面意义上看是引入了某种技术性的要素，并坚持某种"将所有建筑元素包括在一个静力交响乐中"的做法 [70]——那就是，在将自由拓展到最大限度的情况下，通过发展出某种新的建造方法来赢得成功，其前提是尊重由这些方法所强加予的规则。按照泽维的观点，审美变化不是技术进步的产物；然而，技术的进步使得真正具有创造性的艺术家的美学与社会目标的实现变得可能。技术只不过是服务于建筑的一种媒介而已。

时间中的空间恒量是自由平面的一个社会定义，而自由平面是以犹太与希腊—罗马对宇宙认知的根本不同为基础的，在这一宇宙认知的不同上，也包含了古典主义与现代建筑之间的某种根本矛盾：固定不变对应流动变化、静态不变的空间对应灵活多变的空间、封闭的空间对应开放的设计（参见图 2.6）。关于时间支配的恒量，我们已经注意到运动中的时间维度，令人们能够按部就班并因时因地。泽维主张时间维度应该被有意识地镌刻在多样化的材料与形式的结构之中："每一个空间应该具有不同的地面材料——坚硬的、柔软的、碎石铺成的、光滑的或粗糙的、倾斜的，以及任何一种可能想象得到的材料"，从而使过厅、起居室、浴室、书房、卧室等房间之间，被赋予了时间上的不同 [71]。

最后一个不变的恒量，建筑、城市与景观的重新整合，是将——关于这个问题我们已经谈及——现代建筑语言的社会条件投射到未来的社会与建筑中去。这6种优先考虑的不变性要素的应用，应该消除室内空间与室外空间的区别，最终引导到建筑与城市、建筑学与城市规划之间的一种融合，其结果将会是都市建筑学（urbatecture）。超越了城市与乡村的二元对立，都市建筑学就将会蔓延到一整个区域之内，从而结束了混乱的都市社区，同时也结束了荒凉孤寂的乡村。

在未来，基于旧的、古典结构的瓦解基础之上的重新整合的前景，深刻地揭示了现代建筑的革命性特征：

如果（现代建筑语言）是要变成一种在设计、陈设中，在你自己的房间中，在任何不同尺度的建筑物中，在一座城市中，以及在其区域中可以被实际应用的语言，它就应该获得一种压倒性的力量。对于人类聚居环境有兴趣的建筑师和普通民众，将掌握一件革命性的武器——它因建筑本身的力量而具有真正的"爆炸性"。[72]

因而，现代建筑将自己置身于社会革命的附属地位之上，也完全是一种天启性的附属，这一点是通过对所有古典（希腊—罗马）的先例加以完全地净化，这多亏了具有解放性的圣经思想中的力量，即"摩西（Moses ★1）的思想与亚伦（Aaron ★2）的话语"[73]，将我们带向未来。

古典建筑语言与现代建筑语言的对立是深深地植根于政治的对立之上的。古典建筑语言是反民主的；它是专制主义与官僚政治体制的表达。以其动态的形象与向往自由的力量，反古典主义的建筑语言将所有

★ 1　摩西，《旧约》中希伯来人的先知和立法者，曾率领以色列人逃出埃及。——译者注
★ 2　亚伦，《旧约》中摩西的哥哥，帮助摩西引导希伯来人逃出埃及。——译者注

力量都聚集在了一起，这些力量在好几个世纪以来都致力于反对专制主义与官僚政治体制。这就是最为卓越的民主建筑语言。这一建筑语言的普及也将导致建筑语言的民主化，并且通过扩展而导致社会的民主化。此外，泽维相信现代建筑语言的法典化将会使得大师手笔向一种大众化建筑语言产生一个逐步的转换，恰如在但丁（Dante）的《神曲》（*Divine Comedy*）中所发生的情况一样："意大利语言……是以最重要的文本为基础而形成的，是从《神曲》的基础上形成的。一旦这一结构形成，这种语言就在所有层面上，甚至在每日每时的言谈话语中，被加以吸收。同样的事情也会在建筑中发生。这些从大师之作中衍生出来的恒量，甚至也能够会被最为卑微的建造者所正确地加以应用。"[74] 对于泽维来说，这样一种语言学上的革命将会与由计算机所代表的技术革命保持一个相同的步态，而计算机使得建筑设计的过程变得民主化："顾客将有可能亦步亦趋地跟踪他的住宅设计的深化过程。他将'看到'他的住宅，并且在其被建造之前，就体会到'生活'于其中的感觉。他将能够对他的住宅做出选择或改变。至迟从文艺复兴时期就已经开始的将建筑师与建筑分离开来的裂隙将会最终得以弥合，就如同建筑的空间与它的结构外壳之间的裂隙被弥合了一样。"[75] 随之而来的是，过程参与将会变成"建筑的一种实际上不可或缺的结构性补充"。[76]

古典建筑与现代建筑的主要形态成分被敞开并朝向了一种道德与政治秩序的极端描述。泽维将他的注意力聚焦在古典主义建筑的某种负面特征上，他将这种建筑语言看作是可能引起那些墨守成规者导致某种精神分裂症的建筑。从这个角度来观察，追求比例是一种神经衰弱的表现，是一种掩饰虚伪的癫狂，是一种令人难以容忍的浪费，这种浪费有可能抑制那些有活力的过程。对称是一种经济上的浪费，一种智力上的犬儒主义，可以通过两个意义相等的词汇加以描述：消极被动与同性恋。最后，几何是专制主义与官僚政治体制中不可或缺的东西："政治上的专制主义对几何施加影响，专制主义政府是通过建立轴线，然后是更多的轴线，来支配与掌控城市的结构的，或是彼此相互平行，或是彼此呈垂直正交。"[77] 作为相反的例证，自由的形式属于生活，同时也属于人民大众。它们是现代建筑师的作品，而现代建筑师们是真正具有创造性的艺术家。

因此，在它的 7 个恒量中，以及在其道德与政治的品质方面，现代建筑语言完全是作为古典主义建筑语言的对立面而被确立起来的。现代建筑是一种反古典主义的建筑。它的形态学词汇与语法，以及它的社会学定义较少来自当代社会的艺术与技术，而更多来自与古典主义相对立的现代建筑。在这方面的意义上，泽维的兴趣主要是在对古典建筑语言的解构上，他所抱持的雄心是对反古典主义的建筑语言加以定义，使之不再只是这一因果序列的结果之一。第二个恒量，一个能够被归纳在短语"随便什么地方"之中的恒量，是一个具有任意可能性选择的清晰陈述——甚至我们所做的不过是悬挂起一幅画面，或添加一樘门或一扇窗子——只要它是符合对称规律或创造了某种古典印象时，都会是好的：

那么，是什么地方呢？随便什么地方。当你因为某些东西是对称布置的而表示了某种不满之时，以及当你被问及要将其置于何处时，你的回答应该会是：随便什么地方。只有一个地方，从根本上来说是错误的，那就是被"自发地"选择了的地方，疏浚了人们下意识中所有返祖性的习俗。[78]

由泽维在《现代建筑语言》（*Linguaggio modern dell'architettura*）一书中所明晰表述了的话语，是一种典型的按照某种可能引起争论的结构而加以组织的可实施性话语的范例。这一话语凸显了其反主题特征，以期建构出它自身的一个主题。

建筑的基本原则
The Fundamental Principles of Architecture

建筑在所有艺术中居于首位。建筑的最重要特征是，它是以三维空间的形式，而存在于世的，而这一空间也将人类包括其中。绘画，则相反，是由二维空间所限定的——尽管它可以暗示出三维，甚至四维的空间——而雕塑，虽然也是在三维空间中发展而来的，但却将人类排除在其空间之外[79]。

泽维的现代建筑是由 3 条基本原则所确定的，这 3 条原则"在任何情况，任何尺度下，都可以被应用，从一把椅子，到一处高速公路组团，从一把汤匙到一座城市"[80]：它们是社会动机、技术诉求与艺术冲动[81]，也是社会的、技术的与艺术的条件。三者中的第一项，在等级上高于其他两项：现代建筑既不是被建造技术的新成就，也不是被新的美学理论所激发的。他的目标是社会性的。当然，为了能够为每一个特殊的家庭提供适当的住宅，他应用了新技术，他主张艺术与过去相比，应该有更多的社会层级。但是，他的目标是更为重要的：他的工作是为了使人能够跨越其生活的全部范围，为了使其获得完全的自由，也为了使其在物质、心理与智力上得以进步[82]。

毫无疑问，每一座建筑物都应该是坚固的。然而，若没有将社会的服务系统融入其中，它就不能够被作为一个实用性的建筑物而得以发展。除此之外，建筑物的责任是服务于由其使用者所确定的用途。因此，建筑物的内部布置问题，摆在了社会条件（服务）的领域之中，其主要目标是服从于空间使用中的物质结构（自由平面的原则）。然而，这些用途并不是按照与人类的抽象成分相对应的功能而加以表达的。泽维主张非个性化的功能主义应该通过为了服务于自由大众而提出的有机建筑而被超越。立足于这一建筑基础之上的使用，是按照人们的愿望来表达的。伴随建筑物宽泛的多样性的，并非是对使用的多样性（功能）的某种反映，而是对人们那些特殊愿望的一个反映，因而也是对那些愿望的无穷多样性的一个反映。泽维的民主建筑受其私有属性与个体性支配，而这些特质源于使用者的本质需求。

适应于这一社会目的的建筑物也定义了审美愉悦的范畴——美存在于建筑之中。建筑物室内基于服务层面的设计与布置，对于任何审美路线来说，都是最重要的标准，美的法则不再需要以其自身的节奏来表述了。

如果说，像通常一样，认为建筑是"漂亮的房屋"，而非建筑是"丑陋的房屋"，是不能够解释任何事情的，因为"丑陋"和"漂亮"是一组相关的术语……。今天能够给出的建筑的最精确定义是，建筑需考虑室内空间。那么，美的建筑应该是其室内空间能够对我们产生吸引，能够令我们振奋，并且可以从精神上对我们产生支配感的建筑……；丑陋的建筑则可能是，其室内空间令我们厌恶，并且使我们感到抵触的建筑。[83]

所以我们的结论是，即使其他艺术也会对于建筑有所贡献，但是，正是室内空间，是环绕着我们并包容着我们的空间，它才是我们对一座建筑作出判断的基础，是建筑空间决定了建筑审美判断中的"是"或"非"。[84]

泽维一直是一位有机美的崇尚者，一种以"适宜"为本质的本真之美——也是最为便利的美。关于装饰，他持保留的态度，他是简单性的热情提倡者，也主张使用自然的材料。他将建筑看作是产生于自然，但却从人类的运动中获得的一种结构。从这个意义上说，有机建筑的形式是人体尺度的映射，不论是多么矛盾，泽维可能一直是在无论是隐含还是显式使用自然主义或生物形态的具象语汇[85]。

在这些现代建筑基本原则的后面，我们能够识别出一种"阿尔伯蒂式脉络"，它证明了即使是最新的思想也锚定了文艺复兴的初创理论，尽管事实上古典主义的形态学已经变得基本上令人茫然和手足无措了。阿尔伯蒂式规则在主要方面与泽维的理论路径（démarche）是一致的，这一方针也指向了使用者的需求和希望。即使是这样，这一生成规则的许多方面泽维都是不赞成的。他所反对的主要是在建筑中确定的美的原则，并且是拒绝"和谐统一"（concinnitas）的拒绝开始的。对他来说，一座建筑物的美不应该是"一个形体之内所有各部分的完美和谐，不应有任何添加、减少或改变，除非使其变得糟糕"[86]。当然，如我们已经看到的，泽维要求现代建筑应该是具有凝聚力的，但是，同时他还表达了他对将"和谐的内聚性"作为一种美学原则的不信任感。他走得是如此之远，以至于提到了西奥多·阿多诺（Theodor Adorno）和不协调概念——是从勋伯格（Schoenberg）那里借用而来的——为了批驳那种"对一致的盲目崇拜会走向偶像崇拜。材料不再通过塑形与表达来服务于某种艺术目的了。反之，一种预设性的布置变成了艺术目的。那组颜色取代了那幅画面"[87]。在预设的形式聚合中被看作更深一步的构成要素，如比例、对称，以及其他一切能够决定古典美的构图和形态要素，都被一股脑儿地拒绝了。

泽维区分了两种"和谐统一"（concinnitas）：第一种源于对需

求的服务，为他所认可；第二种源于感官愉悦（voluptas），为他所拒斥。换句话说，他提倡有机美，这种美产生于有章可循的一些基本原则，如数量（numerus）、定义（finitio）或安排（collocatio）等的应用[88]。在这种意义下，美的水准，就如同一种愉悦的源泉一样，完全被整合进服务于需求的水准之中去了。阿尔伯蒂的三个基本原则的等级划分，为了满足适用（commoditas）的需求而被不可避免地颠倒过来了，由此而揭示了阿尔伯蒂的这些原则和泽维所主张的建筑观念之间的根本不同。

第三章

现代建筑的社会确认

CHAPTER THREE

The Social Confirmation of Modern Architecture

在第二次世界大战结束不久之后就完成学业的那一代建筑师们，大部分都是从佩夫斯纳、杰迪恩和泽维那里汲取他们的信息的，并且将现代建筑运动看作是一件无可争议的事实。这一代人中的典型代表之一，莱昂纳多·贝内沃洛（Leonardo Benevolo）[1]，在 20 世纪 50 年代撰写出了他的《现代建筑史》（Storia dell'architettura moderna）[2]，这是一个重建工作接近完成的时期，也是对现代建筑运动的立场与观点进行再评估与确认所做出的第一次尝试。贝内沃洛的目标是验证该运动的统一且理性的方法论，及其理性方法。其最终的目标是要确定一个基础良好的方向，沿着这个方向——像他自己一样供像他一样在绘图板前工作的人遵循。因此，重要的是他应该再建立起现代建筑运动与过去的经验之间的联系，同时避免类似的错误发生，并且在创造一个体验与经验更为宽广的新的周期方面取得成功。这本书变成了在建筑院校的教学中最为普及的文本之一；它影响了成千上万的学生们，并且仍然在有关现代建筑运动的历史地位及其所起作用等问题的争论方面担当着重要的角色——这一观察透过了一个清晰的政治视角[3]。

"一部现代建筑的历史自然是聚焦于现代的，而且，关于这一整本著作的基本参照点就是当今的建筑，这可以将我们在被变成历史研究的对象之前，已经直接处在了一种实际操作层面的抉择之中了。"[4]这一最初的立场很明白地揭示了贝内沃洛理论路径（démarche）的可操作性特征：在寻求对当下问题的解决之道时，他的眼睛转向了过去。这一点被第二种立场所补充，这一立场揭示了现代运动寻求理论合法性的诉求："现代建筑的历史任务之一是要在它们的直接先驱者的框架之内来表现当代事物；因此，它必须深入到过去历史的足够深度之中，以造成对现在之可能性的完全理解，从而将当代事件置于恰当的历史脉络中审视。"[5] 因此，贝内沃洛转向了 18 世纪与 19 世纪，以寻求现代建筑的起源——作为一场运动，他所认可的现代建筑运动的统一性与一致性，从一开始就是明白无误的。为了找到那些对于判断现代建筑的产生不可或缺的先驱者们，他对于那些一直在对现代起到某种定义作用的过去加以了回顾。

为了使这一回顾能够依照正面的，以及按照现代的、历史的等术语，起到积极的作用，因而也有十分的必要，使对过去的表述应该是不偏不倚的："这种误导性的中立态度或许能暂时满足某种需求，以对不久的过去创造一个粗略的梗概，虽然这一梗概仍是不大为人所知的，也是没有充分文献支持的，但是，事实上这一刻的来临，有可能深化对于历史层面的理论探讨，从而为过去，在其基本的经验与偶然的事件之间做出某种区别。"[6] 换句话说，一种对于过去的不偏不倚的研究所使用的词语应该属于那种，它将被简化为某种意义，或成为对于现代艺术史家的一种帮助，这些艺术史家的目标是在两种彼此完全不同的范畴中区别出早期的经验：那些从现在人的眼中看起来是比较基础性的经验，对我们来说就似乎是属于"基本的"，因为这些经验能够成为最近一些发展的先驱性实例；而那些从今日的眼光看起来只是某种尽力而为之事，就会表现为"偶然或附带"的性质，因为它们不能够为最近的发展提供先例。此外，对于贝内沃洛而言，这种对过去的不偏不倚的研究是颇具风险的事情，因为它有可能会将建筑学重新带回到新历史主义中去[7]。

在这个带有偏爱视角的框架中，这本《现代建筑史》（*Storia dell'architettura moderna*）其架构遵循由两个对立层面的递进发展所形成的论战性结构：一个是关于过去建筑运动的渐渐变得局限的层面，另外一个则是现代建筑运动从中萌发的层面。在第一个层面中，作者述说了工业化城市的危机，以及关于这类城市全面改进所面临的迫切需求。在第二个层面中，其叙述涉及了艺术、技术和建筑方面的事实，这些事实为现代建筑运动建构起了正向的谱系。这场运动的先驱者，在涉及他们作品中可以被看作与积极的谱系相关联的那部分时，就被看作是进步的，而所有其他的部分，则被看作是消极的和倒退的。这里指的是霍尔塔（Horta）、范德·维尔德（Van de Velde）和贝伦斯（Behrens）的例子，他们在他们最初的——进步的时期之后，又生活与工作了许多年。"文化发展的阶段性变得短暂了起来"，贝内沃洛争辩说，而且"被包含进某一个阶段之中的那一部分，并不足以充满一个人的一生。"[8]当然，这一点仅仅适用于那些先驱者们，因为现代建筑运动中的所有大师都一直保持着他们那光彩熠熠的众人瞩目的中心地位，直到他们生命结束时为止。

建筑学——可见的与不可见的诸要素之综合
Architecture as a Synthesis of Visible and Invisible Elements

应该没有什么疑问的是，贝内沃洛的《现代建筑史》的写作是为了确认现代建筑运动的内在聚合性与统一性 [9]。为了为这一新的建筑综合（建筑 B）汇聚出一个统一而标准的框架，贝内沃洛对过去作了回顾，对另外一个全然不同的建筑综合进行了验证，作为工业革命的结果，这一建筑综合在 18 世纪的后半叶就已经渐渐地走下坡路（建筑 A）。然后，他建立了导致现代建筑运动产生的一系列事件及其因果关联，他叙述的出发点是从工业革命时期开始的。贝内沃洛的话语是基于不同层面的实质性差异，其一是现代运动萌发的层面，其二是过去建筑运动所传承遗产逐渐受限的层面。在其中的每一个面上，事件都是以一种连续的流而发生着的，但是建筑文化从一个面向另外一个面进行转换的真实情况，却是不连续的，这一转换通过一系列事件而发生，而这些事件成功地创造了一些裂隙，从而使我们能够将现代建筑运动看作是一种革命性的过程与体验。

在正式的术语中，贝内沃洛的论述具有实践导向性。这是通过确认现代建筑运动的成功——也就是，通过重申它的原则和它的模式，而对他的那些同时代人心中的不确定感做出的一种反应。他的历史文本是意欲建立起所有可以应用于任何一个建筑实践之中的基本条件的一种尝试，其目标定位在一个单一的方向上——换句话说，其中包含了一个潜在的建筑设计项目。他的实用性话语是植根于一种清晰而可能产生争论的结构之中的，这一结构所采取的是一种在概念上属于两分法的形式，所显示给我们的是一个跟随在成功叙述之后的失败叙述。

直到 18 世纪的后半叶，建筑形式，那些建筑设计项目所赖以被推进的方式，以及与参与建造的匠师们及普通手工工人的默契，有可能在一个建筑与社会之间可识别的稳定的关系框架内达成某种转变。这种关系伴随着工业革命（技术的、社会的和文化的变化也包括在其中）在建筑业和城市规划领域日益变得显而易见而遭到破坏，从而导致理论与实践的脱离，也导致艺术与技术的分离。在那个建筑开始了一种持续进化的开始之点上——在两个相反的面上有一个过程在同时向前运动着。

这两个面中的第一个为平面 A，这是一个从过去的建筑运动（建筑A）中继承而来并逐步受到局限的面，是与新古典主义一起被开辟出来的，并且又继续伴随了新哥特主义、新拜占庭主义、新阿拉伯主义，以及其他以模仿过去为主导的风格。这一个时期就是历史主义的时期[10]，这一时期在进入 20 世纪初期，并达到其顶点的时候也陷入了完全的僵局，在"某种意义上是文艺复兴文化的归谬法体现，……一个尾声，结束了三个世纪之久的欧洲古典主义的封闭循环。"[11] 尽管他们在现代建筑运动这个面的出现方面作了巨大贡献，但正是奥古斯特·佩雷（Auguste Perret）和托尼·加尼耶（Tony Garnier），是导致这一尾声最终闭幕的两位重要人物。如贝内沃洛在谈到佩雷时所解释的，"他那特别的优点，一直是从这个辉煌的传统中获得灵感的，但却被折中主义搞得近于枯竭，但仍然还有一些未曾加以探索的可能性之空白，能够帮助解决我们时代的问题，而他也一直在勇敢地发展着这些可能性。然而，在这样做的时候，他也将结构之古典主义的最后一线机会也彻底湮灭了，并且也显示出了这条道路在其僵局之中的最终结束，因为这一最初的前提是立足在一个过时的思维模式之上的"[12]。

第二个为平面 B，现代建筑就是在这个面上出现的（建筑 B）：如我们将要看到的，有一个象征性的开始日期，即 1791 年的 6 月 14 日，尽管它真正有效的开始是在紧接着滑铁卢战役之后那些年[13]。现代建筑本身，作为一条有内聚力的思想与行动之路线，是从英格兰诞生的，这多亏了威廉·莫里斯（William Morris）——更为准确地说，是诞生于 1862 年，莫里斯 – 福克纳 – 马歇尔联合公司（Morris, Faulkner, Marshall & Co.）正是在这一年成立的。作为一种一个人能够"把握"的目标性方法，它的形成日期始自 1919 年，在这一年格罗皮乌斯建立了包豪斯，从一种较为严格的意义上讲，我们不能够说，现代建筑运动早于这一时间。即使是这样，这一"严格意义上的期限"仍然保持着不清晰的状态。对于贝内沃洛来说，"术语'现代建筑运动'可能是，也可能不是一个适当的词汇，而另外一个术语，可能会逐渐地被证明是一个更好的选择，但是，现代建筑运动这一术语已经变成了当前流行的一个术语，而且还将继续保持这一流行，因为它不仅是一个历史术语，而且也是一个仍然有活力的方针，是一种行为的规则"[14]。贝内沃洛对于"其支持者或反对者所使用的各种标签"都持反对的态度，"在这一时刻，主要是针对现代建筑运动"[15]，他对那些公式或规则，诸如"新即物主义"（neue Sachlichkeit）、"理性主义建筑"、"功能主义建筑"和"国际式建筑"等表现了特别的不满[16]。事实上，"现代建筑运动"的表达是与由贝内沃洛自己所提议的一种建筑概念有所关联，恰如在他所举出的包豪斯的例子，以及格罗皮乌斯的、勒·柯布西耶的和密斯·凡·德·罗的设计作品中所看到的。

现代建筑运动有赖于格罗皮乌斯和他在包豪斯的同事们的教育工作，也离不开勒·柯布西耶、密斯·凡·德·罗、埃里希·门德尔松和乌德（J.J.Oud）的建筑作品。1927 年，这次运动完全成形，这一年是国际联盟（League of Nations）举办竞赛的一年，也是举办了魏森霍夫住宅展览（Weissenhof Exhibition）的那一年。贝内沃洛注意到，在这一日期之后，各种不同的设计形成了一种汇聚的力量，有一条工作路线在被许多不同国家的个人和团体所遵循与分享，一个典型的例子是国际建筑师协会（CIAM）在 1928 年的成立。现代建筑运动终于形成了自己最终的形态。

建筑 A 与建筑 B 之间的不同是历史秩序之间的不同，也依赖于与之相应的社会的政治、经济与文化条件的不同。还有一些不同——主要的不同——是由形态元素网格所描述的两种建筑的不同，但是，相对于建筑与社会的关系而言，这些不同无疑是比较次要一些的。因此，仅仅通过适当的形态元素网格的应用来创作现代建筑是不可能的：同时，设计项目必须要被整合进一个社会的总体规划之中。建筑并非仅仅是一个视觉元素的综合；很必然地，它也是一个非视觉元素的综合。

在平面 A 上所采取的一套间断不连续的最终形式，与工业城市的危机联系在了一起。贝内沃洛的真正意图是通过这一危机来确认理论与实践之间，以及艺术与技术之间关系的相互分离，也为了在面对历史主义僵局之时能够同时达到某种肯定。平面 A 的发展，其本身并不具有很重要的意义：它们具有转换性的价值，这一价值在现代建筑运动的出现上具有催化剂的作用。

平面 B 的发展是从一系列设计项目，以及对现代建筑运动的出现作出过贡献但却没有在完全克服了平面 A 的矛盾而大获成功的个人开始的。这样一个从建筑 A 向建筑 B 转换之中的转折点，反映了源自于工业革命的理论与实践的脱节，这也是一个不能够超越在对工程师、建筑师，或艺术家所进行的孤立研究的框架之下的转折点，那些孤立研究的适当任务是将他们自身纳入以对先前时期相互对立的二元论所做的重新整合为基础的全面的社会改革的期待之中。这就是从现代建筑运动中获得的目标，而现代建筑运动是自 18 世纪以来出现的第一次具有统一性和内聚力的运动。由此得出结论，现代建筑运动可以看作是一种出类拔萃（transcendence）的建筑——这是以一种实际上相互争辩的两极结构为基础的——争辩的两极分别是历史主义和过去的建筑运动。

出类拔萃这一术语能够被一系列概念所描述，这些概念可以回溯到现代建筑运动与过去风格之间两个决定性的和相互对立的二元论要素之间的无形差异之中：即理性与直觉的相互对应，和共性与个性的相互对应[17]。在一个可见的层面上，作为一种选择，它们可以被一组古典传统和历史主义的形态要素和彼此对立的组织要素[18]与创造现代建筑中的 5 种基本范畴，即城市与建筑的新关系[19]；平面组织中的功能要求[20]；真实的结构与构造[21]；真实而耐久的材料[22]；和一个决定了简单性和几何严密性的形态要素网格等[23]。现代建筑可见的那一面也可以被某种道德性的术语加以描述，而其不可见的那一面，则用社会的、道德的与政治的术语所描述。这些描述所着重强调的是现代建筑的现代性[24]，理性主义[25]，及其和谐与平衡[26]。

贝内沃洛反对将形态学价值置于首位的建筑史研究方法，认为由于工业革命给社会与建筑带来的深刻变革，此类方法在 18 世纪后半叶之后已不再适用。因此，贝内沃洛认为这些方法既不适合于对 19 世纪建筑历史的解释，也不适合于对现代建筑之诞生的解释："如果这一历史仅仅是一种形式的历史，人们就将不得不假设一个有关传统的突然断裂，这一假设对于争论而言或可被认为是可能的，但从历史的角度来看却是一个令人难以接受的假设。"[27] 贝内沃洛对于埃米尔·考夫曼（Emil Kaufmann）的批评主要集中在后者对形态学价值的优先考虑上："那种安放在（'革命'建筑师）头上的光环，安放在现代建筑运动先驱者头上的光环，都是以抽象的形式比较为基础的，这一点并不能够经受得住历史的检验。"[28]

贝内沃洛所主张的历史包含社会、经济和政治变化，对新材料与新知识的探究，新思想与新的机械装置等一般性框架，透过这一框架，一种新的与其之前的建筑具有本质上的不同的建筑综合达到了其整合的程度。然而，他拒绝所有先验的方法论，因为他的倾向是从事实本身中去寻求历史的有机原则："因此，似乎可取的一点，不将研究对象强行纳入现有方法论框架，而是宁肯试着使其方法适应其题材，在现代建筑运动本身中，以及在其潜在包含的历史线索中去尝试和感知。在这一尝试中的固有风险似乎由这一事实，即他可能给予人们一个其所包含事件之意义的更为精确的把握，而提供了某种补偿。"[29]

贝内沃洛承认那些法国历史学家是他心目中的"大师"——其中包括如弗尔南·布罗代尔（Fernand Braudel）、安德烈·沙泰尔（André Chastel）、乔治·迪比（Georges Duby）和保罗·韦纳（Paul Veyne）——他们没有"着手提供其特殊观点的结论性证据；与之相反，他们致力于从历史中推断那些构成了一个时代之结构的价值"[30]。贝内沃洛的历史观点，他关于建筑事实的整体性方法，虽然距离我们有些疏远，却提醒了我们一种历史的某些方面，这种历史迫使自己团结在社会科学的旗帜之下。布罗代尔认为历史是时代的产物[31]，但是，贝内沃洛的可实施性行动方针（démarche）与他所引证的历史学家之间的联系遥不可及。他所援引的过去并不是为了解释现在的；事实上，现在被拿来解释过去。在他的书的第一部分——20 个章节中的 11 个章节——解释了他将会如何描述从 18 世纪到 1914 年的现代建筑文化的要素，贝内沃洛指出："讨论注定将是断断续续和彼此脱节的，也将是简单涉及那些与建筑一般没有明显联系的事物，但是这些事物中包含有现代建筑某些方面的根源。这一讨论的统一依赖于随后所发生的事情：因此，这一时期的事件将会从瓦萨里（Vasarian）的观点中得到表达，并且关于这一观点的判断亦与现代建筑运动的形成有关。"[32]

我们的意大利历史学家为了证明现代建筑运动谱系的政治、经济与社会原因而回溯到了 19 世纪，有关这一谱系的绝大部分已经被尼古劳斯·佩夫斯纳（Nikolaus Pevsner）加以了汇编[33]，但是，他没有试图作为一个整体来研究这一过去，或者，甚至去调查 1919 年之后这一建筑运动的形成情况。他的主要目标是为了"证明一个非常具体的观点"，因此使得他的那本历史（storia）起到了一个宣言的作用——或者更像是一个对两次世界大战之间那一时期那些宣言的一个确认[34]。

社会总是超前于建筑学
Society Always Precedes Architecture

贝内沃洛提出了一种兼具社会、经济、政治与文化属性的论点，并以此为基础，阐释从古典建筑到新古典建筑，再到历史主义建筑，最终到现代建筑的演变过程。他主张说，现代主义建筑出现的原因，既非技术性的，亦非艺术性的；而是，其原因与由工业革命所带来的深刻的变化，以及向一种新的融入于新的社会、经济、政治和文化关系之中的生产模式的全面转换，密切地联系在一起的。

他的历史叙述是从于 1791 年 6 月 14 日由代理人勒·沙普利耶（Le Chapelier），一位第三等级的代表，提交给巴黎的国家议会的法律开始的："禁止某一职业的公民以所谓'共同利益'为由集会"，因为"在这个国家之内，只存在每一个个人的特殊利益，以及普遍利益"[35]。这一说法强调了将一种全新的适合于工业社会的组织结构介绍了进来，这一社会将政治权威赋予共同体的"公意"。然而，这一理论概念——最早可以回溯到卢梭（Rousseau ★1）——被证实并不适合解决社会进程的实际困难，而这一起点也是贝内沃洛思想中正好相反的二元论的基础：理论与实践的两极化，在这一特别的时刻，这种二元论表现为两种抽象原则，自由与威权，之间的相互冲突。对于贝内沃洛来说，现代社会的这一基本目标是将这对立两极在现实的实践中整合起来："以最大限度的自由与最小限度的控制将两者结合在一起。"[36] 在政治领域，对这一目标的追求被称为民主；在建造领域，对这一目标的追求，被称

★1 让-雅克·卢梭（Jean-Jacques Rousseau，1712—1778），法国哲学家和作家，主张人的本性是好的，但被社会腐化了。其著作有《民约论》和小说《爱弥儿》（均写于 1762 年）。——译者注

作现代建筑。

然而，如果说"现代建筑诞生于其建构活动被吸引到这一尝试的范围之内"[37]，那么，我们希望以这一条件背后一个相当大的范围，以及对这一诞生之预期为基础，这个世界能够变得更好。然而，为了将现代建筑运动中的理论与实践整合在一起，沉浸在希望之中的贝内沃洛又返回到了开始，密切地追踪着"通过工业社会的斗转星移与兴衰变迁，建筑学所发生的困难而琐碎的缓慢进程"。而这一运动现在——并且，更为甚者，是"有意识地"——"在当代社会的重建工程中"担当了一个主要角色[38]。鉴于这同一目的，他着手于一种建筑现象的研究，并开始对这些现象所赖以存在的一般性框架进行分析：换句话说，他首先谈的是社会，然后再来谈建筑。

毫无疑问，这一《建筑史》（*Storia dell'architettura*）是从工业城市的危机开始的（图3.1），同时也开始于对造成这种危机的批评，以及对于这种城市加以改造的第一次乌托邦式的企图[罗伯特·欧文（Robert Owen），查尔斯·傅立叶（Charles Fourier），艾蒂安·卡贝特（Etienne Cabet）]。贝内沃洛一直谈到了弗里德里希·恩格斯（Friedrich Engels）所写的《英国工人阶级状况》（*The Condition of the Working Class in England*）[39]。他对局部性改革的可行性表示了怀疑，倡导一种可以直接针对原则性问题之所在的整体的革命性的规划，如此才能切断与传统技术的全部联系。对空想社会主义的批评，以及有关需要一场具有普遍意义的革命的设想，现在都在马克思和恩格斯于1848年在《共产党宣言》（*Communist Manifesto*）中所提出的立场中找到了自己的位置[40]。从这时开始，现代建筑运动的出现就依赖于这个将工业城市及其社会加以全面改革的政治基础了。基于一种同样

140, 141 *Two views of Coketown (Colne Valley and Middlesborough)*

图 3.1 工业城市的危机，摘自《现代建筑史》（*History of Modern Architecture*，London：Routledge & Kegan Paul，1971），莱昂纳多·贝内沃洛著，第 131 页。

的精神，建筑被看作是某种仅次于社会现象的现象。衰退的英国先锋派 [41]，却在 20 世纪 20 年代早期的奥地利得到了如雨后春笋般的蓬勃发展 [42]，并在法国达到了某种平衡 [43]，而且，在第一次世界大战后的德国得以改变 [44]——所有这些现象，按照贝内沃洛的说法，是与其社会相对应的经济与政治形势的产物。即使是 20 世纪 30 年代后期在法国令现代建筑备受折磨的危机，也都是产生于建筑工业中的经济危机的结果 [45]。社会总是先于建筑，使我们有可能解释建筑在过去的演化，并确定它在未来的发展。那么，为了理解建筑，我们必须首先要理解社会。

对于贝内沃洛而言，"艺术作品有如一座冰山，可见的顶部片段虽遵循特定规律运动，但若不考虑水下不可见的部分，这些规律便无法理解" [46]。这一借鉴于约翰·拉斯金（John Ruskin）和威廉·莫里斯（William Morris）的理论而来的思想路线，具有决定性的重要意义，因为这一思想在艺术中可见的与不可见的部分之间，以及在形式与内容之间，或在建筑与作为一个整体的城市之间，做出了清晰可辨的区别。此外，它将对形式的确定归结在其社会的决定性因素之下。

在贝内沃洛心目中的建筑，不是建筑师所创造的建筑，也不是批评家所推崇的建筑。这种建筑是与设计者与使用者的智识和道德姿态密切联系在一起的，同时，也与确定设计者与使用者两方面之行为方式的社会组织密切相关。接踵而至的是，建筑是延伸至建筑作品所赖以产生的社会与经济条件之中，以及建筑师与他的客户之间关系之中的，或是延伸至生产方式之中，甚至建筑设计项目之未来发展中的连续过程的一个部分：对建筑的使用、拥有或转换，是随着时间而变化的。

将这个问题反过来看，那些实际上介入建筑领域中的人，应该铭记在心的一点是，作为一个整体都隶属于这一进程的组成部分，因为"不可能同时有既改变了其中某一部分，又不会影响所有其他部分"的情况出现 [47]。鉴于这一原因，现代建筑运动的进程当然不能通过对形态学的规则遵守而获得保证："历史的教训，无论多么痛苦，都无可辩驳地表明，形式不具备净化作用，当道德主张发生变化的时候，艺术传统有可能从内部清空其意义。" [48] 因而，建筑设计的不可见的部分（即社会设计）。勒·柯布西耶的作品清晰地表明了，他在形式与构成方面的兴趣，比起他在社会影响方面的兴趣要小得多。

莫里斯（Morris）是试图感受和探知建筑学这座冰山之深浅，并且试图搭建起可见部分与不可见部分（不同意义下的理论与实践这一对范畴）之间之桥梁的第一位思想家。他的教导——以及拉斯金的教导——对先锋派运动与德意志制造联盟产生了影响，从而有助于推进现代建筑运动的诞生。英国对欧洲大陆先锋派运动的贡献远比他们在形式探索上的贡献要大得多："她奉献出了拉斯金与莫里斯的论著中所阐述的观念，即建筑一定会影响到现代都市的整体景观，因而，它只是更为宏大任务中的一个部分，也就是要对当前社会的整个复杂形式加以修改。" [49] 同是朝着这一个方向，贝内沃洛将莫里斯看作是值得"（比起其他任何人都更值得）……被看作是现代建筑运动之父" [50]。

然而，关于康拉德·费德勒（Konrad Fiedler，1841—1895），贝内沃洛认为是对当年有关艺术争论方面作出贡献的最重要的理论家之一，主要是基于他的"艺术是一种具有活力的、建设性之经验的新概念"，并作为"可以整合在一起的现代观念术语元素"的结果 [51]。由此看来，费德勒可以被看作是现代建筑运动的另外一位先行者，但是，贝内沃洛非常不赞同费德勒的那种"贵族式"的艺术观点，即将艺术看作是一种独立的和形式的体验，这种体验很难与更为一般性的集体性运动联系在一起。费德勒确实曾经说过，"产生于大众的，以及为大多数民众所接受的那些趋向，在试图寻找他们的真正目标时，却往往是失败的"，而"真正的艺术是可以仅仅在某个单一而孤独的个体中找到其实现的路径的"[52]。贝内沃洛所承认的立场已经可以通过他与费德勒的分歧中观察出来，但其观点并没有比他在现代建筑运动开始以其最终的形式显现之前批评先锋派艺术和现代建筑运动时，所显示出的观点有更大的清晰度。

在他看来，20 世纪早期先锋派艺术的主要特征是从文化与社会的不一致中滋生出来的某种矛盾。控制着技术进步的政治与经济力量并不认同它们自身在文化中的发展，但是，多亏了那种有可能给予自由以更大空间的有利的经济条件，才使得某个精英人物能够为了探索与实验而率先担负起所有的责任。其结果是，艺术与建筑中五花八门的先锋派倾向如雨后春笋般地冒了出来；这一切"都是在一个社会之整体的名义下，并由极少数人的群体"所操控和努力推进的，从而"使一个党派中的每一个人，和那些小心翼翼地为自己那一小片个人的试验田而孜孜不倦的人，都向每一个人表达自己的意愿，却拒绝聆听任何别的人的想法"[53]。在具有普遍意义的社会目标与单个个体的勃勃雄心之间所不可或缺的平衡因而变得不可预测，因此由那些精英们所阐释的语言，以另外一种主张方式表达了出来，并将之融合进了一代又一代人的努力之中。在贝内沃洛看来，这些先锋派艺术家们的努力是毫无结果的，最终也会陷入不可避免的僵局之中。

基于一种将建筑看作是物质介入的系统，并使这一系统成为城市环境赖以建立的基础，贝内沃洛相信，发展依赖于需求，而不是依赖于那些从这些需求中产成的各种艺术家和先锋派团体自身，这一点显得尤为重要。无论如何，他认为那些改变了现状条件的决定性参数，也产生出了具有更高品质的新形势，而这新形势是借助于技术与经济的革新而引入的。因此，人们必须理解的一点是，为社会提供一个完美的模式还是很不够的：人们还不得不毫不迟疑地接受那些使这种社会范式得以被应用的力量。这个被描述为是一种"个人使命"[54]的形势，向人们显示了一条通向超越之路，以超越那些在包豪斯的建筑运动中由沃尔特·格罗皮乌斯所创造的先锋派们达到的成就[55]。

与那种去寻找某种和其前辈建筑师截然不同的新建筑语言的做法不同，现代建筑运动是将自身向社会开放的，现代建筑运动中的建筑师们所进行的是改善建造环境的艰巨任务。在这样一个基本框架内，通过一种超越了某一具体个人之个性的方式，将其设想的种种问题逐一加以解决。建筑，作为向社会生活提供的某种不可或缺的服务，同时也作为个人基于使用者的需求基础之上而做出的承诺，将自己的目标确定在超越先锋派建筑师的实践层面上，以期能够实践为全体社会成员的福祉而负责这一全新的概念。贝内沃洛的批评，现在被假设为是一种不可否认的政治形势。

贝内沃洛对孤立建筑物的空间与平面的构成问题并没有特别的兴趣。能够吸引他的眼球的，更多的是城市尺度下的建筑设计：关于城市，以及关于城市规划，我们可以举出现代建筑运动的中流砥柱之一勒·柯布西耶的例子，他因为20世纪20年代设计的几座别墅建筑而颇有些名气。贝内沃洛仅仅用了一段话和不多的几帧照片轻描淡写地说到了这几座"为先锋派客户们设计的独立洋房和造价不菲的别墅"[56]。关于加尔舍（Garches）的斯坦别墅（Stein）和普瓦西（Poissy）的萨优伊别墅（Savoye），他只是用了稍微长的一段话对细节略略加以描述，而前者则被更多地看作是一个宣言，而不是一座特别的建筑设计作品[57]，后者则被看作是一种方法，在这种方法中，它被建造在其基址之上以"作为可以大规模建造之房屋的原型"[58]。这一设计构成的形态学元素，以及勒·柯布西耶提出的著名的新建筑"五点"基本要素，主要被看作是对建造的社会本质的一个补充。

对于现代城市功能组织的新标准的寻求，以及寻找如何使这些标准在需要的时候能够进行必要的调整，以适应正在发生的迅速变化的问题，这是一个具有关键性意义的目标……；所有其他问题——他在形式塑造上丰富的造型语言，在历史因素与象征因素上的相互影响，他那丰富的创造力，以及在视觉表达上非凡的技巧与巧妙的构思——这一切仅仅是透过他的热情与他的自信，以及他那无所顾忌的语调所表达出来的，在其中他传达着他那种理性作品的典范。[59]

勒·柯布西耶作品的核心在于其城市规划方案 [当代城市（ville contemporaine），优瓦生规划（plan voisin），放射式城市（ville radieuse）][60]，以及居住单元（unité d'habitation）的原则[61]，其目标不是解决设计方面的某些特定问题，而是要为整座城市的一个可以应用的新规划奠定一个术语上的基础。对于贝内沃洛来说，建筑的主要问题是如何考虑城市规划问题与社会及政治问题之间的关系；其结果是，"这不是在传统城市框架范围内对于建筑形式的某种修改，而是对一座全新城市的全新创造，被看作只有在旧的等级社会中才是可能的那种有限的独立性，却能够为在现代社会中对于自由与平等的追求提供一个适当的解决之道"[62]。从这个角度来看,勒·柯布西耶创作活动中最为实质性的贡献是"从第一次世界大战后直到今天"[63],一直在追求现代城市功能组织的新标准。

以"公意"优先和承诺的意义
The Meaning of Commitment and the Primacy of the "General Will"

　　"真正具有重要意义的事物是那些对所有人来讲都具有普遍性的事物"[64]。这一观点表达了建筑社会性的真正内涵，而这，对于贝内沃洛而言，是属于城市规划范畴的主要内容之一。争论的焦点已不再是功能更完善的城市，而是"为所有人服务，并让市民平等分享发展红利的城市"[65]。为了朝这样一个方向发展，建筑和城市规划，就不应该将自身局限于技术方面的改进之中。从现在开始，技术领域的理性主义就应该被嵌入到人际关系方面的理性主义之中。对于这一问题的这一解决方案，应该先从理论上找到突破点，然后将其落实到实践领域之中，其方法是使所有相关的各方面都能够精诚合作。其形式是对现存社会的一种替代性方案，恰如现在社会存在之本身的情况一样——这是某种对于不同政治路径的选择过程。贝内沃洛为莫里斯（Morris）的社会理想恢复了名誉，他主张将莫里斯的思想作为现代建筑运动最适当的定义，即"我们所为之奋斗的艺术是一件好事情，一件大家可以共同分享的事情，这是一种能够提升与促进所有事物的好事情；真实的情况是，如果不能够被所有的人所分享，那么，它也很快就会变得无人问津了"[66]。确立居住最小空间的普适标准与概念；居住单位（unité d'habitation）作为某种平等的原则适用于所有的人，至少就其所涉及的基本特质（日光、通风）而言，是如此的。将房屋的建造分解成为一些基本部件或组成构件的生产；以及将住宅纳入工业化的生产——这些都是被作为政治思考的成果而被表达出来的，其主要目的是要提供一种替代性的后自由式资产阶级城市（图 3.2）。

一旦对这一目标的追求已摆脱乌托邦式的表象，对贝内沃洛来说，它所带来的经济和政治问题就变得越来越明显：换句话说，这变成了客户的问题。从"公意"这一概念出发，贝内沃洛将其表述定义为，"是

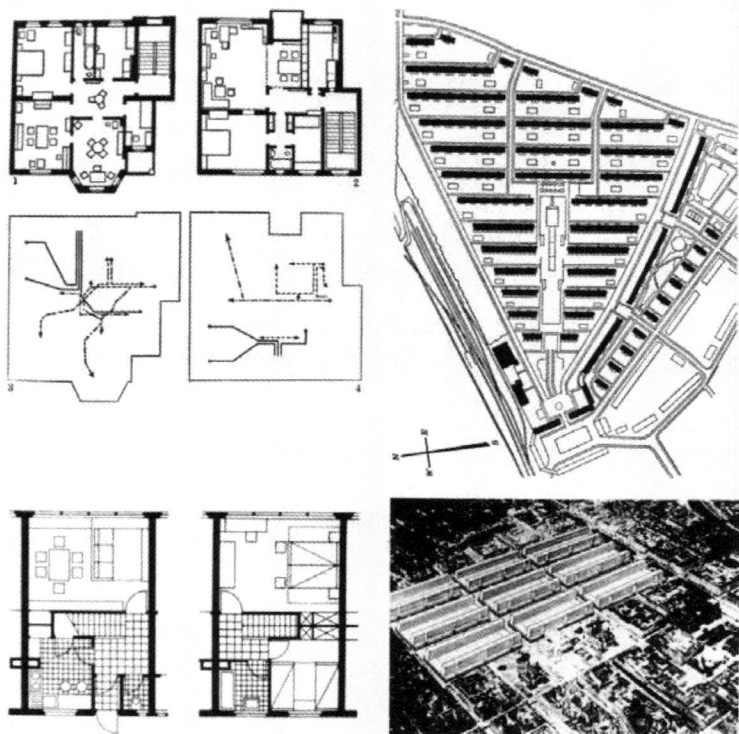

616, 617 (above) A. Klein, Distributive studies for the Reichsforschungsgesellschaft (1928) and plan of the Bad Durrenberg district (Berlin, 1930; from C. Bauer, op. cit.)
618, 619 (below) The building type 'Existenzminimum' discussed at the C.I.A.M. of 1929 and a study by Hilbersheimer for the city of Berlin (1930)

图 3.2　住房通用标准的确定，摘自《现代建筑史》（*History of Modern Architecture*, London：Routledge & Kegan Paul，1971），莱昂纳多·贝内沃洛著，第 519 页。

代表了每一个人之利益的焦点所在，在这些点上，干涉的手段也更加集中而深入"[67]。因此，这也是最适合于一座能够为每一个人从事工作的城市概念，及其实施的一个落脚点。在越过了现代建筑运动的门槛之后，建筑师们仍然继续采取了决定性的一步：即按照那些有效的，并且能够应用于每一个人的既有规则来表达他们的设计方案。从而，他们可以忘记前卫建筑师们的，以及为国家的未来进行奠基的所有那些拥有特权的行为，同意运用与其他人相同的武器而进入政治斗争的浪潮之中。

建筑并不是社会的一面镜子；建筑只是社会生活中不可或缺的一种服务。它取决于作为一个整体的社会的平衡，同时它还有助于改造与变更这种平衡。它的目的不是去创造形式，而是去运用这些形式以改变每一个人每日每时的生活进程。因此，它应该被提高到某种一般性规划原则的地位上，参与到对生产的控制，以及对空间变化的分布与分配等方面的工作中去。从这一意义上讲，建筑并非只是依赖于某种政治选择的结果。建筑是这一选择的物化组成部分，是一个能够促进，或者能够被并置地依托在民主生活背景之下的事物。

对于贝内沃洛来说，从工业革命以来强加于诸般事物之上的秩序，使我们能够提出一个预测，"我们都可以参与分享"，这恰如莫里斯（Morris）所说的那样。这在生产能力方面造成了显著的增强，并使一个相应的在日用商品需求方面所要求的改变变得可能，工业革命使得一个由平等的个人组成的没有社会冲突的理想社会，在技术上取得了某种可能。艺术家和建筑师的任务就是要在这样一个社会转型的过程中发挥出自己的引领作用，这需要他们实现自己的承诺，重新融入将艺术与技术、理论与实践、公共和私人利益整合在一起的斗争之中。贝内沃洛对于从这样一种思路出发的现代建筑运动是持支持态度的，他甚至希望要将其主要目标定义为是针对用户需求的客观解释前提下所开展的生产，从而从这些首要性的原则出发，来形成对于城市环境的某种管理——但同时也是从用户的角度出发来看待这一问题。因此，对于他来说，不可想象的是，将现代建筑仅仅局限在由几位建筑师在大约两代人的时空之中所完成的那么几座建筑作品之上——换句话说，也就是将这场运动描述为它似乎自有其本身的运行程序一样。

贝内沃洛的现代建筑运动给予人们的印象是一种理性的方法：那是一种并非与个人性格相关联的方法，一种能够传递的，以及对由今日社会在全球范围内所造成的辨别力能够加以改变的能力。从这个意义上说，这本《现代建筑史》（*Storia dell'architettura moderna*）是几乎无法完成的，因为在本质上它是一个正在进行中的工作，将自身放置在建筑师们的绘图桌前。这一点强调了贝内沃洛所表述的话语的实践导向性，贝内沃洛在他为确定未来建筑最重要要素方面所做的努力中，表达了这一特征。

从这种观点看来，这一观点的主要组成部分是人与人之间，人与当前时代的意义之间，以及与需要被祛魅的现代建筑原型之间关系的真实性问题。这些实际存在的建筑物受制于所有因时间的推移而产生的结果。虽然，有一些建筑物会非常缓慢地变得苍老，似乎没有显示出它们所经历的岁月沧桑——如奥尔塔的建筑作品，加尼耶（Garnier）的格兰奇—布朗什医院（the Grange-Blanche hospital），以及由格罗皮乌斯和阿道夫·梅耶（Adolf Meyer）设计的法古斯工厂（Fagus factory）[68]——而现代建筑中通常使用的材料（白灰、金属的门与窗框等），一般都会使其保持与延续的时间难以长久，从而使这一类建筑物看起来显得更容易老旧，如此则加大了其外观形象与其真实年代之间的差距。毫无疑问的是，已经显得苍老的法古斯工厂，明显优于包豪斯校舍。

这一作用被体现在了有关建筑之新的价值观念之上：新的建筑不应该仅仅将自己局限于满足社会的渴望与诉求之再生产方面，同时也应该为这些建筑的最终实现作出实际的贡献。因此，建筑产品与在建筑物内部繁衍生存的生命与生活的关系之间具有某种价值。它们持续的时间不必超越人的寿命所需要的时空跨度。包豪斯校舍，在贝内沃洛的笔下，只是几片摇摇欲坠的墙壁和品质粗劣的金属板拼凑的，不会引起人们重视的可悲而可怜的团块，其设计本身再无任何天然的魅力可言（图3.3）。即便如此，它也不能够被归在废墟的范畴之下，如一座久经岁月沧桑的古代建筑可能留给人们的印象那样。在我们观察它的时候，我们的感情——或者，以某种相类似的方式，在我们观察萨伏伊别墅的时候——无疑会保持某种历史的沉思，某种与情感相类似的感觉或情绪，"那种感觉就像这是一件属于某个伟大人物的东西一样"[69]。这是一种将每一种审美维度都剥除而去了的情感。在这一问题上，人们甚至可以说，包豪斯校舍的建筑已经不再存在，因为它真正的生命早已消失殆尽。

贝内沃洛通过挑选这些当代建筑的照片并加以描述的方式，强调了它们的这种存在主义特征。在我们这本集子中，则完全是从其他作者们的实践中出发的，这些作者选择了跳出时间之外（在建筑物处在其完美的条件之下时，以及在对人物的研究缺失的情况下，以及虚拟的天气条件等）去表述自己对建筑物的观点——并且，由此通过一遍又一遍地最终出版这些相同的原始照片，贝内沃洛向我们展示了这些建筑物现代的、负面的状态，有时还通过完全是普通人物的出现，或通过它们在雨

图 3.3　包豪斯，摘自《现代建筑史》（*History of Modern Architecture*, London: Routledge & Kegan Paul, 1971），莱昂纳多·贝内沃洛著，第 426 页。

中的情景，来对这些建筑物进行强调。萨伏伊别墅的底层架空柱旁，一位女性正在打扫，旁边还有一个男人在晾晒白菜（图 3.4）。两个骑自行车的女孩和一些普通的过路人，为在雨季中显得有些忧郁的包豪斯增添了一抹生活的气息 [70]，同时，那些教师的住宅，主要是作为一张刚刚经历了冬季风雨之后的水池后面的背景而被显示出来的（图 3.5）。建筑之物质的与社会的状态，与建筑物那不变的原型所具有的概念性特征相比，具有更多的价值。

图 3.4　萨伏伊别墅，摘自《现代建筑史》（ *History of Modern Architecture* ，London：Routledge & Kegan Paul，1971），莱昂纳多·贝内沃洛著，第 501 页。

图 3.5　一所包豪斯老师住的双拼房，摘自《现代建筑史》（ *History of Modern Architecture* ，London：Routledge & Kegan Paul，1971），莱昂纳多·贝内沃洛著，第 428 页。

建筑学之正面的和任意性的价值
The Positive and Arbitrary Values of Architecture

一方面，贝内沃洛很少提到工业革命之前时代的那些建筑，只将自己限制在极少数的例外，即那些有着明显比较性的例子之中，例如他所证实的在布鲁乃列斯基（Brunelleschi ★ 1）与勒·柯布西耶 [71] 之间，或在圆亭别墅与萨伏伊别墅 [72] 之间存在的某种相似性。另一方面，对于现代工业城市，从整体上来说，他是一位激烈的批评者，而没有在细节上对复兴建筑加以描述，复兴建筑只能归在过去建筑运动范畴的范围之内。贝内沃洛声称，要对这样一座城市通过立足于在其内部进行干涉的方式解决这一矛盾是不可能的：工业城市一定要被一座新的城市所取代，对于他来说，取代这一城市的选择就在于现代建筑运动。

从释放土地与功能规划的原则出发，现代城市要求对城市的结构与肌理进行彻底的改造。沿着若干条街道轴线进行建造的方式，将会被那些开放式街区所取代。贝内沃洛采纳了勒·柯布西耶和《雅典宪章》（Charte d'Athènes）中所提出的大部分规划原则。此外，他毫不怀疑地认为，除了那些仍然完整无缺地存活着的巨大的中世纪与巴洛克式城市中心之外，城市中心应该被更新。当然，在对城市问题进行总体解决的这一框架之内，如何将现代建筑整合进一座既有的城市之中去，就变成相对比较次要的问题了。首先，贝内沃洛赞成将建筑物强制性地挤压进其四周的城市结构与肌理之中的做法。他相信勒·柯布西耶的避难所城市（Cité de Refuge）和他那些克拉特（Clartè）公寓，以一种无可

★ 1 菲利波·布鲁乃列斯基（1377—1446），意大利文艺复兴时期著名建筑师，其作品在佛罗伦萨文艺复兴时期享有盛名。其最重要杰作是佛罗伦萨大教堂穹顶。——译者注

争辩的和积极的方式，撕碎了当代城市的既有肌理，因为它们也已经成为城市组成部分中的一些新类型[73]。然而，他也为埃里克·贡纳尔·阿斯普伦德（Erik Gunnar Asplund）的哥德堡（Goteborg）法院扩建设计大加赞扬，这一设计，是在一个旧有的新古典主义建筑之上添加了一个全新的现代体块，并以一种抽象的方式，保留了它原有的一些形式元素[74]。

贝内沃洛给予建筑这个词以尽可能广泛的意义，将所有旨在改造人类环境的行为都纳入其中。在这本建筑史（Storia）的引言中，他用了威廉·莫里斯的话来对这个词进行定义，而这些话又提醒了我们许多与包豪斯有关的方面："建筑学这个词中包含了对人类生活整个外部环境的思考，只要承认我们是文明组成的一个部分，我们就无法摆脱建筑，因为它代表了一种形式的模塑过程，并将其改变以满足人类对于地球本身之特别面貌的需求，只有那些遥远偏僻的荒漠地带是一个例外。"[75]事实上，贝内沃洛对于两种工作方法进行了检验：那种将建筑之选择看作是他律性的，即建筑之选择依赖于社会生活中其他方面之选择的方法，以及那种将建筑之选择看作是自律性的，即那种将建筑之选择隶属于一个更高层次艺术范畴之中的方法。他更倾向于前者的倾向性（parti pris）显然是出于某种政治性选择的结果，亦即那种决定了现代建筑基本原则的政治抉择。在这里，"现代建筑的任务是将那些特定的文化机遇，平等地传递与配送给予所有的人，这种文化机遇，与那种按照社会等级差别提供的文化机遇有着根本的不同"[76]。

新建筑正处在一步一步地形成之中，它所遵循的规则是共同的客观需求。它的目的是无论对公众，还是对私人，都应该是有用的。其意义就在于便利和经济。建筑物应该是坚固的、简单的、实用的和健康的。

在这里，我们所面对的，是对技术必需性（需要）的接纳，以及对多数人的具体要求（便利——限于各种功能要素的相互关系，并将舒适作为一种奢侈而加以排除），其代价是牺牲每一种自律性的形态体系 [愉悦性（voluptas）]。美是某种连贯性的结果，运用美，建筑将之服务于某种实用性的目标之中，因此它是从最为适当的状态下产生出来的，通常来说，这种最为适当的状态，也就是最为经济的功能布置与结构组织。

这一路径的清晰性，缩减了实用性与美观性之间的距离。贝内沃洛坚持认为，要将技术与艺术之间的价值加以明确区分是不可能的：例如，他注意到了密斯的巴塞罗那世界博览会德国馆的结构元素，也同样具有功能性的作用，从整体上看来，作为表现性元素，也多亏了这些结构元素被加以使用的方式 [77]。以这种方式，现代建筑超越了技术进步与艺术需求之间的矛盾。现代建筑的职责不再仅仅是某种质量（形式概念）或数量（应用技术或大批量生产）的问题；现代建筑中包含了质量与数量的协调，这种协调是通过对所有那些关键性的、心理上的，以及社会的需求的自然形式的研究中开始显现的。在过去的时代，建筑被看作是艺术的一个组成部分，而在现在，艺术则不过是建筑之中的一个参数而已。

当我们从这样一种观点去观察问题的时候，对于确定某种形态学方面的规则的体系而言，它就变得既没有意义，也有一点危险了。首先，某些特定形式的使用，对于保证那些既有规则的基本原则而言，并没有什么意义。其次，这样一种体系有助于建立风格主义，并促进了对在一个体系中包含了全部既有形式的现代建筑运动的认同感。一旦这种形态学方面的规则被广泛地加以应用，新建筑就将会处在被看作是既存的建筑体系的危险之中。贝内沃洛相信，"图像的发明不应该受到先入为主之规则的限制，例如在新造型主义中堪称典型的色彩的垂直性与统一性规则，或纯粹主义的黄金分割等等"，因为这种事情如果发生了的话，设计师与建筑师"将不再会接受其内在的刺激，而是接受外在的原型，从而退回到某种被动接受的状态之上，正是在这一状态上，他们的理想又被激发了出来"[78]。现代建筑运动并不是简单的风格，其唯一的目的是对它之前的风格统统加以反对，从而将其缩减为一个单纯的既有保留形式：这是一个具有全面包容性的运动，这一运动之所以能够毫无限制地扩展，多亏了它那端口开放的、对外来之物不加排斥的信仰。

贝内沃洛的立场解释了他对这两方面的猜疑，他既以怀疑的态度对待现代建筑中的形态学描述，也以怀疑的态度对那些将形式与艺术在现代建筑发展中的作用附加了某种特殊意义的建筑史学家提出了批评[79]。然而，这并非是说，贝内沃洛的那本建筑史缺乏形式方面的讨论。贝内沃洛也同样建构了一个决定了现代建筑运动的形态学元素方面的网格（关于这一点我们在前面已经谈及），尽管这些网格的定义，首先是服从于新建筑的一些其他方面的基本原则的，而且，它还不得不通过与材料和结构技术方面有关的相当大范围的一些观察来对之加以补充。

建筑学的这一命运取决于理论与实践之间的某种平衡，也取决于对由其产生的二元对立（如技术与艺术之间的二元论，或理想城市与真实城市之间的二元论，集体与个人之间的二元论，以及直觉与逻辑推演之间的二元论等）之矛盾的恰当解决。按照贝内沃洛的说法，现代建筑运动之最为深层次的目标是要重建建筑学的统一，这种统一在 18 世纪的后半叶，被建造与结构领域的科学与技术方面的进步——亦即被工业革命，搞得支离破碎："在 1760—1830 年这一段时期中，……人们注意到了建筑学与实际建造中诸种问题之间的裂痕；实际建造已经落入了人们所提出的一个特别的范畴，即工程范畴之中了，而那些建筑师们，一旦他们脱离了与社会在实践性需求方面的接触，也就只能够躲进抽象形式世界的避风港之中去了。"[80] 同样地，历史主义时期的主要特征是建筑活动被割裂为两个截然不同的部分，这取决于工程师们的科学知识与建筑师／艺术家们的直觉。在贝内沃洛看来，一些先驱者——如威廉·莫里斯和托尼·加尼耶——试图弥合两者之间的裂隙而搭造的桥梁可以看作是一个主要标准，透过这些标准，对他们有关现代建筑所作的贡献我们能够加以判断[81]。但是，这一对立与矛盾的解决，是不能够在紧随第一次世界大战之后的一个新的和统一的运动的建立之前得以解决的。

艺术与技术之间的这种新的统一将会涉及对一些特殊需求（必要性），而不是某种新的观念体系或形态学体系的认可问题。此外，要达成这种统一，其正确途径应该是经过适当制定的，能够与真实现象的节奏和范围相协调的客观而可以转换的方法。贝内沃洛，像布莱希特（Brecht ★¹）一样，相信新建筑应该在其观察者的内心激发起一种客观的评价，而不是一种主观的崇敬感觉：

一些人认为，如果倾向于集中在功能的优势方面，而不是倾向于诸如与审美趣味有关的事物方面，应该被证明是一种理性的选择；只有这样才能够被证明基本上摆脱了公众文化，而直达目的，而不是通过一个老于世故的精英阶层为媒介，亦即：它能够从一直主导着传统文化的等级化的组织中逃脱出来。[82]

★ 1 贝托尔特·布莱希特（1898—1956），德国诗人和戏剧家，发展了"史诗戏剧"，他的作品系依靠观众的批判分析的反应而非作品的气氛和情节的风格而取胜。其作品包括《三分钱歌剧》（1928）和《高加索灰阑记》（1948）。——译者注

对于一般的、客观的，和可转换与可传递之方法论方面的需求，是以自然和人类心灵的规律为根据的，这因而也引导出了理性这一基本问题。

现代建筑运动的客观性，创造了一种客观的而不是某种个人化的完美感，这是一种独立于所有个人化的担保之外，并且能够被所有人所感觉得到的完美感。问题是如何通过对研究结论的组织而建构一种全新的，具有普世性范围的建筑语言，从而将现在、过去和未来引导到一个从合理性推演而来的，如同终结性准则一样的，具有积极方法论特征的坚实基础之上。

推断与计算远在情感之上，和逻辑演绎远在直觉之上的问题，以及在设计过程中，客观成分远在主观成分之上的问题，已经不再会出现。合理性的目标是重建理论与实践之间的平衡，并且努力解决从这一平衡中滋生而出的对立与矛盾。它的目标是通过唤起人类思想中与传统的某种更为深层次的联系，而确保当前时代在观念上的统一性与整合性：

> 理性是对现代建筑运动之永久性价值的核心概念的一个保证，它被选用来拯救即将崩塌的传统建筑体系，并通过将其纯净化，从而尝试着去捍卫它，恰如阿尔干（Argan）所说，"其结果是，社会等级的全部特征，所有的神话故事，对于权威的每一点强调，这一切在明日社会中是不可能完全消失的"。只要亚里士多德学派关于人是一种理性动物的定义被看作是有效的，那么合理性就意味着人性。[83]

贝内沃洛与泽维的共同信仰是，超越艺术与技术之间的竞争，是现代建筑学的一个必要条件。然而，泽维所主张的是建筑创作的一种主观的路径与方法，而贝内沃洛的现代建筑概念源于一种根本上理性的方法论（démarche）。这些建筑师中的每一位都定义了一种全然不同的建筑，无论他们在彼此的话语之间存在有多少相类似的东西。在他们有关现代建筑的客观性与原则性上——他们在建筑上所共同分享之物，只是其外观上与视觉上所存在的某种相似性——我们能够从中感觉到其中积极性与任意性价值之间的相互对立：而这恰恰是自 18 世纪以来就存在的一个基本议题，这一议题一直主导着有关建筑意义的种种争论。[84]

第四章

现代建筑的客观化

CHAPTER FOUR

The Objectification of Modern Architecture

美国建筑史学家亨利 – 鲁塞尔·希区柯克（Henry–Russell Hitchcock）在我们所讨论的学者群体中占据一个在许多方面都颇为独特的位置。首先，他在我们的作者中无疑是处在第一的位置上，他的两本有关现代建筑的书：《现代建筑：浪漫主义与再综合》（*Modern Architecture：Romanticism and Reintegration*）[1] 和《国际式风格：1922 年以来的建筑》（*The International Style： Architecture since 1922*）[2] 是在 1929 年和 1932 年出版的，这两本书分别早于考夫曼、佩夫斯纳和杰迪恩的著作出版。这两本书都为现代运动的起源构建了谱系，同时也提出了建筑师可遵循的形式法则。然而，这还不是事情的全部；在 1958 年时，希区柯克以一部名为《建筑学：19 世纪与 20 世纪》（*Architecture：Nineteenth and Twentieth Centuries*）[3] 的著作而重新返回了建筑历史编纂的领域——这显然是一本立场比较中立的建筑史，它（至少从表面上看）将 20 世纪 50 年代后期有关现代建筑发展历程的争论固定了下来。其结果是，其作者拥有两种不同的定位，一种是处在现代建筑运动的出发点上；另外一种是处在现代建筑运动的结束点上 [4]。此外，希区柯克表达了一种与 20 世纪 30 年代的三位艺术史家，以及与战后最初几年的两位建筑师（泽维、贝内沃洛）截然不同的话语方式。他努力在没有表达某种容易引起争端的立场的前提下，对事实作出解释，并且试图通过直接的现场信息以及他自己对所研究对象的分类，在有关新建筑的起源和特征方面得出某种结论。他的历史文本以对事件的连续评判为形式，这些评判最终构成了客观论述——或者，至少是一种概念性的建构，从而使其看起来更像是一种客观的话语[5]。

当然，在这三个文本之间存在一些重要的不同，这些不同既产生于它们写作的时间长度，也产生于现代建筑的实际发展。在 1958 年，希区柯克甚至认为，在 1929 年和 1932 年的时候，他已经接近到了现代建筑运动的边缘：

为了写出在法国出版的唯一一部赖特专著，为了给新建筑提供第一部英文的说明（《现代建筑：浪漫主义与再综合》），为了出版一本有关 20 世纪 20 年代后期乌德（Oud）作品的专门书籍，正是这些似乎微不足道的贡献，都是为了标志出这位作者早期的部分许诺。在 1931 年与菲利普·约翰逊（Philip Johnson）从事了现代建筑的第一次国际展览的准备工作，这一展览于 1932 年在现代艺术博物馆开幕，在这次展览中，勒·柯布西耶、格罗皮乌斯、乌德和密斯·凡·德·罗，被作为新建筑的引领者而引人瞩目，而那本名为《国际式风格》的书——也是与菲利普·约翰逊合作——的出版，这在那时甚至是参与建筑发展辩证进程的举措。[6]

希区柯克进一步承认了在面对"涉及他的第一手知识，哎，由此也许是直观的先入之见时"保持中立所遇到的困难[7]。对他来说，历史学家"在犯罪现场"的出现是对他那客观性理想的一个公开的挑战：

历史学家以其理想的客观性，试图从对于那些尚存的过去建筑的研究中，以及从一些相关的当代文献中，将过去无私地缝补在一起，这种客观性不可避免地被那些依据第一手事件所写的批评文章的主观性所影响，如果不是被抵消了的话。当然，涉及这些事件，他所表达的观点也就不再比那些更接近事件发生时所发表的文章或所了解的事件更具有历史的合法性了。[8]

这一思想还有一些有趣之处，即它将其读者的注意力吸引到希区柯克于 1929 年所鼓吹的立场与他于 1958 年所采取的立场之中间的位置上。自以为拥有改变的权力，希区柯克在《建筑学：19 世纪与 20 世纪》（Architecture: Nineteenth and Twentieth Centuries）一书中深入地讨论了这个问题。"这本书被最初写作出来的 10 年以后，在对这本书进行修改时，对我来说变得十分明显的是，我的观点一直处在持续的变化当中。许多这样的变化反映在新近增加的脚注之中。都已经过去 10 年了，它们还处在持续的变化之中。"[9] 无论他愿意与否，这位艺术史学家从此都被转换进入一个实用性的主题之中了，他处在了这样一个位置上，即在建筑的发展进程中，他起到了一定的效果：

那些像建筑史学家或批评家一样写作，却非执业建筑师的人，那些仅仅解释，选择，或者说明他们自己时代的，甚至过去时代重要作品——尤其是最近的过去——的人们，在一定程度上，也是在场的间接参与者。因此，他们并不仅仅是中立的观察者，能够不带倾向性地叙述其他人的那些思想和成就，无论他们多么努力地保持自己的客观性。[10]

由此可见，尽管作者声称论述客观，《现代建筑：浪漫主义与再综合》（Modern Architecture: Romanticism and Reintegration）一书实则是一部具有实践导向的文本，同时也是一个宣言，宣称了新建筑的诞生。正是这本书，将会是我们的分析所集中关注的；尽管比国际式风格的知名度要低一些，但从其自身的理由来看，也是十分重要的，之所以这样主要是因为它是第一部用英文详细描述 20 世纪的最初 30 年建筑的书[11]。这里给予国际式风格的描述要少得多，而国际式风格在这里，在我看来，只是作为现代建筑的一个补充，而不是现代建筑的一个扩展。我应用了相同的方法来观察《建筑学：19 世纪与 20 世纪》（*Architecture: Nineteenth and Twentieth Centuries*），这从文字上来看不过是一个笔记而已。这本书的目的是试图通过不去反映某种面对 20 世纪 50 年代席卷一时的质疑之波时的无知态度而将争论搁置起来。虽然这三个十年与现代建筑之间是彼此分离的，但是，希区柯克的话语实际上却将其看作是相同的：这是一种客观的话语，多亏了现在在这一观点与两次世界大战之间那一时期的靠斗争解决的那些争论领域，两者之间存在着一定的距离，这一话语才有可能在最大程度上接近"历史学家的理想的客观性"，至少在野心、结构和风格方面如此。

浪漫主义与再综合：未来的谱系
Romanticism and Reintegration： the Genealogy of the Future

　　希区柯克承认，在 20 世纪早期的建筑历史中一直可以见到一个新的阶段正在被创建，他试图以一种经过深思熟虑的历史性方法为其重要的现代性奠定基础。与那些仅仅宣称新建筑的到来的那些书相反，希区柯克是通过建构起这一新建筑的谱系而努力为其奠定基础的，而且他是第一位着手从事这一工作的作者。在其导言的一开始，他就开门见山地将他的路径与方法与那些充斥着图片但却缺乏历史的充分性的书籍进行了比较，在那些书中，这种新建筑似乎很早就已经出现："'全新的维度''新的生活方式''新的建造方法''走向一种新的建筑''大获全胜的新风格'……在最近的几年中有不少于一打的书都在宣称一种新建筑的产生。"[12] 相反，他的《现代建筑》一书旨在探讨 1750 年至 1920 年代末的建筑演变。然而，尽管他的这本书具有明显的历史性特征，我们还是能够从其中再次发现一种指出了"朝向一种新建筑"之路的宣言——这正是这本书第三部分第一章的标题，这一章就是关于建筑历史上的这一个新的阶段的，与勒·柯布西耶的《走向新建筑》(*Vers une architecture*)一书的英文译名采用了相同的标题[13]，希区柯克曾在 1928 年对这本书做了回顾与评论[14]。当然，这样说似乎将话题扯得太远；在其导言本身之中，很清楚的是，希区柯克的中心目的是为这个新阶段提供一个基础性的描述，并将其延伸到未来之中。

　　希区柯克，这位建筑师兼建筑史学家对于自己的定位，既非谱系学的，亦非对他所认定的那些新建筑的先驱者们的建筑作品的组成要素的一个描述。在这本书的第一部分，他将他自己转变成了一位向导，他的这一角色使他不仅知道自己所走的路，也向我们展示了我们前进的方向。同时，他为那些即将开始其职业生涯的青年建筑师们提出了一些规则。因此，在这本既有清晰的历史化的又有隐含规范性的书中，他参与了建构，同时也参与了这种新建筑的重建。他的这一方法的标准化是比国际式风格更大的目标，后面我们还要讨论国际化风格问题。

对于希区柯克来说，欧洲建筑所赖以经历的，从盛期哥特时期的末期到 20 世纪早期的那些不同的时期，都可以归在一个单一的现代风格的名下。当然，"现代"这个形容词并不是一个涉及勒·柯布西耶、格罗皮乌斯或密斯·凡·德·罗的词汇：这个词汇保留了它严格的历史意义，被应用于所有与摩登时代有关的建筑——亦即，自中世纪结束以来的一整个时期。尤其是在他事业生涯的较早时期，希区柯克被笼罩在了 19 世纪那些伟大艺术史学家们的影响之下，如詹姆斯·弗格逊（James Fergusson），他认为现代建筑是从文艺复兴时期开始的 [15]。正是在这个方向上，他认为所有的基本元素都代表了一种非怀旧性的现代建筑发展的第一步（"现代建筑风格的反复古的一面"），这些基本元素在 14 世纪的时候已经开始在塑造它们的外观。然而，中世纪的过去与现代建筑之间的最终分离，直到后来的紧随后期哥特之后的那个风格阶段，即文艺复兴阶段，之后才真正发生。在随后的现代建筑风格的 5 个世纪之间，建筑师和建造者所期待的是两个相反倾向之间相互作用的结果：一种倾向是希望对既有的传统进行试验，从而引导出一种兴趣——这种兴趣可能或多或少是有意识的，但却毫无疑问是有理性和知性的——亦即对于抽象形式的兴趣；另一种倾向则是对于回到来自遥远过去的一种或多种风格的憧憬的一种富于情感化的期待，伴随着这一期待的是对于来自之前风格阶段的许多特征的口传心授的某种惯性。直到在18世纪后半叶古典主义和中世纪（哥特）复兴取得全面胜利，以及19世纪新的结构方法得以发展之后，现代建筑风格才得以成功地进入了一个新的时期，在这个时期中，现代建筑与当前的建筑紧密地联系在了一起。在《现代建筑》（*Modern Architecture*）一书中，希区柯克的分析集中在这最后一个时期，即从1750年到1929年这一时期。这本书被分成了互相关联的三个均等部分："浪漫主义的时代""新的传统"和"新的先驱者"，这三个部分在深化"朝向一种新建筑"的过程中，分别处理了三个主要的阶段。

在浪漫主义的时代，一种对于过去时代的研究，以及一种试图将其恢复到最为正确形式上去的努力，决定了两个具有最重要倾向性的发展——古典复兴与哥特复兴——这两者都具有打破巴洛克美学的统一性效果，以使建筑朝向瓦解为艺术与工程之路。在这里希区柯克对两代建筑师加以了区分。第一代中的大多数成员是古典复兴的支持者；他们中的英国建筑师约翰·索内（John Soane）被赋予为他那个时代最伟大的建筑师，以及这一新传统的最早先驱者的称谓。他的个性就像是一个轴心，围绕着这个轴心，这一时期的其他一些重要的建筑师都被包括了进来：他们是美国的查尔斯·布尔芬奇（Charles Bulfinch）和本杰明·拉特罗比（Benjamin Latrobe），德国的弗里德里希·吉尔利（Friedrich Gilly）和卡尔·弗里德里希·申克尔（Karl Friedrich Schinkel）——这两人中的后者被看作是新传统方面的一位大师，这是一位诞生于远比他自己的时代还要早的时代。第二代建筑师更倾向于朝向对于哥特式过去的某种复兴；在一个较小的范围内，亨利·拉布鲁斯特（Henri Labrouste）和希托夫（J.I.Hittorff）是他们那个时代最优秀的建筑师[16]。然而，浪漫主义建筑并非是一种风格，或者甚至也算不上是一种风格阶段，只不过是几个明显相互矛盾观点的同时性表达而已。这两种复兴性建筑只是在更为宽泛的倾向之下的观察中才是有意义的；希区柯克在其为新传统派或新先锋派铺路的这一前提下才将这两者看作是积极的和正面的，但是，对于它们在其所处时代重要建筑中的直接结果却表示出了不满。

浪漫主义时代的结束，在时间上是并不容易被明确区别出来的，而这一特点也同样适用于对新传统的开始时间的判断上。希区柯克主张将 1875 年作为这个时间点，在这一时间之后，我们可以看到浪漫主义向新传统的演变，这一点至少在一位建筑师身上可以看出来：亨利·霍伯逊·理查德森（Henry Hobson Richardson）。这个转变时期有两场主要的建筑运动是很著名的：在英国的，是建筑领域的工艺美术运动，伴随而来的是传统建筑在局部上的再综合；在法国的，则是金属结构的大发展，伴随而来的是工程上的局部重新整合。然而，这两场运动并不能使建筑获得复兴，这使得浪漫主义造成了某种分裂，而不是将其带回到某种统一之中。而这一目标是由新传统运动所达到的，当建筑师们为了建立一种理性的和完整的方法，故而因为风格的折中主义（在同一座建筑物中，有许多种风格被同时使用的特征与个性）而放弃了折中主义的审美趣味（各种风格被同时使用，尽管对于每一座建筑物而言，仅仅使用了一种风格）时，这一新传统运动就开始出现了 [17]。

新传统主义是将过去作为一个整体来对待的，将 5 个世纪以来的建筑经验同时地加以处理，从潜在意义上讲，是历史上所有时期的建筑经验。这一事实，即它超越了那些各自封闭、相互矛盾的体系，从而使它能够合理地从整个建筑历史中的各种风格中综合各种元素。新传统主义的开创者们能够创造出一种来自他们最初所借用之物的复杂而老道的混合体，这得益于持续创新的风格化处理，他们在他们的建筑中融合进了由工程师们发明的最好的技术和最新的方法。不像希区柯克所认为的那种由退化了的浪漫主义所孕育的奇怪的混血儿新艺术运动那样，新传统主义是一种真正的传统，一种可以与前浪漫时代相提并论的综合性建筑；在风格问题上，这一时期是可以和文艺复兴时期及巴洛克时期相媲美的。其历史在一些单个建筑师的个性表现方面是复杂而丰富的，如美国的赖特，荷兰的贝尔拉格（Berlage），法国的佩雷等。到了1910年左右，新传统主义达到了其成熟的阶段，在这之后，在描述或分析有关设计的术语方面，应该选择的不再是过去建筑中的元素，而是新传统主义的奠基者自身（赖特、瓦格纳，以及其他人等）的术语。

新传统的深入与发展，朝向了更加强调工程方面的进步，朝向了更为简单的处理，也朝向了对于复古元素数量的明显减少，这样就直接导致了完全不同的新先锋派建筑。那种能够反映这种新的审美观念的建筑物是于1922年在法国与荷兰同时出现的，紧随其后出现的是德国。但是，直到1925年，借着巴黎新精神馆（the Pavillon de l'Esprit Nouveau★1），以及勒·柯布西耶的《走向新建筑》（Vers une architecture，第一次发表于1923年）的影响，这一条新路线在普通大众之中产生了震撼。最重要的先驱者是勒·柯布西耶（他成了新建筑师的代表人物），乌德和格罗皮乌斯。安德里·鲁尔卡特，杰里特·里特维尔德和密斯·凡·德·罗也是这一先驱者队伍中的佼佼者（图4.1、图4.2）。

我们来看一看1929年，那一年这本书刚刚出版，新前卫建筑代表

★1 勒·柯布西耶和佩雷于1925年在巴黎装饰艺术工艺博览会上设计的新精神馆，以纯粹主义美感与浓厚的机械主义为特征。——译者注

了后折中主义新风格的第一个阶段。即使是在 20 世纪 20 年代末，这一风格也处在可以提供出有个性的各种成分的全部内容的地位上，这些成分可以借用而来——按照"旧有的"模仿精神的基本原理——从而得以形成一种自主的风格阶段。新传统标志了现代风格的结束，并为一个全新的时代铺设了道路。通过将这一谱系延伸到未来之中，希区柯克明确地表达了一个假设，这一假设预言了这一新风格阶段可以持续很长时间：

若不计入重大变革因素，因而可以想象建造艺术在当代文明中的地位……在今天这个世纪基本将不会发生变化。因为在当代民主的、资本主义的社会中，或在法西斯主义，抑或在苏维埃主义中，没有什么是从根本上与新先锋派建筑相抵触的，没有必要去假设在随后的两代人中会出现比 1750 年时的人们中间出现的更为明显的分裂现象。[18]

建筑史是风格的宏大演进序列

The History of Architecture is the Great Procession of Styles

　　这种新建筑风格的起源基于一种建筑的分解与重新整合——这是一种看起来像是一个单一的整体，并且都披上了艺术和建造技术的外衣。然而，尽管存在有不可避免的内涵，分解与再整合并不是一个矛盾结构中对立的两极；也就是说，希区柯克并没有将现在定义为过去的对立面。新先锋派建筑并非审美的或道德疏导的产物，也不是从某种社会的和文化的革命中生长出来的。新先锋派的统一体只是更为健康一些，因为它跟随的是一种将过去加以消耗殆尽的分解与疏离。或者，它只是一种简单的新颖，是一种一般性更新的表现，这种更新使我们能够将现在放置在一个全新的长时段（longue durée）的开始。

　　在巴洛克时期的建筑整合之后，融合了各类实践要素（factibile），建筑被浪漫主义限制在那个时代的文学与绘画的克制关系之中。被认为具有建筑学价值的建筑物一般应出自建筑师 / 画家或建筑师 / 诗人之手，而不是出自建筑师 / 建造者之手。因而，在艺术与技术的表现之间出现了一条分界线：建筑学被分解而变成"建筑"（建筑是艺术，而且是与众不同的艺术）和"工程"，或者变成了"建筑"和"房屋"。新传统试图在建筑与工程之间达到一个全新的综合，并且成功地在理论上促成了二者的重构。但是，这一胜利只是到了新先锋派那里才得以完成，在这些建筑师的设计作品中，我们能够再一次看到不可或缺的巴洛克式统一，并且看到现代时期被最后完全整合了的风格阶段。

希区柯克告诉我们，在浪漫主义时期，无论是"鉴赏家"还是"创作者"都没有将建筑看作是一件特别有趣的事情。作为建筑文化分解的结果，许多 18 世纪著名的建筑物，在它们建成仅仅过了一代人的时间就被允许拆除了。希区柯克对于这些建筑的消失表现出了愉悦：对于他来说，在任何与文学与绘画关联十分密切的结构中，比起那些仍然能够被看到的结构，在文学与绘画方面的限制，反而使我们会更好地欣赏它们。这样一条更为不同寻常的方法，揭示了某种对于最为典型的浪漫主义建筑的不太欣赏的一个标志，从而使我们能够假设他对于建筑的三条基本原则是含蓄地接受的。对于希区柯克而言，一方面所谓的瓦解时期，是建筑中的"坚固"，甚至连其"实用"都在很大程度上被忽视，而"美感"成了主导的时代。这一时期建筑中所讨论的问题不再是有趣或吸引人。另一方面，在重新整合的时期，他所提倡的目标是一个坚固、适用和愉悦的复兴式的融合，这一融合性特征是新先锋派作品的核心所在。在这里，希区柯克再一次表现出了他的坦率："新建筑"，他写道，需要那些"能够将审美体验与技术发展综合在一起，以满足当代生活中那些精密细致的功能性需求"的建筑师[19]。

希区柯克运用了三个概念来为这些不同的风格单元赋予特征，从而将他自己带到了与建筑历史，以及艺术史等方面，如风格、风格阶段，以及手法等的概念性建构更为接近的地位上。

风格在长时段（longue durée）中是一些现象，是伴随着许多个世纪的逝去而渐渐发展而来的。风格有其一般性的名称，正是通过这些名称，风格得以被定义，并且通过这些定义，我们能够区别与识别它们。例如，现代风格就是被中世纪之后的几乎各个时期所应用的风格，这种风格到了 20 世纪初期达到了它的完成阶段。它所跟随的是中世纪时代，因而使它能够与过去的那些伟大风格，包括希腊和埃及建筑风格，分庭抗礼。

在每一种风格中都有一系列风格阶段，这些风格阶段在历史的与美学的术语中形成了不同的单元。必然地，每一风格阶段的特殊特征是在与同一风格中的其他阶段加以比较的基础上被定义的。后期哥特、文艺复兴、巴洛克和新传统属于现代风格的四个阶段。新先锋派的建筑则与之相反，它属于新风格的第一个阶段。

一般来说，那些能够形成某种风格的阶段，总是具有内聚性、支配性和积极性的时段单位。然而没有哪一种情况可以拥有这一风格的全部时段。在这些支配性风格阶段之间的那些间隙和空白处，被填充的是无数纷繁多样的和容易识别的建筑手法。在一定程度上，风格阶段可以被看作是某种更高层次与秩序之上的建筑手法，在这一概念下，如果不考虑建筑从一个阶段向另外一个阶段的演进与转变，手法就是建筑历史中最为基本的风格单元。它们的作用当然也就变得积极和正面了，因为它们为了风格的进步与发展作出了贡献，但是它们的建筑产品从本质上讲就变得毫无重要性可谈了。古典复兴与哥特复兴，英国工艺美术的再生、新艺术运动都属于一些手法，这些手法在新建筑的准备阶段都起到了一定的作用。希区柯克承认这些手法的贡献，但是他对于这些手法的判断多少还是比较负面的。

但是，建筑师是建筑这一历史的真正主角，而这些风格的演进主要是依赖于他们创造性的实践。从这一意义上看，重要的建筑师并不单单是完全无须其知识而确定的时代精神的载体。他们的作品不仅仅反映的是时代精神（Zeitgeist）——这是一个在希区柯克的词汇中并不拥有任何地位的名词。事实上，建筑师对于他们时代的创造所作的贡献就像学者和艺术家们的一样，建筑师们并没有受到非艺术性价值观念的影响与支配。社会的与文化的背景从他的历史中被有意地抹去了，在他这本书的建筑与社会关系那一章节中解释了这一方面的资料缺失问题。希区柯克甚至对社会所起的作用表示了更大的蔑视，就像他在有关新建筑的建议中谈到德国的倾向时所说的："工业的诗意化，工人阶级世界的理想化，总是不能够与浪漫旅游者对于建筑的想象同日而语的。当这些同时代的崇拜被引导向某种创造时，这些创造甚至比起由那些最极端的势利建筑师所做的最为'如画风格'的作品还受到更多的控制，这使得建筑给人以某种印象，它从非艺术中汲取了太多的东西。"[20]

在一个特定时期内的创造性建筑师，可以是先驱者、奠基者或追随者。这些描述——其中并没有包含对他们作品的任何判断——在本质上是依赖了工业艺术家作品中的原创性，这一原创性是通过风格阶段的比较而来的，就如同由艺术史家所确定的某个事后的结论一样。步其后尘的是有过一些 19 世纪早期的个别的纪念性建筑，如果不将其从历史中分离出来的话，这些纪念性建筑可能属于新传统的范畴之中：如索内（Soane）那用愚笨手法创造的建筑，最具理性主义特征的申克尔（Schinkel）的设计，拉布鲁斯特（Labrouste）的圣热讷维耶沃（Sainte-Geneviève）图书馆等。这些设计作品的建筑师是大分解时期的先驱者，他们清晰地指明了通往新传统之路。

这一新风格的奠基者就是那些新先锋派人物。对于这一新风格的第一阶段的定义纯粹是一种循环论证：新建筑是新先锋派的建筑，反之亦然。按照希区柯克的说法，那些先驱者就是投身到一种完全原初性表现形式中的第一批建筑师；他们也是为新风格开辟道路的那些建筑师。

在每一种风格或每一个时代中都有其先驱者，加上"新"这个形容词仅仅是为了阐明这位作者所谈及的是最为新近的先驱者。不像佩夫斯纳，他在使用先驱者这个词时，是与社会的和文化的内涵相关联的，在希区柯克那里先驱者这个词是指同一时代新风格的奠基人，当然，这样的先驱者在未来还会被其他新的先驱者所追随。

民族特征在希区柯克的历史中属于另外一种基本的参数。在每一个生活单元中，他都尝试着去通过国家和建筑师来产生一个描述性的设计分类。例如，新传统式建筑，在美国、荷兰、德国、法国和斯堪的纳维亚的作品中被加以了包裹与封装（encapsulated）；别的任何东西都是具有模仿性、地方性、辅助性，以及平行性特征的。以恰好相同的方式，人们发现在 1929 年之前，几乎所有新先锋派阶段的最初创作者都是集中在法国、荷兰和德国。希区柯克在他的书中所进行的材料组织中，对于三个部分中的每一个阶段都把握住了它的章节划分。因而，新传统这一部分就被划分成 6 个单元："转折""新传统的本质""美国的新传统""荷兰的新传统""奥地利与德国的新传统"和"法国、斯堪的纳维亚及其他地区的新传统"。类似的情况是，新先锋派阶段也被分成 6 个章节："朝向一种新建筑""新先锋派：法兰西""新先锋派：荷兰""新先锋派：德国""其他地区的新先锋派""未来的建筑：1929 年"。

这个有点惯常性的分类方式，是指向了以个人为基础的同义反复式的风格定义。这里所给出的新先锋派建筑是由 10 位来自 3 个不同国家的实践建筑师的作品所定义的（并非都具有同等的重要性），有一点很自然地令希区柯克感到惊奇的是，这些作品是以国家为代表的，然后才是以建筑师为代表的。这样一个地理上的分布方式并不意味着是与德国艺术史传统中的"民族精神"（Volksgeist）联系在一起的，但是，它也的确揭示了希区柯克所赋予的各个国家的特征（传统、语境、气候，等等）的重要性，当然，有可能做到这一点仅仅是因为缺乏某种时代精神的统一与标准的概念。同时，它也为确定新建筑国际式标准的定义所应有的原则提供了一个必要的范围。

沿着另外一条路径，风格单元的延续性被视为建筑演进的重要参数之一。建筑历史的构架并不是由一连串在一些特殊的日期里开始或结束的风格段落所组成的：风格单元是一层又一层地叠加在一起的。此外，在这些单元中，彼此之间的相互依赖是历史辩证法中的决定性术语之一。在这个意义上，在一个给定的时代所产生的最重要建筑不一定是这个时代具有支配性地位的建筑。它的重要性只有在由建筑史学家基于当时时代的立场所定义的较为宽泛的普遍性倾向的观点下才能够显现出来。作为一个例子，希区柯克指出巴洛克时代并没有一个戛然而止的结束点；当然，1750 年这一年通常被用来标志出浪漫主义时代的开始，浪漫主义一点一点地销蚀着巴洛克帝国的领域，但是，正是在 1750 年，朱塞佩·比比耶纳（Giuseppe Bibiena）设计建造了拜罗伊特歌剧院（Bayreuth ★ 1 Opera House），被广泛地认为是巴洛克建筑在剧院设计领域最好的作品。而且，随后的几个十年中，也正是以其建造的许多建筑来帮助保持了巴洛克的存在与辉煌，尤其是在德国，更是如此。因而，可以说直到 19 世纪，巴洛克建筑的影响力才逐渐衰退。以恰好相同的方式，尽管在美国折中主义的审美趣味在大约 1850 年前后达到了其巅峰状态，但是直到 1920 年，折中主义仍然是一个需要认真对待的力量，而那时新传统已经占到了主导的地位，新先锋派也已经开始崭露头角。希区柯克认为那一日期是 1875 年，他将这一年建造的理查德森

的作品认定为是新传统的开始，这在很大程度上是一种武断的结论。在19世纪50年代之前，新传统还远远没有达到羽翼丰满的程度——当然，与之相反，在20世纪早期的建筑师中真正能够与这种新建筑持相同立场的人仍然是寥寥无几。

希区柯克是通过论证在20世纪20年代的建筑学文献中更为广泛存在的某种误解而开始他的《现代建筑》（*Modern Architecture*）一书的：这些误解性的观点宣称，现在是一个与过去截然相反的完全不同的时期。对于希区柯克来说，现在仅仅是沿着统一而连续历史的一个最为新近的补充。即使是它那些最为大胆冒进的形式也并非什么无根之草或无本之木，而是一个穿越了许多年的发展过程的当前的一个瞬间而已。因此，这种误解是与这一时期对于某种新东西的需求紧密联系在一起的：每一种创新都有其新的面目，就当前来说，这一新面目是比它所取代之物更为高一层次的东西。从这一意义上讲，在1750年之后的建筑历史中所发生的这种逐渐增强的现象似乎仅仅是一座海市蜃楼。当下所发生的那些后续事件倾向于被看作与过去发生的那些最初的事件具有同等重要的甚至更高的地位；因此，在其本意上，是认为对巴洛克建筑与1750年以后发展起来的建筑阶段的某种比较，并没有揭示出任何美学方面的进步。希区柯克确信在从18世纪至20世纪这一整段时期中很难获得任何速度，特别是在涉及技术问题的地方更是如此。因此，建筑历史的发展不是一个从较低水平向较高水平的连续的上升过程。很自然的是，这一进步的缺失是与其终点的缺失相伴而行的：风格的循环与风格阶段的前后接续，永远也没有一个以理想目标为结束的终点。希区柯克将这种历史观点与20世纪20年代普遍相信的历史观点，即相信"黄金时代"在不久的将来就要"开始再一次降临"，以及相信时间已经进入一种静止的停顿状态等观点对立了起来[21]。从这一意义上讲，新先锋派建筑并没有开始解决它自己时代的问题：它只是一个风格阶段，是要在另外一个风格阶段接续而来之前，使自己变得成熟。

实际上，希区柯克是在建筑史学家与建筑批评家之间划出了一道界线。尽管他将自己表述为一个中立的和客观的艺术史家，但是，他并没有避讳或压抑他对于过去阶段的批评立场。其结果是他对新先锋派建筑表现出了同情，而对浪漫主义建筑则表示出了厌恶："今天我们已经很难从感情上毫不感到厌恶或心情十分愉悦地接近浪漫主义建筑，尽管这种建筑的设计目标就是激发起人们最为美好的情感。其原因仍然是，它历史性地向人们提供了一个令人着迷的极其复杂的问题，就像它对其建造者来说也极其困难一样。"[22] 许多在建筑史学家眼里看来是十分重要的设计，很可能会令批评者十分不满。此外，新风格单元中的一些设计赝品，对于建筑史学家来说，反而比之前风格单元中最好的设计还要令他们感兴趣。建筑史学家的问题将集中在最初的事件、前所未有的现象，以及一个建筑发展过程中的先驱性设计上，这些设计并没有一个向上的趋势。这一路线并不是来源于某种特殊的审美价值判断，也不是基于一些抽象术语的隐秘评估。在 1958 年，希区柯克对于其标准给出了一个清晰的解释，通过这一标准他为他自己的建筑选择了一些 19 世纪的建筑物，因此为人们指出了一条道路，在这条道路上，他的分类开始起作用，并且承认了其所具有的相对性：

对品质的考虑导致出了一种极端的选择性，强调了在损害其余那些几乎无所不在，但从总体上看却沉闷呆滞、了无生趣的建筑的前提之下的建筑产品的相对受到局限但却至关重要的方面。以其不同的选择标准，并采用了不同的建筑质量标准——同时达到了考古学式的花言巧语，这是打个比方；在与新技术发展的结合方面，或是成功，或是失败；抑或是实现了计划中所设定的目标——这几个非常不同的画面可能是，并且的确经常是，在这几个十年中西方世界所喜欢的建筑。[23]

希区柯克拒绝在后续的风格单元之间做出任何实质性的比较。对他来说，每一个风格阶段都会产生非常优秀的设计作品，甚至是在它不再产生具有积极的历史重要性的作品的时候亦是如此。同样，一位年轻的前卫建筑师，在以一种新方法进行工作的时候，未必一定会比一位采用已经落后的方法进行工作的年纪较大的同行能够创作出更好的作品。从这样一个严格的历史性立场出发，希区柯克在他 1958 年所写的书中将一整个章节用在了"20 世纪建筑呼唤传统"[24]。在这里他意识到在 20 世纪最初的几个十年中，占支配地位的并不是现代建筑；对于过去风格的一种"怀旧"情绪使其遗风继续延续着，但这种怀旧式的风格延续并不足以吸引后来那些学者们的注意力。尽管希区柯克对于这些风格所作出的判断是负面的，但他对于这些"传统"建筑师的最重要作品还是持了某种一般性的观点，即相信"这种建筑不能够被历史地否认，因为它创造了这个世纪前三分之一阶段的一些最为宏大的、最为令人瞩目的，以及经过了最为细心研究的建筑作品与建筑群"[25]。然而，在实际效果上，这只是一种表面的和肤浅的客观性：希区柯克并没有作出任何尝试去掩藏他对于这个世纪最初的几个十年中"传统"建筑师的具有负面性的偏见："在 20 世纪的传统建筑师中，很少有任何伟大的可以引导潮流的人物出现，"他写道，"几乎也没有一两个人在其能力和个人重要性上能够接近（新先锋派建筑师）的水平。"[26]"无论如何，未来有可能会对 20 世纪早期那些传统建筑师们的成就作出评价"，在几页之后他又进一步作出结论说，"这一章现在已经结束了"[27]。

正是这一客观的立场揭示了希区柯克与目前在我们这本文集中已经包括进来的那些建筑史学家们之间的不同。20 世纪"传统"建筑师的名字 [阿斯普隆德（Asplund）、卢特伊恩斯（Lutyens）维克多·拉卢（Victor Laloux）] 在他们的实施性文本中一般都是不列入的，虽然泽维的确接触了一些斯堪的纳维亚建筑师，如阿斯波隆德。作为一种规则，19 世纪建筑的那些后续的残存者们倾向于从现代建筑运动的历史与谱系中被抹杀掉——这样做的理由是，他们不属于 20 世纪早期的历史。但是在另外一个方面，希区柯克承认路易斯·芒福德（Lewis Mumford）和杰夫里·斯科特（Geoffrey Scott）的权威性，因而将自己纳入了一个完全不同的历史传统中的一员。他属于"学术性"阵营，这一阵营并没有陷入建筑院校中作为历史而加以传授的评判体系的窠臼之中，也没有投入任何精力在对有关最近的过去所作的研究中起到什么作用。他的历史观主要依赖于新世界的重要思想家，如费斯克·金博尔（Fiske Kimball），和植根于英国传统之上的詹姆斯·弗格森（James Fergusson）的思想和作品 [28]。从这个角度来看，那些最重要的观点都被他的客观性路线所汲取与分享了，那些德国艺术史家们的观点，以及战后第一代意大利建筑师们的观点，都能够在一些形式中，以及在一些现代建筑师的设计作品中，被加以总结与概括，并将之服务于艺术与建筑中那些更为一般性的倾向的客观性表现 [29]。

新建筑的美学
The Aesthetics of the New Architecture

希区柯克认为新先锋派的设计是不一定全部适合通常在 20 世纪 20 年代使用的描述性术语之中的。乌德谈论的是纯建筑，范德斯堡（van Doesburg）提出的是基本建筑，而希区柯克相信这些形容词，以及其他一些类似的术语，都显得过于含混不清，以至于缺乏真正的意义。在另一方面，他将毫不妥协的历史意义归结在形容词"现代的"之下——也就是说，是指从中世纪（Middle Ages）开始的一整个时期——这里排除了现代一词更为特殊的使用，即用来定义 20 世纪早期的建筑创新。只是在很少的情况下，他才会以这种方式来使用这个词，这时的这个词往往会加上引号，并且将其属性归在其他方面："新传统与新先锋派的风格倾向如今被视为'现代'。"[30] 希区柯克仅对"技术性"这一形容词持保留态度，因为他认为新先锋派建筑在很大程度上是技术层面的胜利，就像浪漫主义建筑的胜利得益于其反技术的层面一样。最后，他得出结论说，我们有足够的理由称这种建筑为"国际式风格"——但是，他没有能够为这一术语的使用提供出适当而充足的理由，尽管在后来他将这一术语用在了他的一本广为人知的著作的标题[31]。他承认这一术语仅有一个优势：它所提供的主要贡献在于，使那些刚刚开始其建筑创作生涯的年轻建筑师们在欧洲和美国承接设计项目获益良多。除此之外，还有一个有点含混不清的问题，新建筑主要是按照它的引领者的名字所定义的：这是在现在这一时代中那些特定的杰出个人作品所具有的一个共同特征——希区柯克对新建筑的拼贴式解读是由名字和设计作品所组成的，我们可以将其中最为重要的一些罗列如下：

1. 勒·柯布西耶：1921 年的"雪铁汉"（Citrohan）住宅设计；1922 年在法国沃克勒松（Vaucresson）的别墅设计；1923 年为奥赞方（Ozenfant）所做的住宅设计；1923 年在瑞士沃韦（Vevey）的住宅设计（图 4.1）；1927 年为库克（Cook）所做的设计；1927 年为国际联盟宫（the Palace of the League of Nations）所做的方案设计；1928 年在加尔什（Garches）所做的别墅设计。

2. 鲁尔卡特（Lurçat）：1924—1926 年在 cité Seurat 所建的 8 所住宅；1925 年在凡尔赛（Versailles）的两座别墅；1928 年在布洛涅 – 苏 – 塞纳（Boulogne-sur-Seine）的一座村落设计。

3. 乌德（Oud）：1922 年的 Oud-Mathenesse 的住宅；1924 年，1926—1927 年在荷兰的 Hook 的街道住宅（"这也许是新建筑最好的纪念碑"[32]，如图 4.2 所示）。

4. 里特维尔德（Rietveld）：1922 年在乌得勒支（Utrecht）的住宅（"新先锋派建筑中一座最早的也是最具有原创性的作品"[33]，如图 4.1 所示）。

5. 格罗皮乌斯：1926 年在德绍（Dessau）的包豪斯校舍（"新先锋派方法在处理较大型而复杂功能问题时在技术与美学可能性的实施上最为成功的证明"）[34]。

6. 密斯·凡·德·罗：为一座玻璃摩天大楼所做的设计；1927 年为斯图加特博览会（Stuttgart Exposition）所做的公寓建筑设计。

在描述新先锋派的建筑时，希区柯克依赖了一组在很大程度上是形态性的元素，并将其自身表明为"新的建构方式的一种清晰和逻辑的表现"[35]。这些元素组成了一个积极的术语网格，与其形成对比的是，

41. House at Vevey, by Le Corbusier. 1923

42. House at Utrecht, by G. Rietveld. 1922

图4.1 柯布西耶和赫里特·托马斯·里特维尔德的建筑,摘自《现代建筑:浪漫主义与再综合》（*Modern Architecture: Romanticism and Reintegration*，New York：Payson & Clarke，1929），亨利－鲁塞尔·希区柯克著。

47. Shops at the Hoek van Holland, by J. J. P. Oud. Designed 1924, executed 1926-1927

48. Shops and houses at the Hoek van Holland, by J. J. P. Oud. Designed 1924, executed 1926-1927

图 4.2　J.J.P. 乌 德 的 建 筑，摘 自《 现 代 建 筑：浪 漫 主 义 与 再 综 合 （*Modern Architecture：Romanticism and Reintegration*，New York：Payson & Clarke，1929）），亨利 – 鲁塞尔·希区柯克著。

一个消极术语所组成的网格被提供了出来，这一网格或多或少与新风格是不相协调的。希区柯克为某些由这种元素组成的特殊的负面特征留出了足够的空间，其中唯一缺乏的是为新建筑提出某种充分的定义而作出贡献。使其成为一个整体，这组元素能够被划分成 5 组范畴，其中前面的 4 组可以被看作是具有积极意义的[36]：

1. 依赖于新的建构方法的结构元素："钢筋混凝土结构"（165），"钢架结构"（191），"可移动的隔断墙"（183）[37]，"玻璃与阳台运用中的技术革新"（184）。

2. 依赖于新的建构方法的外部形态元素；"从地面上升起来的房屋，充分地强调了它是一个六面体这一事实"（165、168），"屋顶平台"（166、168），"完全悬挑出来的立面"（168），"幕墙"（170），"带形窗"（165、166），"角窗"（171）。

3. 依赖于新的建构方法的内部元素："开敞的平面"（164），"将室内作为一个单一空间来处理"（165），"可移动的隔墙使上层作为一个房间或四个房间使用都有了可能"（183），"室外与室内在一个由开放的空间和体面的组织中相互交错穿插"（183）。

4. 不依赖新建构方法的元素："极其的简化"（164）[38]，"将形式简化到最简单的几何形体"（188），"以体积而非质量为核心的三维表达"（171），"对水平性的强调，以证明水平性本身就是一个新的重要构图原则"（165），"不对称的平衡"（172），"传承性要素的完全缺失"（181），"环形楼梯"（166），"色彩使用上的精巧细致与深思熟虑"（181）。[39]

5. 消极的元素："对称性布置"（166、194），"纪念性效果的处理"（194），"如画风格"（184），"厚重的体量"（194），"过于繁缛复杂"（160、180），"砖的使用"（184、191），以及从一般意义上来讲的传统材料的使用（194）。

除了这些描述性的元素之外，希区柯克也使用了无数定语性的形容词来为建筑师和他们的作品，特别是其表现手法、审美趣味、技术手段、建构方法、造型特征和比例构成等贴上标签（表 1）[40]。这些形容词还常常以最高级的形式而被加以重复：如，卓越的，异常杰出的，异乎寻常的成功等。这些是用于正面描述的，也有一些通常是与之相对应的负面描述。然而，希区柯克所提议的现代建筑师并不是与其前辈直接对立的；例如，它要求简单性，但属性"简单"却是与之对立的，同时，属性"复杂"与"单调"也是与之对立的。同样，他也并不以负面的属性来限定古老风格的建筑：负面属性也会用在与新建筑的某些特定倾向有关的描述中，新建筑的其中一些方面甚至受到了希区柯克的批评——包括勒·柯布西耶的城市平面，勒·柯布西耶和鲁尔卡特的住宅发展计划，以及"新即物主义"（Neue Sachlichkeit）的大多数设计项目[41]。

新先锋派建筑被视为新美学的载体，这种美学由技术与建筑的新关系、简约化的普遍趋势，以及利用体积价值进行三维构图的诉求所决定。朝向简单性的一般倾向是新先锋派建筑师最具个性的特征。墙体表面经营上的多样性与丰富性从属于一种连续的衰减过程，这一衰减倾向于单调与贫乏。这些建筑师的目标是为清晰表达了的表层，为体量的几何分界线，以及为这些取代了所有复杂性的表层的某种形态上的统一。

表1　正面与负面的属性被亨利 – 鲁塞尔·希区柯克（Henry–Russell Hitchcock）在他的《现代建筑：浪漫主义与再综合》（*Modern Architecture: Romanticism and Reintegration*）一书中被附加在了新先锋派建筑之中

独创性（Originality）
新的（188）/ 常规的（195）
原创的（165）/ 传统的（164）

坚固（Firmness）	**理性**（Reason）
有效的（188）	理性的（169）
坚固的（172）/ 不可靠的（188）	逻辑的（184）/ 任意的（188）
积极的（180）	良心上的（169）

适用（Commodity）	**简单性**（Simplicity）
舒适的（169）/ 不舒适的（169）	简单（169）/ 单调（172）
实际的（184）/ 完全脱离实际的（168）	基本的（191）/ 复杂的（168）
宜居的（172）	
平静的（168）	

愉悦（Delight）	**形式中的道德**（Morality in the forms）
精美的（180）/ 厚重的（194）	健康的（176）/ 虚无：过去不亚于道德性较之目前而言
抒情的（181）/ 如画风格的（180）	清晰的（180）
优雅的（173）/ 粗俗的（172）	纯净的（191）
丰富的（180）/ 裸露的（174）	充分的（171）
轻快的（172）/ 沉重的（172）	冷静的（184）
平静的（181）/ 装腔作势的（183）	诚实的（194）
纪念性的（183）	

完美（Perfection）
宏伟壮丽的（168）/ 单调乏味的（171）
卓越的（172）/ 令人厌倦的（166）
令人吃惊的（171）/ 麻木不仁的（169）
壮丽的（193）/ 笨拙的（188）
奇幻的（172）/ 无意义的（173）
成功的（172）/ 失败的（174）

在这个简化的上下文语境中，所有的装饰都被废除了。然而，这不是一个社会秩序问题，也不是如佩夫斯纳所宣称的那样与这一社会秩序得以被产生的机械装置的退化联系在一起的。这仅仅是一个美学秩序问题：在建筑物上添加装饰并没有使它们变得更加吸引人，相反的是，这样做反而阻塞了这些建筑物表面的统一与完整性。此外，希区柯克相信，在一个对其风格阶段的形态塑造的历史时期中，去设想任何与过去的装饰相等同的东西，实际上都是不可能的。然而，他预言说，未来将会看到一种新的细部形式会发展出来，这是一种新的完全从风格的建构术语中自然流露出来的装饰之泉："届时一种新的装饰将会发展起来，恰如在过去从最初的结构中一些特征性的符号应用一样，那时一些新的结构符号就不知不觉地和普遍地会被接受。"[42] 甚至更为重要的是，他预言了这样一些细部将会从整体的设计中流露出来，而且这些细部将会从属于这一设计，从而防止它们玷污新先锋派建筑的基本价值。几乎以完全相同的方法，传统材料的使用应该被排除在外，其原因主要是心理上的；为了强调创新的重要性。但是，希区柯克不相信在传统材料的使用与新先锋派建筑的建筑美学之间存在着某种完全的矛盾，在他的判断中，一旦这一新的风格状态最终居于上风之时，这些材料也将会重新被使用。

新先锋派建筑师的主要思想之一是，每一种建筑风格应该，也必须，依赖于一种建构模式。然而，对于希区柯克来说，这一立场似乎未必能够持久：他相信人类的创造性潜能在审美关注领域的范围内是受到限制的，独创性的力量也证明了在每一种建构性革新之后，未必能够产生出一种全新的表现形式。那些基于新的建构方法而树立了某种真正新风格的建筑师应该将这一风格的发展推进到其最佳的状态，并将他们的兴趣点集中在其美学的形态塑造上。追随他们之后那一代人的作品就会显得不那么重要了，因为这一代建筑师的主要责任将是将目前所达到的成果加以巩固。一直作为新建筑创造的催化剂的技术问题，这时也将循着它自己的道路往前走。希区柯克承认，集中注意力于审美要素上将不可避免地引导到一种保守主义的路子上去——就如所有开拓者，一旦他们在他们所发现的领地上扎下了根，他们也就不愿意再往前挪动一步一样。另外，对希区柯克来说，使建筑屈服于那些更为迅速发展的因素，如在他看来是外在于建筑的技术因素，将是不可想象的。他有一个坚定的信念，即每一种风格单元应该是由它本身自主确立的美学规则所确定的，这些规则将会贯穿于它发展的全过程之中。一些新东西只能被那些能够从理智上和直觉上理解其建构方式的人所接受。然而，新的理解对于大多数人来说应该是自然而然的，因为大多数人并没有将建筑看作特别严肃的事情，更没有付出什么特别的努力去理解建筑；基于这一原因，希区柯克提倡需要建筑的象征主义，并且期待对于这一现象的缓慢变化能够出现 [43]。

对于新先锋派建筑的描述性构成，归因于建筑师和他们的设计技能与资格，以及分解与综合之间的结构关系，所有这一切都揭示了希区柯克关于建筑本质的含蓄观点：他将建筑的本质看作是坚固、适用与愉悦这三项由文艺复兴时的理论家们所声称的基本原则的综合。新先锋派建筑将在一个分出等级的关系中继续沿用坚固与理性的结构 [必需（necessitas）]，并满足功能的需求 [适用（commoditas）] 和美学的表现 [愉悦（voluptas）]，在这一关系中，第一项是从属于第二项的，而第一与第二项又都从属于第三项。于是，美学表达就必须具备阿尔伯蒂意义上的诗学，同时还要借助于一组普遍被接受的规则，来确定建筑的构成与接纳。希区柯克详细阐述了这种诗意在现代建筑中，以及后来的国际式风格中的主要成分。因此，他提出——为了美国建筑师的利益——的一组规则，使其有可能令新建筑的形式与结构得以复制与再现，从这一点出发，他将其看作一个充分连续的、自主的风格。

希区柯克只是偶然一次提到了阿尔伯蒂（Alberti[44]），并在另外一个地方提到了维特鲁威（Vitruvius，为了说明他的首要性地位在 1800 年左右已经受到了挑战）[45]。然而，我们的任务是证明受到希区柯克高度评价而产生的对于三条原则不可见之流的推进作用，在这一评价中，希区柯克声称他自己一直支持杰弗里·斯科特（Geoffrey Scott）的工作，特别是他的著作《人文主义建筑》（The Architecture of Humanism）[46]。现代建筑部分是以其令人动情的后记中结束的："在这本书即将付梓之时，我得到了杰弗里·斯科特逝世的噩耗。令人感到更为悲哀的是令人联想到，现在恐怕再也没有一支笔能将一个自拉斯金（Ruskin）开始讨论其主题以来最为才华横溢的话题进一步向前推进一步了。但是，这本《人文主义建筑》将会持续地拥有它的这一地位，在人文主义获得比今天有了更为深一层意义的时候能够给我们以提醒。"[47]

斯科特是以对"好建筑"的 3 个基本条件：适用、坚固和愉悦的分析开始他的这本书的，他将这 3 个条件作为他的理论的基础[48]。在这一部分，希区柯克用了这样一个观点来为他的这本书做一个结论："新先锋派建筑，即使根本不是人文主义建筑，对于那些熟悉，若非完全了解杰弗里·斯科特的理论的人，从批评的角度，也是一种更为容易理解的建筑。"[49] 这个公开的义务，在强调隐含的残存古典理性的同时，在新建筑中——在一个宽泛的术语意义层面上——揭开了分解与综合两者之间关系的基本理性特征。同时，它将建筑物基本原则的长时段

（longue durée）——恰如阿尔伯蒂谈到这些原则时曾经声称的——确认为一种完全应用新的建造方法的建筑，这种建筑主张一种与文艺复兴时期完全不同的建筑语汇。

国际式风格
The International Style

  《国际式风格：1922 年以来的建筑》是一本很重要的短书。这本书与 1932 年在纽约现代艺术博物馆举办的国际现代建筑展览同期出版。这本书中选择了大约 80 个设计项目（图 4.3），并包含有由希区柯克和菲利普·约翰逊（Philip Johnson）所写的大约 100 页的导言。这两位作者重复了已经在《现代建筑：浪漫主义与再综合》（*Modern Architecture: Romanticism and Reintegration*）中曾经阐述过的立场——特别是那些与"风格理想"和"建筑历史"联系在一起的观点——但是，他们所强调的在本质上是国际式风格的审美维度。将新建筑的技术与社会层面搁置在了一边，他们将其注意力转向了对功能主义和新即物主义（Neue Sachlichkeit）的某种批评——而对于为这本书撰写了前言的阿尔弗雷德·巴尔（Alfred Barr）来说，功能主义已经走入穷途末路。其结果是(有一点大胆)，国际式风格甚至可以被称作后功能主义。

  希区柯克和约翰逊详细阐述了国际式风格的 3 条美学原则：

  1. 作为体积的建筑：新的结构方法将建筑物的承重结构减少为金属或钢筋混凝土的水平与垂直框架。在这种方式中，墙体变成次要的元素，而真正环绕空间／体积的面，那些精致的表面，从字面上讲，与被包裹在石头建造的结构中的体块恰成相反的状态。两位作者使用了这一原则——而这一原则又依赖于技术——以作为一个出发点，由此可以对这一风格的主要特征加以定义：平屋顶，窗子的排列，透明与不透明的隔断墙，以及其非实体的平面性等之间的相互影响。它们也发展出了最

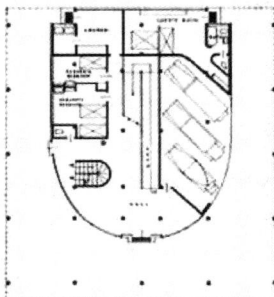

SECOND FLOOR　　　　　　　GROUND FLOOR

LE CORBUSIER & PIERRE JEANNERET: SAVOYE HOUSE, POISSY-SUR-SEINE. 1930
The white second storey appears weightless on its round posts. Its severe symmetry is a foil to the brilliant study in abstract form, unrestricted by structure, of the blue and rose windshelter above. The second storey, as shown by the plan, includes the open terrace within the general volume. Thus the single square of the plan contains all the varied living needs of a country house.

图 4.3　萨伏伊别墅，《国际式风格：1922 年以来的建筑》（*The International Style：Architecture since 1922*，New York：W.W.Norton，1932），亨利 – 鲁塞尔·希区柯克，菲利普·约翰逊著，第 118~119 页。

146

适合于这一建筑的材料问题，即那些着重强调表面的平整性与连续性的材料。

2. 作为古典对称，以及其他与过去风格联系在一起的体量均衡的对立面的规律性。规则的形式，水平性，以及其他一些从这一原则而来的国际式风格组成元素。

3. 避免使用外加的装饰：两位作者声称他们宁愿接受那些依赖于材料本身之优雅性，技术之精美性，以及令人愉悦的比例关系的装饰。对于一间房屋最可能的装饰，他们争辩说，是用一些书籍所遮蔽的墙体（密斯·凡·德·罗，公寓房间研究，纽约，1930）。

介绍性文字分别是以与自由平面、建筑与构筑物的不同（一个已经在现代建筑中被提出的观点）和欧洲功能主义者的住区 [（Siedlunge）住宅项目社团] 等有关的三个短小章节结束的，对于这一段文字来说，这几个方面是至关重要的。

这本小书不是一本历史著作。就像人们已经注意到的，它应该主要被看作是对现代建筑的一个补充，是一本在对那本书的最后部分简单涉及的许多方面问题得以成功澄清的书。该书由一位后来成为建筑史学家且始终支持新风格的建筑师，与一位初入职场的建筑师共同撰写，《国际式风格》（*The International Style*）为公众提供了一个形态学和构成元素上的目录，这相当于在现代建筑的主要方向上有一个令人相当满意的描述，因而对现代建筑的重复生产作出了贡献。换句话说，这是一本为那些希望自己能具有现代感的建筑师所写的指南性书籍。理论基础的缺乏被实践层面的率直性所抵消了。此外，这位作者有关建筑问题的深厚知识，帮助他们对处在建筑兴趣之中心地位的新建筑的一些方面有了更好的理解，然而，这些新建筑或是逃过了艺术史学家的眼睛，或是没有充分吸引艺术史家们的注意。

这本书对于推动"国际式风格"这一表述得以普及负有大部分的责任。然而，即使是在 1951 年，希区柯克仍在将建筑师们的注意力吸引到由对那些最初被否认的建筑的比较所引起的意义转换之上：由希区柯克和约翰逊所开始的功能主义，通过由其引起的问题与争论，从而成了国际式风格的同义词[50]。希区柯克也利用了自己的这一时机来预言——以其令人敬佩的远见——建筑现在已经进入了一个"后"国际式风格"时期"，其主要特征是对"标准的规则与方式"加以学术性地重复与复制，以及对风格原则的反叛[51]。

新建筑与客观性的困境
The New Architecture and the Malaise of Objectivity

《建筑学：19 世纪与 20 世纪》（*Architecure： Nineteenth and Twentieth Centuries*），这本由希区柯克以历史学家理想客观性的名义出版的经典的教科书，既受到了赞誉性的欢迎 [52]，也受到了怀疑性的质疑 [53]。这一接受方式上的不同，不仅反映了多样化的历史理解，也反映了对于现代建筑的多样化解释，以及 20 世纪 50 年代中期在现代建筑方面的一些探索。几乎所有的评论家对于希区柯克在这本书的前两个部分（1800—1850，1850—1900）的旁征博引的分析表达了或多或少的敬仰之情，而他们的怀疑集中在第三部分（1890—1955）上，在这一部分，他讨论了新建筑愈演愈烈的大范围传播问题。不必说，这种历史学家的视野所赖以依托的理想客观性，在该书前两部分中同样未能完全实现，在这里一种积极肯定的音调可以在一些地方被辨别得十分清楚，而在其他一些地方则是一些贬抑的声音：这些被解释为是建筑之"定性上的考虑"。然而，这本书第三部分包括了一个有关在即将来临的未来之建筑中什么是应该做的之一个含蓄的立场，这一点引起了人们对于这本书所自称的它是一个建筑史文本之纯粹性的质疑。

这导致我们得出了两个补充性的结论：一方面，希区柯克显示了一种对于"新建筑"毫无疑问的青睐，他那些"在这本书中所记录的著名成就的范围，未必一定能够在多样性上被西方历史上的另外 150 年那一个时期所超越"[54]；另一方面，他争辩说，他的历史叙述在中途停滞了，在 1958 年新建筑是与积极的发展完全相协调的："对于其实际上的开始，这本书具有了一个真正的历史转折点；在 20 世纪 50 年代中叶，它还不具有一个可以结束的点。"[55] 希区柯克在其 1963 年的版本中做出结论说："从赖特，他已经接近 90 岁了，到更为年轻的两代人，……西方建筑师的作品未能展现出令人信服的重大转向迹象，然而，令人感到惊异的是，按照他在 20 世纪 20 年代所完成的作品，勒·柯布西耶在朗香的小教堂似乎是在情理之中的。我们在半途中停了下来。"[56] 当然，希区柯克的乐观主义不是基于对过去的某种断裂之上的。他绝对确信"未来一定会是建立在牢固的基础之上的——是如此的截然不同，是如此的近乎对立——与过去 150 年的建筑之间"（图 4.4）[57]。这样一种恒久不变的立场可能借助于过去的那些直接的先驱者们，并借助于建筑那不中断的连续性，但是同时它也掩藏了对于另外一个过去的拒绝。毫无疑问，希区柯克被置于了所谓"传统"建筑的对立面，也被置于了那些允许他们自己不理睬在他们所希望模仿的"黄金时代"与他们自己时代之间所发生之事的"复兴主义者们"的对立面[58]。在一种类似的乐观精神之下，他对他自己同时期的所有那些疑问都表示了怀疑——在其 1977 年版本的后记中——并主张说 20 世纪 60 年代与 20 世纪 70 年代那些新的建筑思想仅仅"在某些特定的极端作品中"得以成功和流行[59]。正是在这一意义上，他相信"一些作者们的假设……其中存在一些回归学院派（Beaux-Arts）的，以及向其他前现代标准的，认真和一致的回归，曾经是，并且仍然是，与最为成熟的建筑师的态度有关的——甚至那些实际上具有这一背景的人——只是有几分夸张"[60]，然后他得出结论说，"反对国际式风格的做法"并非"一种真正的反对革命的做法"[61]。

　　依靠了将其自身表现为一个客观对象的历史，希区柯克提出了他自己的有关现代建筑是现实的一个真实反映的解释。以这种方式，不论

(A) Alvar Aalto: Muuratsälo, architect's own house, 1953

(B) Sir Edwin Lutyens: Sonning, Deanery Gardens, 1901. *Copyright Country Life*

182

图 4.4　建筑的连续性，《建筑学：19 世纪与 20 世纪》（*Architecture： Nineteenth and Twentieth Centuries*，Harmnodsworth：Penguin Books，1958），第 182 页。

他的文本显得多么冷静和中性，他也参与到了有关现代建筑之过程的争论之中，并确认了当关注与半信半疑的感觉已经充分显露出来之时，现代建筑所具有的主导性作用。此外，他也确认，在其客观性上，是比那些忠于他自己或他之前时代那些历史学家们的反应常常是更具有说服力的一种反应。因此，《建筑学：19世纪与20世纪》（*Architecture: Nineteenth and Twentieth Centuries*）一书，甚至直至今日仍然被广泛地看作是现代建筑史教学的最好参考书 [62]，是一本颇具观点的书，即使比较隐晦，但这本书还是一个完全融入国际风格传统的潜在建筑构想。

第五章

历史寻找当下

CHAPTER FIVE

History in Search of Time Present

20 世纪 60 年代早期的人们注意到现代建筑的编纂在新的方向上出现了一个决定性的转折。由亨利 – 鲁塞尔·希区柯克所引入的客观性和由莱昂纳多·贝内沃洛在证实这一问题上所做的尝试，事实上，与现代建筑运动和由雷诺·巴纳姆（Reyner Banham）关于现代建筑运动之过去的说法两者之间关系的一种全新的解释相互交叉在了一起。这位从尼古劳斯·佩夫斯纳的影响圈中浮现出来的英国建筑史学家，对于学术传统的完全断裂和工艺美术运动思想及 19 世纪至 20 世纪工程技术的线性延续的观点表示了怀疑。巴纳姆争辩说，尽管他们声称他们希望充分利用技术革命的全部成就，却未能构建出一种能够表达自身机器时代的美学——而这一时代正是机器时代的开端。希腊范式的遗风，以及古典美学在一些基本规则上的坚定不移——例如费勒班式立体（Phileban Solids）[1]，阿尔伯蒂式连贯性（Albertian Coherence）[2]，以及比例的和谐性 [3]——证明了 20 世纪 20 年代的那些被剥光了的形式仍然服从传统学术的某些特定的规则。从另外一个方面来说，在现代建筑中，在变化与进步性的技术特征和不变与持久性的古典美学特征之间存在着一个矛盾。面对已经确立的那些建筑价值的惰性，只有未来主义者争辩说学院派的美学是不可能与现代主义的新条件相协调的 [4]。未来主义者在这一问题上的独特立场，也是第一次，在一本书中，对马里内蒂（Marinitti）的思想和桑特·埃利亚的绘画做了解释，并认为他们对现代建筑的意识形态环境是做了详细研究的。

为了证实他的立场，巴纳姆将他的注意力回溯到了这个时期的开始阶段，并研究了朱利安·德特（Julien Guadet）、奥古斯特·舒瓦西（Auguste Choisy）和勒塔比（W.J.Lethaby），以及杰弗里·斯科特（Geoffrey Scott）的文本，以期验证他在那些预示了现代建筑运动的人 [如彼得·贝伦斯（Peter Behrens）[5] 和奥古斯特·佩雷（Auguste Perret）[6]] 和那些其自身就卷入到现代主义建筑之中的人（包括沃尔特·格罗皮乌斯和勒·柯布西耶），两者的作品之中都能察觉得到的传统元素。最重要的是，他强调了在《走向新建筑》（Vers une architecture）[7] 一书中所鼓吹之立场，以及在 1914 年由格罗皮乌斯和梅耶（Meyer）为德国制造联盟（Deutscher Werkbund）所做的工厂设计范例中所表现出的许多古典主义规则的学术正统性（图 5.1），而这些范例对于佩夫斯纳来说，象征了新建筑的完全胜利。

从风格上来看，这组建筑物的各种元素是截至目前制造联盟的设计者们能够在这一时期绘制的图中筛选出来的现代案例中相当完整的作品选集了……（这座亭子）是向接受古典主义形式而迈出的第一步，圆形的或多角形的神殿形式——这是一个被放置在沿着机械大厅（Machine Hall）侧面延伸开来的长形水池尽端基础之上的帕提农（Parthenon）和赫耳墨斯神庙（Hermes）的复制品。但是，这座办公楼组群是整个组团中最复杂的一个部分，从风格的角度上来讲，这也是在建筑上最为薄弱的一个。它那完整的侧面轮廓仅仅能够被像帕拉第奥一样，按照威尔顿住宅（Wilton House）的样子被描述了出来，它用了一个长长的两层中央形体，一个标志得不很明显的中央入口，和一些位于终端的塔——或者差不多是一些塔；从建筑学的意义上讲，这些塔的位置是这一设计中最具争议的……。它们所缺少的是一种审美的训练，这种训练可以使

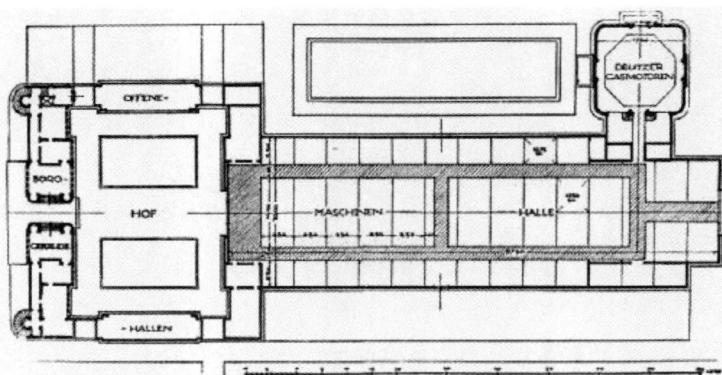

4. Walter Gropius and Adolf Meyer. Plan of the
Werkbund Pavilion, Cologne, 1914. Elementary
composition according to academic precepts.

29, 30. Walter Gropius and Adolf Meyer. Werkbund Pavilion, Cologne, 1914. In the elevations, the Classicism of the plan
(cf. fig. 4) is barely apparent because of the differing styles of the parts, and critical comment has concentrated on the employ-
ment of glass, which is, however, less advanced than that of Bruno Taut at the same exhibition (cf. fig. 19).

图 5.1   格罗皮乌斯和梅耶于 1914 年设计的现代工厂体现了古典主义的设计原则，
摘自《第一次机器时代的理论与设计》（*Theory and Design in the First Machine
Age*，London：Architecture Press，1960），雷诺·巴纳姆著，第 51 页、62~63 页。

透明、悬臂、玻璃幕墙，以及其他技术创新变得有意义。[8]

现代建筑运动的谱系与解释是由 20 世纪 30 年代那些具有支配性的文本——而且特别是佩夫斯纳和杰迪恩的那些文本——所规定的，这一谱系与解释在这里遭到了一位其关注点是要找到 20 世纪 20 年代建筑的真正本质的作者的否定，其目的是"完成必要的修正（mutatis mutandis，拉丁语）"，确定 20 世纪 60 年代建筑的前景。

雷诺·巴纳姆（Reyner Banham）是一位处在战争时期环境下的艺术史家，同时，也成了一位实践性的工程师——他以历史学家和当代建筑、流行文化批评家的双重身份而声名鹊起[9]。他著作中大多数都是关于 20 世纪的话题，特别是他自己所称之为——如我们将要看到的——即将到来之未来的历史[10]。即使是在他自己都特别引以为有趣的现代建筑运动等问题上，巴纳姆的兴趣一直是集中在对于某种全然不同的建筑的期待与寻找之上，其终极目标是这种不同的建筑究竟采取了何种特别的方向。与其他学者不同的是，巴纳姆是一位在当下的时代中苦苦搜寻的历史学家[11]，是一位属于杰克·凯鲁亚克（Jack Kerouac★1）和流行艺术那一代人的批评家。这一点可以从他的著作，以及他的大多数文章中的有关粗野主义建筑[12]，关于洛杉矶[13]，以及关于巨型结构[14]的描述中看出来[15]。然而，他最重要的著作——按照其在我们这篇有关建筑编纂史的文集中所占有的位置，按照其对现代建筑运动的历史所作的贡献，以及按照其在 20 世纪 60 年代英国建筑中所产生的影响——则是他的博士论文，和他的第一本著作，《第一次机器时代的理论与设计》（*Theory and Design in the First Machine Age*）[16]。这本书撼动

★ 1　杰克·凯鲁亚克（1922—1969），美国作家，所谓"垮掉的一代"的代表人物。其主要自传作品包括《在路上》（1957）和《孤独天使》（1965）。——译者注

了那些数十年来一直被认为是确切无疑的事情，并且标志了一个仍然在继续之中的思辨性、批判分析性和质疑性时期的开端。它的内容与它的影响之一是令我们看到了 1960 年，亦即这本书出版的那一年，是现代建筑运动之问题开始的一年 [17]。

《第一次机器时代的理论与设计》是对那些神话的一种谴责，在这些神话中，现代建筑运动的历史奠基于从 1930 年到 1960 年的那一个时期。巴纳姆写到了历史学家们所隐瞒，那些有时候是有意识，有时候又是无意识地隐藏起来的东西 [18]。他们立场的这一修正，是基于巴纳姆自己的主张中所宣称的真理之上的，而这一主张又是以巴纳姆的意图为中心而建立的。他反对理性的思想学派，这一学派将现代建筑运动表述为是某种材料与建构方法的产物——这一表述的原型是杰迪恩（Giedion）的《法国建筑，铁与钢筋混凝土的大厦》（*Bauen in Frankreich, Bauen in Eisen, Bauen in Eisenbeton*）[19]，在这本书中，他认为在 19 世纪工程师们的建构性创作与国际式风格之间存在着某种连续性。作为海因里希·沃尔夫林（Heinrich Wölfflin）的一位优秀学生，杰迪恩相信，在形态学上相类似的物体之间存在着某种历史的关联性。然而，对巴纳姆来说，杰迪恩忽视了风格上的纯审美性参量，因为其将兴趣集中在了理性的维度上，从而使现代建筑运动从整体上被抹杀了：“任何历史学家都容易按照他自己时代所面临的当务之急来看待过去，但是，杰迪恩这样做却是有着深思熟虑步骤的，而不是偶一为之，对于连续性的强调，使他有资格对任何他所不希望涉及的事情表示蔑视，就当它们是一堆微不足道的碎屑一样。”[20] 即使是这样，巴纳姆以一种歉意的感觉注意到，杰迪恩“天真的”理性主义和功能主义方法塑造了一种拼写方式，这种方式遮蔽了所有那些为新风格寻求民族性起源的眼睛，并且在思想中产生了某种深刻的影响，这就是在它自己的历史中形成的现代建筑运动的思想 [21]。

当然，在佩夫斯纳那里，其方法与路径却是非常精巧的。《理论与设计》的字里行间确实充满了对《现代运动的先驱》一书若隐若现的质疑，但是，巴纳姆的矛头却从来没有直接转到这本书，或这本书的作者上。他对佩夫斯纳为现代建筑运动所提出的谱系，尤其是将现代建筑运动与沃尔特·格罗皮乌斯看作一致表示了怀疑 [22]。工程师的位置被给予了德特（Guadet）和舒瓦西（Choisy），而拉斯金和莫里斯的位置则被传递给了莱萨比（Lethaby）和斯科特（Scott）。巴纳姆试图证明加尼耶（Garnier）和佩雷（Perret）的设计作品的非现代特征，并强调路斯的申克尔式古典主义，以阐释其现代主义的真正内涵：时代精神，他对卢斯（Loos）的申克尔式（Schinkelian）的古典主义加以了特别强调。然而，更为重要的，是巴纳姆对佩夫斯纳谱系中的三座作为现代主义范例的建筑的否定与拒绝：这三座建筑是彼得·贝伦斯（Peter Behrens）的涡轮机工厂车间（Turbinenfabrik，1908）和沃尔特·格罗皮乌斯和阿道夫·梅耶（Adolf Meyer）的法古斯工厂（Faguswerke，1911—1913），以及同样是由格罗皮乌斯和梅耶设计的德意志制造联盟（Deutscher Werkscher）的工厂范例，这一范例设计曾在 1914 年的科隆展览会上加以展出。这三个由德意志制造联盟中的那些理性主义建筑师们设计的建筑作品，被另外三个建筑设计项目所取代了，这三个项目是布鲁诺·陶特(Bruno Taut)的玻璃亭(1914)，迈克斯·伯格(Max Berg)的百年纪念会堂（Jahrhunderthalle，1913）和汉斯·珀尔齐格（Hans Poelzig）水塔（1910）：这些都是由德意志制造联盟中那些有表现主义倾向的建筑师们所创作的。这两组建筑物之间最为重要的不同体现在其审美水准上，而这些不同又在其平面布置中留下了深深的烙印。第一组建筑物明显的是与过去联系在一起的；第二组建筑物则传达出了机器时代的美学。巴纳姆继续他对法古斯工厂的抨击——这座建筑一般被认为是所谓现代建筑运动的第一个实例——"这座建筑之所以能赢得如此高的评价，部分原因在于格罗皮乌斯与现代建筑历史学家个人之间的关系（当然，这里所提到的历史学家是指佩夫斯纳），此外还有部分原因在于照片的巧合"[23]，这张照片使得建筑看上去可以"更现代"或"更传统"——取决于观看者的愿望。在这里，现代建筑运动的历史被展示为对于事实的某种巧妙的处理，从而使事实能够与预先设定的结论相吻合，如此则创造出了（或者甚至是不知不觉的）一个神话，在这个神话之后，事实的真相反而被掩饰了起来。

紧接在对这一主题的否定性阐释之后，是巴纳姆的肯定性叙述，在这一叙述中，他将未来主义和风格派（De Stijl）所起的决定性作用加以扩展与延伸，这是两个在佩夫斯纳的历史中找不到任何踪迹的建筑运动。首要的位置被给予了勒·柯布西耶的建筑作品，尽管巴纳姆对柯布西耶所写的东西是持批评态度的。包豪斯是按照摆脱了格罗皮乌斯，并且逐渐转向了莫霍伊 – 纳吉（Moholy-Nagy）的一场运动而被加以表述的。在巴纳姆看来，莫霍伊 – 纳吉的《关于建筑材料》（*Von Material zu Architektur*）[24]——是一部被佩夫斯纳所忽略的著作——才是真正代表了包豪斯的典范之作。这是从现代建筑运动自身内部出现的第一部理论性文本，因为它不是将其正确性立足于过去的权威之上，而是将其植根于当下的文化条件之上。巴纳姆极其看重的事实是，这本书的叙述是从 1900 年前后开始的，而没有涉及任何比埃菲尔铁塔更早的问题。莫霍伊 – 纳吉的所有例子都是来自 20 世纪 [25]。

《第一次机器时代的理论与设计》（*Theory and Design in the First Machine Age*）一书，在一定程度上，可以被看作是对《现代建筑运动的先驱者》（*Pioneers of the Modern Movement*）一书的重新撰写。这本书的作者的叙述，在其内容上，有关现代建筑运动的历史方面，比起有关这一神话的批评方面上要少一些，这一神话是由现代建筑运动的第一代建筑史学家们成功地建立起来的。巴纳姆确信佩夫斯纳和杰迪恩[26]一直设法向他们那一时代建筑师的内心深处灌输他们自己有关现代建筑运动的看法[27]。与之相反，巴纳姆则采纳了一条冷静而中和的路线来处理发生在 20 世纪的种种问题，他采用了一种批评的观点，其目的是从更深的层次来更为准确地理解与把握这一时期发生的事情，并且有意识地为他自己时代的建筑师们，制定出一条他们应该遵循的路线。在内心深处，巴纳姆对于现代建筑运动是青睐有加，然而，他对现代建筑运动却进行了冷静而不偏不倚的检验，就好像这一运动已经结束，一切都已经过去一样，尽管事实上那时候现代建筑运动的那些大师们仍然健在："现代建筑已经死去了，现代建筑万岁。"[28]而在贝内沃洛的建筑史中，这本建筑史也发表于 1960 年，似乎将一切都结束在了 20 世纪 50 年代，而理论与设计一书，则标志了 20 世纪 60 年代的开始。

巴纳姆的话语表达说出了事情的真实一面（这是一种诚实的话语表述），这种表述又被添加上了某种可操作性的特征框架。它的结构是容易引起争辩的，这一结构又是以在一种可认知的话语之中的二分法为基础的，在这种话语中，我们首先注意到的是一种失败的叙述，然后又会看到一种成功的叙述。尽管在事实上，巴纳姆是一位现代建筑运动的拥护者，他却是从揭示这场运动在试图对第一次机器时代加以表现时的失败开始其论述的，然后，他将叙述的重点转向了巴克明斯特·富勒（Buckminster Fuller）早期作品的目标所获得的成功方面。他的文本之功能在于作为那些希望设计某种能够表现第二次机器时代之建筑的建筑师们的引导性语言。

从另外一个角度来看，巴纳姆试图——在第二次机器时代的开始阶段——去准确地发现在 20 世纪 20 年代的建筑学中间究竟发生了一些什么事情：这是一些在第一次机器时代曾经信誓旦旦地被许诺过，但却最终没有任何结果的事情。他为使这一失败变得可以理喻所做的努力，是为了使在 20 世纪 60 年代与他的时代达到充分契合的建筑学方面的成功能够得到捍卫。存在于过去与现在之间的这一关系，是他那容易引起争辩的坦率而诚实的话语结构的基础。尽管如此，巴纳姆的叙述显示为一种没有狂热与盲从的效果。为了能够对其进行批驳，作者向我们揭示了一个真正的现代建筑运动。尽管他引用来作为机器时代之表达的建筑例子是很少的——巴克敏斯特·富勒（Buckminster Fuller）的戴马克松住宅（Dymaxion house）（图 5.2）或戴马克松地面滑行装置（Dymaxion ground taxiing unit）（图 5.3）——实际上巴纳姆并没有给予太多正面的描述。20 世纪 30 年代的建筑历史学家和批评家们是通过以正面的词语描述现代建筑，并且对那些未曾提及的与现代建筑相左的先例采取了完全反对的态度，以此来为现代建筑运动确立其基础；他们这些描述的反主题性，或失败的叙述，作为他们对其存在的目的或理由（raison d'être）的成功叙述的一个出发点，具有了某种象征性的意义。巴纳姆的这本书是以对于未来建筑的某种希望与期待作为结束的，而非那种不是一个定义，就是对于某种积极的对象加以一种形态学上的描述的做法。他对于过去的详细回顾，标志了某种具有确定性之历

图 5.2　第一次机器时代的最佳代表，摘自《第一次机器时代的理论与设计》（*Theory and Design in the First Machine Age*，London：Architecture Press，1960），雷诺·巴纳姆著，第 303 页。

图 5.3 在现代运动中机器语汇的演变进程，摘自《第一次机器时代的理论与设计》（*Theory and Design in the First Machine Age*，London：Architecture Press，1960），雷诺·巴纳姆著，第 304 页。

史的终结，以及某种具有不确定性的新时代的开始。

　　他关于建造于 1910 年至 1930 年之间的那些最重要的现代建筑的分析，暗示了一套"正向形态要素"的框架，这些要素指向是在第一次机器时代的建筑学方向上确立的，并导致其远离了所有的学术规则，那些规则是作为负向形态要素而被加以描述的。正向形态要素决定了某种直接与技术更新紧密联系在一起的美学：透明，玻璃墙，悬挑处理，如此等等[29]。例如，巴纳姆十分认可钢肋与玻璃面板结构，例如布鲁诺·陶特（Bruno Taut）的玻璃亭，这座建筑令人联想起了巴克敏斯特·富勒后来的短程线结构（geodesic structures）[30]。在关于勒·柯布西耶的建筑中，他挑选出了那些讨人喜欢的评语"平正方直的轮廓，使用了极少的浮雕……通过曲线墙体和独立柱子的应用，以及水平长带形窗，平屋顶和底层架空柱……将主要建筑体块悬浮起来而脱离了地面，从而赋予其以特征的简洁的矩形平面"[31]。他也注意到勒·柯布西耶提及海岸线、飞机和汽车。而在另外一方面，在负面形态学特征网格方面，就远没有这么明晰和轮廓鲜明了。巴纳姆对于任何带有巴黎美术学院派的、假古典主义的、帕拉第奥主义味道的，或申克尔式怀旧趣味的东西都表示出某种蔑视的态度；一般来说，他所蔑视的只是由过去的建筑学所建立起来的所有那些规则。

　　这样一种区分并不会使其有可能为作者所期待的他自己时代所能够接受的建筑学提供一个形态学语汇方面的定义。然而，这种正面成分的坐标网格，确实能够为某种基于艺术探询与技术发展之汇合而产生的现代建筑运动的画面提供一个清晰的证明，因此其结果揭示了一个方向，在这个方向上，我们应该去寻求第二次机器时代的美学。

形式被看作是一种简单的身体体验。这些形式是不能够按照道德的、社会的，或政治的术语去加以分类的。对于勒·柯布西耶的斯坦别墅（Villa Stein）和萨伏伊别墅（Villa Savoye）平面与纯粹主义的静物绘画作品的比较进一步加强了建筑中的纯视觉参数，其代价是某种严格的理性方法，这一方法的兴趣集中在了某种机器 [一种居住的机器（a machine à habiter）] 流畅的功能之上了。"不仅是那些曲线，那些平面上的曲线，与在他的纯粹主义绘画（Peintures Puristes）之中所发现的形状十分相似，而且，它们的造型，如同在一抹斜阳中所看到的，具有与在他的绘画中所看到的瓶子与玻璃器皿一样优雅与梦幻般的氛围，而这些站立在一个方形厚板上，并用立柱抬升起来的曲面形式的效果，更像是摆放在一台桌面上的静物，而不像是别的什么东西。"[32] 居处的便利不再是根据过去时代使用方式而按照房间的排列布置来加以判断了；现在，对于居室的评判则依赖于技术设备的配置与部署，这些设备分担了每日生活中的服务性需求，类似于那种以最大限度利用能源，以最少结构提供最大强度的住宅建筑的中央服务性配置设施：

即使像勒·柯布西耶这样给予家庭服务设施中这一机械化革命以特别关注的人们，也都一直满足于使这一服务按照与其前机器时代相等同的分布方式将其配置在房屋的大部分范围之内。因此，即使没有一个煤气炉，因将烹饪设施配置在其内的那个房间，仍可被称作"厨房"，在一个包含有洗衣机的房间中，仍然被看作是传统习惯上所称为"洗衣房"的地方，留声机进入了"音乐室"，真空吸尘清扫器被放置在"扫帚间"内，如此等等。在富勒（Fuller）的建筑中，在一种机械化的条件下，这些设备比起其由来已久的功能性区别来说，更是被看作彼此较为相似而非不同的，因此，这些设备被整合在了住宅的一个中心核中，从这个地方分配种种的服务——向周围的生活区域提供采暖、灯光、音乐、清扫设施、食物、空气流通等服务[33]。

便利因此就从建筑学的领域而被转移到了技术的领域之中——恰像是在社会现象中的一样[34]。

从时代精神到历史的主潮流
From the Zeitgeist to the Mainstream of History

　　在巴纳姆的建筑史中的关键性概念是机器时代。这一概念标志了一个特殊时期的时代精神，在这一概念中，还将某种乐观主义的内涵附加在了由社会和政治的期待所演绎而来的事物之上。机器时代由人与日常生活中可支配的工具设备（包括居住场所）的关系所定义。这一硬件设施的真正意义是在两个机器时代之间的差别中被揭示出来的，这两个时代分别对应于两次工业革命。而这两次革命所带来的建筑总是某种令人信服的时代精神之表达，两个机器时代之间的不同包含了某种类似的两种建筑之间的不同——这使得巴纳姆有可能通过对之前时代建筑的研究，而着手为他自己的时代寻找出一种建筑。

　　这两个时代中的每一个都是由市场上所接受的产品，及由这些产品的便利性和这些产品的社会价值等所决定的，所有那些确定了种种社会关系的因素，都在被探讨之中。然而，其实这两个定义是相互重叠的。第一次机器时代是一个电力得到广泛普及的时代，从而也是一个将机器的尺度缩小到人的尺度的时代（从火车转换为私人小汽车的时代）；第二次机器时代是一个新能源的时代，也是一个家用电器的时代，是一个每家每户都拥有电视机和真空吸尘清扫器的时代。这两个时代之间的不同既表现在量上也表现在质上——而两者之间的联系比起两者之中的任何一个与过去任何其他时代之间的关系都要密切得多。变化与转换发生在从自石器时代以来就一直是取暖和照明的主要手段的火，到构成了第一次机器时代之开端的电之间。正是在这里，我们找到了一个真正的分水岭。作为一种对比，大多数第一次机器时代的机器（"经过了更为新近的先进技术的补充与改进"）在第二次机器时代仍然继续被沿用着。类似的情况是，"发生在 1912 年左右的文化革命被一再延续着，但却一直没有被颠覆"[35]。

汽车是第一次机器时代的象征性符号。汽车曾经是一种新的权力象征，并且掌握在精英阶层，而不是普通大众的手中。"被汽车所放大了的人"，如马里内蒂（Marinetti）所说的，亦如巴纳姆所喜欢重复的，"与那些自从亚历山大大帝以来就统治着这个世界的乘坐马车的人是截然不同的"。这个第一次机器时代的"观念自主的阶层"不再需要专有船长的轮船或专有司机的火车，因为他们自己同时既是他们自己的交通工具的所有者，也是这一交通工具的驾驭者。这种新的关系定义了第一次机器时代的人们所获得的自由的程度：机器在有思想的个人的力量面前变得驯顺了。其结果是，"马里内蒂的汽车意外事故是由他自己的失误造成的（恰如他自己非常骄傲地承认这一点一样），而不是由那些交通公司的穿制服的雇员们所造成的"[36]。

然而，具有决定意义的变化是伴随着第二次机器时代的来临而来的，在这个时代，人们看到了真正的技术变革，也看到了大规模生产的飞速发展。技术革命几乎同时将它的影响施加到了日常的生活用品、家庭的等级和社会关系的结构之上。如巴纳姆所指出的，生活中几乎所有的小事物都发生了看得见摸得着的变革；今天的一位家庭主妇独自操作处置的马力，比起 20 世纪初一位工厂工人所操作处置的马力都要多；而电视，第二次机器时代的象征性机器，变成了一种传播世俗娱乐的大众传播工具。与之相反，曾经作为精英阶层手中某种新的权力象征的汽车，在第二次机器时代却进入了千家万户，每天都为个人和家庭提供着某种与精英阶层相同的私密而亲热的文化享受[37]。

所有这些发生在第一次与第二次机器时代之间的变化，都极其深刻地与个人和机器之间的关系联系在了一起。主要的不同归根到底是一个量的问题：技术的产品和便利现在对于所有的人都是触手可及的。这种倾向于废除社会差异的便利性与易达性，也揭示了另外一个层面，即质的方面：一旦机器对于所有的人都触手可及，它们就变成了一种能够将人类从劳动和剥削的奴隶的处境之下解放出来的力量。基于相信在一个民主社会中，机器设备属于人的社会权利的一部分之信仰，巴纳姆将由工业革命所带来的社会变化限定在其技术的维度之上。但是，借助于第一次机器时代，"在整个 19 世纪，在马克思以及莫里斯的内心深处都存在的，横亘在有思想的人和他们的机器环境之间的不理解的樊篱，开始坍塌和化解"[38]。这是一种乐观主义的态度，正是这种态度，这种为使加速机器的发展以作为被压迫阶级获得社会解放奠定了基础的态度，在巴纳姆有关现代建筑运动的批评中，以及在他有关其更偏爱未来主义，特别是偏爱巴克敏斯特·富勒（Buckminster Fuller），以及偏爱所有在技术上具有超前性的建筑的表白中，将这一态度延伸到了建筑学之中。正是这一点促使他在他的著作的结束部分得出结论："那些打算借助技术之力的建筑师们，现在已经知道他将会进入一个快速道，而且，为了保持这种速度，他也许不得不仿效未来主义者，并放弃他所有惯常的文化路径，包括那种他借以证明他自己是一位建筑师的专业人士的服饰与外表。从另外一个方面看，如果他决定不这样做，他可能会发现，一种技术性的文化路径就不得不甩开他而继续向前延伸。"[39]

阿基格拉姆（Archigram）组的成员中，如彼得·库克（Peter Cook，嵌入城市，1964）、罗恩·赫伦（Ron Herron，步行城市，1963）和塞德里克·普里斯（Cedric Price，娱乐宫，1962）[40]的巨型结构，以及雷诺·巴纳姆 [（Reyner Banham）和弗朗西斯·达勒格雷（François Dallegret）的《环境之泡》（1965）][41] 表明了这种乐观主义路径的乌托邦特征，这种路径的目的是要使那种没有能够确保去为由自由个体所组成的理想社会构建一个环境/设备的现代建筑运动的许诺得以满足。巴纳姆之自由图景的最好表述无疑是他于 1965 年在他的有关环境之泡的如梦呓一般的说明中表达出来的，这种环境之泡是由外置的空调机通过充气而形成的透明的塑料穹隆构成的——在他们所绘制的图中——在人们眼中的他和戴尔格雷，被看作是正在品鉴他们心目中的美好生活：

> 一个配置得当的标准生活空间——不是像营火那样从地面吸入寒气，而是从地面呼出温暖的空气，散发柔和的灯光，立体声里传来迪昂·华薇克（Dionne Warwick）缓旋转，而制冰机则悄无声息地将冰块吐入旋转吧台上的玻璃杯中——这一切可以为林间空地或溪畔岩石营造出一种花花公子的顶层公寓永远无法比拟的氛围……从这个有 30 英尺高的半球状的温暖而干燥的生存空间（Lebensraum）之内，你却可以坐拥一个壮观的环绕景观，那里有被风吹倒的树木，有林间纷飞的雪花，看得见从小山头上掠过的森林之火，或康斯坦茨·查特莱（Constance Chatterley）冒着大雨旋风般地冲向那个你知道是谁的人。[42]

然而，巴纳姆在 1960 年的《理论与设计》（*Theory and Design*）一书中所提出的批评的真实维度，以及他在 1965 年的《环境之泡》一书中所阐明的乐观主义的限度，最终都被他在 1980 年为《理论与设计》所写的第二版导言中的冷静、坦率和难以预料的幻灭感所包裹与覆盖了："20 年以前，当这本书第一次被撰写出来的时候，对于现代建筑所赖以立足的绝大多数信仰仍然屹立不倒，秩序井然，它似乎是以一种与第一次机器时代同样辉煌的第二次机器时代而诱使我们进入了'令人惊异的 20 世纪 60 年代'的……由第一次机器时代所允诺，但却从来没有能够真正得以兑现之事，现在似乎就要呼之欲出了。"[43]

作为代表雷诺·巴纳姆之思想特征的历史观，是在他的老师尼古拉斯·佩夫斯纳的影响下，以及在德国艺术史的基本概念下逐渐形成的[44]。时代精神（Zeitgeist）的概念，以一种机器时代的特殊形式，为《理论与设计》一书奠定了根基。巴纳姆从每一个时期中都观察到了时代精神的存在，这是一种应该在该时期的所有创作与行为中都应该被表现出来的精神。因此，这一抽象的概念贯穿并弥漫在活跃于 1910 年至 1930 年之间的所有建筑师与艺术家的思想之中。但是，正是在巴纳姆的观点中，除未来主义者外，这些创作型艺术家均未理解机器时代的本质；至少，他们没有能够将这种时代精神的本质转换成一种适合这一时代的美学，一种与传统美学截然不同的机器美学（图 5.4）。

阿道夫·卢斯（Adolf Loos）是这一时期中对时代精神的真正意义之理解提出质疑的第一位建筑师。在卢斯的标题为《建筑学》（Architektur）的论文中，巴纳姆恰好发现了具有决定性重要意义的一段话："没有来自建筑师的指导，'建筑师只是在他那个时代的风格建造房屋（der Baumeister könnte nur Häuser bauen: im Stile seiner Zeit）'。"[45] 农民和工程师——后者被看作是一种高贵的野蛮人，这是巴纳姆从马里内蒂（Marinetti）和勒·柯布西耶的文章中偶然发现的一种思想——是在时代精神之下自发地建造的。而在另外一方面，建筑师是在他们所承受之教育的沉重负担下从事工作的，这一教育所带来的惯性 [在佩雷（Perret）和勒·柯布西耶的例子中，是巴黎美术学院的传统]，妨碍了他们去恰如其分地追随或领略这种时代精神。

49. Antonio Sant'Elia. *La Città Nuova*, 1914: the most fully worked out of all the perspectives of Sant'Elia's new city, bringing together skyscraper towers and multi-level circulation in an image that has dominated modern ideas of town-planning right down to the present time.

图 5.4　机械时代的美学标准，摘自《第一次机器时代的理论与设计》（*Theory and Design in the First Machine Age*，London：Architecture Press，1960），雷诺·巴纳姆著，第 119 页。

巴纳姆将由马特·斯丹（Mart Stam）设计，并由密斯·凡·德·罗和马塞尔·布罗伊尔（Marcel Breuer★¹）加以改进了的管状钢架式的整体式椅子看作是对 20 世纪 20 年代时代精神的最好表现。他相信，这种椅子被立即广泛地接受，并被不断变换造型而生产出来，恰恰证明了这几乎是一位时代精神的一个不露痕迹的、自动的创造——就像是那些农民，以及那些高尚的野蛮人 / 工程师的，或者是像舒瓦西（Choisy）的飞扶壁等那种类型的创造一样 [46]。然而，关于第一次机器时代之时代精神最恰如其分的表现是富勒的戴马克松住宅设计，这种设计所创造的形式，最适合于那些前所未有的家用电器的使用，为家庭生活创造了一种环境，这种环境很像是将时代精神投射在了一面镜子之上而产生的效果（图 5.2）。然而，这种彼此的持平必然是短暂的。建筑形式的进化是一个无休止的过程，形式所赖以被提升的技术性进程仅仅不过是在任何给定的瞬间关于它们所给出的一个字面上的解释而已。在这一意义上，建筑应该被感知为是发生在其他领域中的那些转换所折射出来的一条河流（一个人不能两次踏进同一条河中）。这样一种概念，使得作者将现代建筑运动看作是确定不移地属于过去的一个事件，而对于现代建筑运动的研究，是为了从其中领略到某种在即将到来的未来所应该选择的一条路径。

　　这一概念对于我们理解巴纳姆的历史研究的方针与方向有着特别的重要性。他将历史看作是与未来有关的一种指南 [47]，不仅仅因为历史能够为我们提供有价值的经验与教训（我们的确会将同一个错误犯两次），但是，在一种决定论观点的感觉下，他甚至倾向于将历史变成一

★ 1　马塞尔·拉约斯·布罗伊尔（Marcel Breuer, 1902—1981），匈牙利裔美籍建筑师和家具设计师，20 世纪 20 年代时与包豪斯建筑学派有联系，以设计管状钢架的椅子而著称。——译者注

种精确的科学："作为某种经验观察的结果，历史就如同是一种预先设定的图景。也就是说，你谋划了某种图景，其结果对你来说已经成竹在胸，你在寻求一条线，一条代数曲线，这条曲线令人信服地将这些结果联系在一起。你对于这一图景的谋划，是在超越了你所观察到的历史发展目标而展开的。历史哲学中的所有主要著作也都是如此：他们将当前的倾向与趋势推延到未来的人类环境之中。"[48]这种历史决定论的思想，一种很可能是巴纳姆从佩夫斯纳那里沿袭而来的思想，应该有可能使建筑历史学家对即将到来的未来之发展提出某种预测——但现在却走向了一个相反的方向——预先将他在自己撰写的历史研究论文中提出的未来代数曲线，现在转而成为具有前瞻性的文本。

对于时代精神概念的使用，迫使巴纳姆引入了两条重要的术语：主流和混淆日期。

现代建筑运动远远不能够包含和覆盖 20 世纪 20 年代所有各种建筑活动。勒·柯布西耶、格罗皮乌斯和密斯·凡·德·罗的设计作品，仅仅是这一时期建筑设计作品中很少的一个部分。而在另外一个方面，这也是一些决定了与现代建筑的主流相配称的建筑的设计作品：主流并非是在一个给定的时期中出现的各种潮流的共有特征与标准，甚至也不是某种在数量上能够居于主导地位的潮流。主流是一种由历史学家所创造的精神建构，历史学家们是从他们自己所处时代的观点来回溯历史进化的传递线索的。在巴纳姆的分析精神中，建筑历史可以更多地归在对时代精神之转换的某种反映上，而不是归在某种封闭的风格连续性上，这种时代精神被整合进了主流之中。

这种决定论的运作离不开时代误判。那种建构了一个给定时期的时代主流的建筑表达，既没有突然的开始，也没有突然的结束。这一时代主流中的相当一部分实例，都是在无数其前的设计案例，或是在越过了其最高潮点之后的设计案例中所发现的。像佩夫斯纳一样，巴纳姆一直在寻找能够代表现代建筑运动的主导思想的作品和个人，但却没有将他们自己限定在按年代顺序排列的在那些现代建筑运动占有优势的时期之内。他引用了那些预期了这些设计作品得以出现之年代的前辈、先驱者和预言家们的话："在桑特·埃里亚的笔下，只是在 1913 年，以及在新艺术运动的一个不太显眼的界限中，才可以给予人们某种推测，在 20 世纪 20 年代晚期，甚至到了 20 世纪 30 年代，这些作品还没有问世。"（图 5.4）[49] 对于建筑历史学家来说，时代误判始终服务于前瞻性预判：当那些先驱者与教师们的作品不再具有先锋的作用，并游离于主流之外，他们也就不再令建筑历史学家和批评家们感兴趣了。建筑历史采取的是一种线性的分类运动，这些运动在声望和影响力方面占据主导地位，并在一定的演变过程中相互继承。主流这个词在某种预见性的文本中或某种为即将到来的未来提供指南的方式而完成的历史写作路线中，以其高度成功的隐喻性效果令我们感到了震惊。

建筑学的基本原理
The Fundamental Principles of Architecture

在我们阅读巴纳姆的著作时，从其整本书的字里行间，可以发现一个有关建筑本质的基本立场：若没有美学参与其中，结构与功能是无以立足的。在作者试图对术语功能主义与理性主义加以说明的时候，他对诸如决定论、功能主义（形式服从功能）与技术理性主义（形式服从技术）等方面都提出了反复的批评，这两个术语甚至在 20 世纪 30 年代还在使用，用来描述 20 世纪 20 年代在建筑上所发生的进步，这两个术语成了建筑史学家与批评家阐明自身思想之意义的载体，然而这一载体却未能反映这一时期的最重要建筑师的思想，关于这一点令人质疑："在 20 世纪 20 年代建筑师中的那些主要代表人物中，还没有从什么人中可以发现那种纯粹的功能主义者，那是一种在设计中完全没有任何美学意向的建筑师。"[50]

关于舒瓦西（Choisy），巴纳姆的态度充满矛盾。他既反对将建筑形式看作是某种技术的逻辑推演结果之观点，也不同意舒瓦西的理性主义观点，因为舒瓦西从这种观点中演绎出了 5 条基本的概念：逻辑、分析、功能、经济、性能[51]。除此之外——甚至有点含蓄地——他在卢斯所说的工程师 / 高贵的野蛮人的意义下，接受了技术的自发适应性以及时代精神的观念。沿着这些线索，第一次机器时代的建筑成了继多立克式[52]与哥特式[53]风格之后的第三种伟大风格，其所达到的程度就在于，所有这些风格（对于巴纳姆来说，是指机器时代）都可以归在对进步的信念（为整个社会带来活力）与主要的技术革新之间独一无二的相互影响的产物。

他对瓜特（Guadet）的态度也是自相矛盾的。巴纳姆承认 20 世纪早期的建筑路线"依据的是为每一个独立而确定的功能而做的独立而确定的体积，并以这样一种方式来组成，在这一方式中，这种独立与确定性被表达得明晰而简单"[54]。的确，巴纳姆相信这样一条路线，这是一条基于瓜德基本构成方式之结果的路线——如果我们对他所绘制的建筑图中的学院派美学也打一些折扣的话——从而回到了第一次机器时代建筑中一种积极的形式之中，特别是勒·柯布西耶的国际联盟总部方案 [55]。

在这两种情形中，巴纳姆在建造与功能的抽象概念中增加了某种美学的补充，若想使房屋成为真正的建筑，这一美学补充就是必不可少的。技术革新，以及它们在房屋建造中的理性应用，其中考虑了实用性的功能布置，这些都并不足以产生一种新建筑。当然，形式也是不可或缺的。这里所要求的是一种美学，一种不能够与技术更新，以及这一时代的一般性应用分离开来的美学。因此，这将是一种与过去的美学截然不同的美学。这就是为什么巴纳姆拒绝贝伦斯（Behrens）、格罗皮乌斯和梅耶（Meyer）的工业建筑的原因所在，而他将这些建筑看作是在由包豪斯所教授的学术方法下的新技术与新功能的一种组合。至少，对巴纳姆来说，不能够期待这种新的美学训练可以从建筑院校中产生出来。建筑中这些矛盾的解决之道应该到绘画与雕塑领域中，在未来主义思想与立体主义形式的融合中去寻找，而正是在这种融合之中，在第一次世界大战趋于结束时候的风格派（De Stijl）的设计作品中找到了它最为成功的表现形式。随之而来的是这一决定性补充的定义，以及这一定义和建造与功能之间的关系，成了理解建筑之本质的关键所在。

巴纳姆将建筑定义为：通过最新科技成就构建的结构，实现人类生物需求的空间组织与空间知觉体验的融合。他从人文主义的角度引入了生物功能的概念，这一概念超越了社会的等级差别。建筑师的任务是通过将生物学功能集合在一起而组织与构设建筑，但是，他所创造的空间不应该完全是由某种生活计划或由某种财务方面的考虑而决定的。巴纳姆主张一种非决定论的功能主义，这种功能主义为某种美学发展的需求留出了余地，这种美学是独立于功能之外的。

这种空间存在于和人的身体的关联之中。人通过在视觉、触觉与听觉的水平上接近空间，而对空间产生了意识。相较于通过移情（Einfühlung）感知空间的观点，巴纳姆主张空间是与人的感觉器官的直接的和物理的接触方式。以某种由现代艺术所创造的现代视觉科学的表达方式，在一种趋向非艺术之视觉体验的，以及在具有决定意义的现代路线下，在材料的触觉特性中，以及在应用光线来创造雕塑之体块感中，决定了由时代的精神所控制的一套美学术语。

这种形式，这种由建筑学与技术的一般原则加以充分组织了的形式，并不能够呈现为一种稳定感。若将它们简化到某种正规的规则之中，就有可能中断技术的进化进程，从而建立起一种与现代建筑运动所屈服于其下的学院派主张相类似的新学院派主张。与之相反，巴纳姆的主张介乎格罗皮乌斯的阿德勒式敞篷车（Adler Cabriolet）和巴克敏斯特·富勒（Buckminster Fuller）的最大限度利用能源的，以最少结构提供最大强度的出租车单元之间，这种出租车单元为这一立场提供了证据（图5.3）：

一旦其特性使将一座车辆的各个部分组合进一个紧凑的流线型外壳之中变得必需的时候，国际式风格与技术之间的视觉关联就此断裂……在……20世纪30年代的早期，沃尔特·格罗皮乌斯为阿德勒式轿车设计了一系列彼此紧密联系的车体。这些车体是有着优雅构思的结构，在内部设备上也有着十分精致的处理，包括那种略带倾斜座椅等特征的做法，但是，除了在底盘、引擎和运行装置上有一些机械性的改进之外，这些车体在那时正在持续向前推进的车的形式上并没有显示出任何革新的意识；它们仍然是一些基本的构成，关于这一点格罗皮乌斯并没有什么责任。而在《走向新建筑》（Vers une Architecture）一书中所引用的那些图，在车体造型上也并不具有先进性。另外，我们发现富勒是通过他在 1933 年设计的一辆车中证明了他在他所说的话中对国际式风格的蔑视，这是一辆与伯尼（Burney）轿车具有完全同样的先进水平的车辆，从而揭示了某种对技术之精神的把握，而这种精神并没有被国际式风格所把握。[56]

空间体验的美学依赖于所有这些术语的不断变化。

在这种建筑——这种为人设计的建筑中——形式并不服从功能。这是一种基本但却自由的补充。它隶属于另外的规则，那种完全难于具体化的规则，这些规则在与时代的进化保持距离的时候，自身也处在不断地变化之中。这种建筑所核心追求之目标不是它所产生的外在客体，而是人。巴纳姆自己在这里引用了莫霍里 – 纳吉（Moholy–Nagy）的话说："是人，而不是产品，才是目标的所在。"[57]

那么，这个目标就是，通过使用最先进的技术成就，将人与其建造环境有机地协调起来。技术被放置在生物学功能与美学的辅助作用之中，为现代人确定了一种建筑的两极，尽管在第一次机器时代结束的时候就有预兆，但是，直到第二次机器时代即将到来之时才真正变得可能。

第六章

建筑学，过去与未来

CHAPTER SIX

Architecture，Time Past，and Time Future

思想领域中的建筑学
Architecture in the World of Ideas

　　在 20 世纪 50 年代，关于现代建筑的不确定性在不断地增长着；在 20 世纪 60 年代一开始的时候，这一趋势在雷诺·巴纳姆（Reyner Banham）的论著中爆发成了一个公开的问题。在有关现代建筑之出发点上所确立的价值方面抱有更为普遍性批评的年轻一代建筑历史学者们，对于由前代建筑史学家们所提出的谱系学与解释学的针对性提出了怀疑——而且，同时，他们还尝试着在他们自己的建筑史文本中去恢复真实的情况，并从一个更为一般性的意义上去探究建筑历史研究的意义所在。他们的这些努力提出了一些新的条件与新的方向，从而使现代建筑运动的观念及其统一性遭到了肢解。一方面，他们考察与研究了现代建筑师们的创作意向与他们实际作品之间的关系——这也就是，思想与形式之间的关系。另一方面，他们努力通过对过去的全面重估，以期能够重建城市的历史连续性。在 20 世纪 60 年代早期，建筑历史变成了理论思辨的一个媒介，这一理论思辨的目标所强调的是现代建筑运动的脆弱性，其最终的目标是为一种全然不同的，而且在本质上是即将到来的建筑，铺设出一条道路。

　　英国建筑史学家和建筑理论家彼得·柯林斯（Peter Collins）[1] 是这一重建性历史时期中的最为杰出的代表人物。他最重要的著作是《现代建筑中变化的思想：自 1750 年至 1950 年》（*Changing Ideals in Modern Architecture，1750—1950*）[2]，这本书对于 20 世纪 70 年代与 80 年代的建筑发展及演变具有如同催化剂一样的重要性。在这本书中，柯林斯通过将建造理论重新引入建筑实践中这一目标，努力为建筑学定义某种原则与原理。他也相信一种有关过去人们是如何建造的研究，与一种人们在当前所使用之建造方法的研究，尽管两者是不可分离的，却是截然不同的两件事情。其结果是，这种变化着的思想对于某种关于建筑之存在的理论立场，和关于对建筑历史的某种具有正面意义的重新评估，这两者之间的持续共存就变得十分引人注目了。另外，在这本书中，并没有对现代建筑中的建筑案例进行记录、分类，甚至描述。对于这本书的阅读，要求有某种对于希区柯克（Hitchcock）和杰迪恩（Giedion）的历史著作中的知识有一个基本的了解：

在这两个世纪以来，在建筑物外观上发生的变化已经被亨利－鲁塞尔·希区柯克（Henry-Russell Hitchcock）做了十分充分的分析，而且正与西戈弗里德·杰迪恩（Sigfried Giedion）对于当代建筑之源所做的分析一样，由于这两位作者的两本书都是标准的文本（这一文本可以逐渐地被后来添加的例证加以精心地说明，但却将始终保持着对其主题的经典解释），若想主张有第三条路径可以为对这一历史时期有一个充分理解而作出贡献，似乎有一点显得自命不凡。[3]

因此，柯林斯的任务被限定在了对处在现代的黎明时期和20世纪50年代之间的建筑师们在其作品中所表达的思想方面的分析——正是在20世纪50年代，他自己的思想也已经变得成熟。他意识到，在他所非常尊敬的那些建筑历史学家的著作中，这样一种分析的缺失是其主要的不足：

然而，刚刚提到的那种类型的作品不可避免地具有一种内在的局限，在这些作品中他们的基本关注点主要是在形式的进化方面，而不是在产生了那些形式的思想的变化方面，这一点倾向于将建筑设计中那些最为重要的因素，也就是那些为建筑师作品的特征性规定提供了动力的因素，被压缩到了最小的程度。[4]

随之而来的是，他将他自己的作品作为一种在建构现代建筑历史方面的具有关键意义的修订和具有实质性的综合而列举了出来。

柯林斯是在对现代建筑运动——亦即，在第一次世界大战结束与20世纪30年代中期之间这一时期的先锋派建筑师们所做的负面批评的前提下为他自己的作品奠定了一个基础的。对他来说，20世纪上半叶最重要的人物是奥古斯特·佩雷（Auguste Perret），他将佩雷描写为是继承了维奥莱－勒－迪克（Viollet-le-Duc）和朱利安·德特（Julien Guadet）的衣钵之人。与之相反，勒·柯布西耶、格罗皮乌斯、密斯·凡·德·罗，和那些国际式风格的建筑师们则被看作是玩弄形式之人，这些人扭曲了建筑的基本原则，因为他们所强调的是那些有损纯粹理性主义的艺术参数[5]。柯林斯对那些建筑史学者——佩夫斯纳和杰迪恩——提出了同样的批评，因为他们是根据建筑的形式进化来确立其谱系关系的，因而他们在现代建筑与19世纪的"历史风格"之间构设了一道鸿沟。

在宣称了历史并不单单是对现象进化的某种研究，而且，从整体上而言是对产生这些现象之思想的复杂变化的某种研究之后，柯林斯开始寻求现代建筑的出发点，并寻求在比建筑史学家们所感知到的形态学方面的变化更早时期的有关现代建筑之原则的表述方式。"艺术上的风格变化"，他争辩说——以证明他与佩夫斯纳在观点上的不同——"产生于那些对立思想之间的交替变化，而不是产生于某种沿着不变路径的持续发展进化"[6]。这一观点将柯林斯带回到这样一点上，在那里他面对了现代建筑的真正源头：在那个科学与思想领域中具有关键性意义的新的出发点上，也就是在 1750 年左右的时候，建筑思想与实践方面在那一时期产生了某种意义深远的变化。艾蒂内 - 路易·布雷（Etienne-Louis Boullée）、克劳德 - 尼古拉斯·勒杜（Claude-Nicolas Ledoux）、约翰·索内（John Soane）和让 - 尼古拉斯 - 路易·迪朗（Jean-Nicolas-Louis Durand）是这一革命性变化过程中的主要代表人物（图 6.1）。这些建筑师并没有将他们自己限定在某种对于既有古典传统原则的重新审视，以及对传统这座大厦加以巩固，而是对这些原则的本质提出了质疑。故而，他们才是现代建筑的真正先驱者。柯林斯将索内和勒·柯布西耶相提并论，他用赞许的语气来描写考夫曼（Kaufmann），因为他与勒杜和勒·柯布西耶之间也有相似之处 [7]。然后，他来了个 180 度的大转弯，对从 1750 年至 1950 年那一整个不确定的和动荡的历史时期，采取了一种完全相反的路径，这使得在 20 世纪的后半叶，从古典时期的建筑向现代建筑的古典时期的转变变得可能。他所写的建筑史一直延伸到 1950 年，这个时间恰好是佩雷（Perret）最后的设计完成，同时也是路易·康（Louis Kahn）的最初的重要设计（如耶鲁大学美术馆设计）问世的时候。在这个时期，一个主体的构想已经形成了，这将使我们将现代建筑感受为是一个完整的综合体，而且是一个完全能够与 1750 年以前的古典建筑相媲美的主体：

使人们看到了第二次世界大战结束后的那个 10 年，也是标志了现代建筑发展之确定性进程的一个时期，因为，如果说按照已经被人们所接受的原则，以一种被布隆代尔（J.F.Blondel）在两个世纪之前所开创的方法，对个别的建筑进行批评的能力，可能是公平的，那么，这也暗示了一种真实风格的存在——人们几乎也可以说这是一种真正的古典

J. Soane: The Art Gallery Mausoleum, Dulwich (1811)
REVOLUTIONARY ARCHITECTURE
Illustrating the simplification of the Classical Orders in terms of abstract sculpture

I

图 6.1　现代建筑的真正来源,《现代建筑中变化的思想: 自 1750 年至 1950 年》(*Changing Ideals in Modern Architecture*,London: Faber & Faber,1965),彼得·柯林斯著。

主义。尽管那些特定的批评者以大胆的努力所断言的原则，那是一些他们感觉应该被当代人所普遍接受的原则，其所断言的意义却并不存在于18世纪中叶到20世纪中叶这一段时期中；然而，我们已经明显地达到了这一步，现在，我们确信我们已经到达了像1750年以前古典建筑师一样确定我们的原则的阶段。[8]

因此，从1750年到1950年这一时期，是一个漫长的制定时代，最终进入了一个新的稳定时期。这个时期，是其前那一个时期的自然延续，负载了所有那些通常是与古典主义联系在一起的持久性和正统性的标志[9]。

如我们已经看到的，柯林斯将现代建筑的开始与18世纪后期社会中发生的一些根本性变化联系了起来。的确，在他强调社会科学的出现的时候——在这门科学中，他将历史单独挑选出来特别加以提到——但他却并没有特别提及任何与经济、与社会关系方面的内容。他关于现代建筑的理论是基于哲学与文化的压力而产生的，而不是什么技术与材料更新的结果。这一压力与对那些基于因工业革命所导致过去之生活方式与经济结构发生的变化所滋生而出的建筑已经准备好采取接受态度的压力是相同的[10]。"然而，随着这些经济的影响因素逐渐变得可以触摸的时候，在建筑思想方面发生变化的直接源头就变得更为哲学化了，而且这种变化主要是从一种新的意识中产生出来了，我们可以将这种意识称为历史意识。"[11] 柯林斯关于历史的解释采取了与贝内沃洛的唯物主义的历史观相反的路径，而且在他看来，非实体的思想世界是先于物质状态的世界而存在的。

虽然如此，为了解释建筑现象某些方面的特质，柯林斯还是使用了——尽管只是在很少的地方——房屋客户的社会与经济状态这一概念。他将 1775 年前后流行的"装饰性建筑（follies）"热潮，视为一种对创新与多样性的不可遏制的追求，而这种现象最能体现出当时那些从资本主义体系兴起中获利的银行家及其他人的一时兴起与任性。[12]。通过这一观察，柯林斯强调了旧有贵族与新兴富裕阶层之间的差别，他相信这一差别亦隐含在古典艺术与哥特艺术之间，以及美与崇高之间的审美差别之中。以霍勒斯·沃尔浦尔（Horace Walpol★1）和达兰贝尔（d'Alembert★2）为例，他坚持说，在古典建筑的美能够被欣赏之前，好的审美品位是不可或缺的，而对于哥特建筑而言，则只要有激情就足以达到其效果。其结果是，崇高感是所有人都能够体验到的，而美却只有对那些拥有审美品位的人才是能够感受到的[13]。这既解释了新兴社会阶层偏爱如画风格那种轻松妩媚的效果（在哥特式的礼仪中达到了高潮），也解释了何以在贵族阶层中所钟爱的古典传统需要的时日之长[14]。这些思想被表述的措辞方式引起了某种合理的质疑，在这种质疑中柯林斯自己是站在古典美一侧的，这使得我们设想有某种隐含的或下意识的标准存在（或许具有某种政治性的特征），这种标准几乎是在不知不觉中就将其自身渗透到了他在其他方面所具有的那种中性的或严格历史性的判断之中了。在 20 世纪，当我们能够感觉到某种持续出现的政治性参数时，这种假设就变得困难多了，而那种政治性参数的存在往往是被极其小心地隐藏起来的。

建筑的本质，并非被看作是包含有任何社会改革性层面的东西。

★1 霍勒斯·沃尔浦尔（Horace Walpol，1717—1797），英国作家、历史学家，其通信信件与自传为了解他的时代提供了宝贵资料。他的《奥伦托城堡》（1764），被认为是用英语写成的第一部哥特式小说。——译者注

★2 简·李·龙达·达兰贝尔（d'Alembert，1717—1783），法国数学家及哲学家，他定义了保持均衡和离心力的力学定律。他也曾向迪德洛特的《百科全书》供稿。——译者注

尽管柯林斯在他所研究的这一时期——从勒杜（Ledoux）到约翰·拉斯金（John Ruskin）和威廉·莫里斯（William Morris）的时期[15]——的一些建筑师和批评家的主张中，熟知这一维度的存在，在他这一方面，显然不存在希望要阐述某种社会图景的意愿。因此，一种隐含的政治立场能够在他那些具有理想主义色彩的章节中的字里行间被阅读出来，但是，正像是在希区柯克那里的情形一样——希区柯克是柯林斯所崇敬的人物——其在表现上的模糊与不确定性没有能够导致出某种明确的立场：好与不好（激进的道德准则），或美与不美（激进的唯美主义），其责任并不在建筑学[16]，而仅仅是在建造的艺术上[17]，这是一个需要我们在下面花一些时间来探究的新词汇。由于这一社会图景的缺失，可以说，不存在什么全面的图景，既不存在城市的全面图景，也不存在其社会问题的全面图景。柯林斯在关于通过城市规划来应对工业城市所产生的危机的问题上并没有特别的兴趣。他不主张对都市进行干涉，因为这种干涉会打破都市既有的构造和肌理 [正如在柯布西耶的《伏瓦生规划》（Plan Voisin）中所表达的情形一样]，而我们很快将会看到，在那种预示了后来许久所关注之事物的方法中，有关城市历史连续性的主张。在 20 世纪上半叶低造价住宅的大规模建造中所出现的政治与经济的相互协调，在他所主张的这一路径的考虑方面是不适合的。

　　柯林斯的作品被打上了一种历史概念的烙印，这种历史概念是奠基于柯林伍德（R.G.Collingwood）的理想路径之上的[18]。柯林伍德的批评哲学所追随的是贾姆巴蒂斯塔·维柯（Giambattista Vico）和贝内德托·克罗齐（Benedetto Croce）的轨迹[19]，将历史看作是过去人类经验的一种概念上的重塑过程。柯林伍德的影响可以被看作是观察柯林斯与艺术史学家之间分歧的一个尺度，那些建筑史学家们是在形式的进化现代建筑运动的基础中确定了。对于那些建筑史学家来说，建筑物是一些物理现象，其真实性被限定在本质上能够被加以分析的图像之中。另外，柯林斯则认为不应该将建筑事件减少到仅仅是某种物理现象的水平上：这些建筑事件是人类的经验，而这些经验是可以被用来揭示那些非物质维度的思想的[20]。经验这一概念，被看作是思想的感觉性表达，因此，是应该被置于历史的中心地位的。

在两者的相互联系之中，柯林斯是完全赞成柯林伍德的观点的。为了能够捕捉到那些支撑建筑现象的思想，建筑史学家首先应该对这些现象进行研究：如果要对这些现象中更为深层次的意义有所理解，就必须将注意力从事物的外部转向事物的内部。"对于历史而言"，柯林伍德写道："其意欲探索的目标并不仅仅是事件本身，而是事件中所表现出来的思想。你发现了这些思想，你也就理解了它们。在建筑史学家探知了事实之后，并没有对造成这些事实的原因进行质询的进一步过程。因为，当他了解到发生了什么事情之时，他也知道了这些事情是为什么发生的。"[21] 接着，柯林斯引用了柯林伍德的话："不见得一定要知道人们在做些什么，但却理解人们在想些什么，这才是历史学家所面临之任务的适当定义。"[22] 从这些考虑出发，柯林斯所寻找的是现代建筑在那些创造了现代建筑的建筑师们所写的文字与那些制定了现代建筑之发展路径的理论家与批评家们的文本之间相互联系的线索。这样一种研究导致他得出了一个结论，而这一结论恰是他的解释的关键所在：在思想的层面上，现代建筑自 1750 年开始就已经形成，但是，直至 1890 年在建构层面上最为重要的技术性变化发生之前，它都没有找到如何表达其自身的形态学术语方式。随之而来的问题是，早在 20 世纪上半叶，艺术与建筑领域的先锋派出现很久之前，这场（思想）博弈就已尘埃落定。这种历史的理想主义观点，与从其他艺术中借用了某种形式——如现代艺术中的那些形式——的 20 世纪建筑形式的谱系学解释显然是不相容的："形式并没有通过某种机械的进化过程而产生出更多的形式"，柯林斯在他对雷诺·巴纳姆的批评中写道："最为恰当的思想是，对于创造了某一特定建筑的时代而言，其建筑形式可能是这一时代最为恰当的选择。"[23]

总而言之，柯林斯的建筑史是一种文本分析的历史。的确，他事先就让我们了解到，他将不对形式问题多加评述。他很少提及建筑物的外观形式，如果提到，也主要是用来说明他所要阐释之思想的例证。以同样的思想，这本书中的插图也不是围绕形式的变化，而是围绕思想的变化而插入的——是围绕区别于人们的物质利益的美学的、道德的和知识的价值而展开的。书中的 40 幅图版并没有对现代建筑的视觉进化过程的价值加以扼要地表述；与之相反，这些图版所要说明的是作者用以证明其理论的方法论路径。因此，一点都不令人感到奇怪的是，以一种截至目前我们所讨论建筑史中几乎令人不可思议的方式，这本《现代建筑中变化的思想》一书，仅仅包含了一幅由现代建筑运动中三位"大师"中的一位所设计的建筑作品插图：马赛联合公寓图（the Unité d'Habitation in Marseilles）[24]。

构成柯林斯的叙述的事实与解释是以这样一种方式所表达的，这一特点强调了这些事实与解释的真实条件。他从不使用非建筑特征的描述，尽管如我们将要看到的，他有时会摆出一副将他自己与现代社会的某些方面拉开一定距离的姿态。尽管他对 19 世纪的冷淡主义或 20 世纪的现代建筑运动采取的处理方式是批评性的，他的思想路线并非是其结构的某种十分清晰的两极争辩形式。当然，对奥古斯特·佩雷（Auguste

Perret)柯林斯除了赞美有加之外，并没有多说些什么，对路易·康(Louis Kahn) 也是如此，只是范围略小一些，但是，他在这一方面的偏好，并不是基于此前一个时期的某种失败。他所期待的建筑目标是从真正的思想进化与决定建筑之创造的技术媒介进化中出现的。他的判断与结论是从一系列揭示了最近两个多世纪之建筑存在的真实模式的基础上产生出来的。

柯林斯的目标是为在本质上仍然是属于未来的建筑确定一个真正的基础。他的解释路径及他的立场是以一种观察者的方式表述出来的，这种方式是通过一种具有客观水准的话语方式或是一种推理的方式组成的，这种推理方式也表现为一种客观的话语模式。这一诚实的话语条件所强调的是将先锋派艺术家的"勇敢"地表述与他们对既有体系的融入之间的区分，这两者之间在时间的距离和状态上的差别[25]。当然，这仅仅是一个肤浅的解释：抛开他那毋庸置疑的博学不谈，柯林斯并不是一位狭义范畴下的建筑史学家，他不愿意让自己投身于那些艺术史与考古学的既乏味又无任何回报的研究领域之中，"除了形式分类之外他对其他东西没有多少关注"，而且在他的倾向中，"对形式 / 计划 / 技术 / 环境等的综合也兴趣不大"[26]。对柯林斯而言，对于过去之理性进程的理解，这一进程与背道而驰的真实历史规则中的诸多挤压因素相抵消，其中也包括对与诸种建造原则的挤压因素相抵消的建筑发展过程中的理性进程的理解，如此才能够建构起一种没有"非建筑"之附加条件的，能够被接受的建筑保障条件。柯林斯的兴趣在于一种基于建筑实践基础上的理论与历史的重新整合与复兴，关于这一方面，他几乎已经是胸有成竹。他的行动方针有可能是有效的，但是，其效果却因其自以为是居于首位的有关建筑本质的理性的严密性与持久性的立场而挤压到了零点。因而，一种基于诚实层面的话语表述，却被表现为是对其立场之发展演变的某种基本要求。

如我们所看到的，一种对于现代建筑基本原则的寻求，以一种排除任何形态学偏见的方式而被整合进了建筑历史研究的范畴之中。这样一种选择，使得柯林斯在不必将新思想的出现与新形式的出现联系在一起的前提下，对理性主义与功能主义的形成进行了一番回顾。在尝试着这样做的时候，他向人们展示了他自己最为重要的一个立场：对源之于从前各个时代之形式的拒绝，他争辩说，并不一定是与现代建筑的诸项原则相违背的 [27]。形式与原则的这种分离状态变成了 20 世纪 60 年代对现代建筑运动加以抨击，以及对于其后建筑发展趋势进行预测的理论支撑。

为了对他自己的建筑信仰加以强调，同时也为了对他有关现代建筑运动（尤其是对勒·柯布西耶的建筑）所持的批评态度提供一个基础，柯林斯着重探讨了真实（truth）与诚（sincerity）的语义差异。从建筑学的角度来看，真实的概念中包含了建筑物之结构及其所表现出来的外观之间的客观对应。而在另外一方面，真诚，则具有某种主观的意味：这一术语暗示出了建筑师与他的作品之间所存在的某种诚实关系。对于柯林斯来说，真实所显示的是我们对其他人应尽的责任，而诚实则显示为我们对自身所应承担的责任。从这一意义上来看，一位诚挚的建筑师，不应该使其建筑作品屈服于客户或一般公众的偏好；他应该按照他自己的信念去设计这些建筑 [28]。在那些"世界性的建筑大师中"，柯林斯所认可的那些自认为是诚实的人，从让 - 雅克·卢梭到现代艺术领域的那些人物，形成了一条线索："举例来说，勒·柯布西耶一直认为他自己担当有双重角色：首先他是一位超级智者，对于人类的需求有着独一无二的感悟，且被这种感悟所困扰，此外，作为一位环境的创造者，他基本上总是沉浸在自我理想的遐思之中。"[29]

那些试图通过设计真诚的建筑以挑战柯林斯的建筑师，越是认真努力，其所建造的建筑物与其环境之间的和谐感就越弱。他们对于作为这些建筑师之真诚性最为严肃结果的建筑物所处场所的冷淡，是从他们对奠基于某种共享的知识背景的基础上的那种规则体系的蔑视中开始产生的。许多建筑物的确是（尤其是在 1919 年以后）与他们建筑师的个人经验相符合的，并且是与向原初真诚性的回归相一致的。其结果是，他们将以往的建筑所曾经有过的具有决定性意义的建筑理论拒之门外了：

在建筑中一直隐含着的真实性，事实上，是从徒手草图中开始的，或者如雷诺·巴纳姆所说："对一所可以自由自在地生活于其中的住宅的设计，就如同是对一所住宅进行的发明创造一样。"这其实就意味着要拒绝我们的祖先所熟悉的经验，因而，在思想史领域中，这种态度反而悖论式地与希腊复兴主义的观念产生关联——而这些观念同样可以追溯到卢梭为其思想源头。正是这种观念在两个世纪前催生了一种原始主义倾向，它试图在最遥远的过去中寻找建筑的全新根源。[30]

建造的艺术和建筑学诸原则
Oecodomics and the Principles of Architecture

对于真实与真诚的追寻，不单单是对真实性危机的一个反映，而且也是对理性危机的一个反映：事实上，这也是以更为典型的方式代表了建筑学领域中的深层次危机。柯林斯将现代运动的困境因其与古典建筑理论主体的彼此疏离，事实上，甚至是对建筑学基本原则的某种颠覆而造成之结果[31]。在他内心深处，被人们奉为根本的建筑三原则，坚固（offirmitas）、实用（utilitas）、美观（venustas），是绝不能够被轻易取消的。此外，如空间概念，也有可能被添加在这些原则之中，或是因其附加于某一原则之上，而不是另外一个原则之上，而对这一原则有更多的强调，抑或是对建筑三原则中的第三原则（建筑的美观原则）中的意义与内涵有所改变，但如果人们所迫切期待之物仍然是"好建筑"，那么，维特鲁威三原则的有效性与合理性就是不容否认的。一个特别而毫不含糊的论题已经在这里悄然无声地形成了：建筑中确实存在对于某种理论的需求（某种理论的重构）。这一关键性的需求，已经在柯林斯的《现代建筑中变化的思想》，以及他的其他一些著作中表现了出来。同时，他还对那些基本原则加以重新定义，从而使得这些原则能够以一种催化剂的方式，在建筑的重建过程中，起到某种对理性创造加以综合的作用——这体现在他自己所珍爱的奥古斯特·佩雷（Auguste Perret）的精神中："建构是建筑师的母语；建筑师是一位通过建构来加以思考或言说的诗人。"[32]

柯林斯建立了他关于建筑理论信仰的基础，基于维特鲁威所述的"推理（ratiocinatio）"概念[33]。换言之，理论是作为设计一座建筑物所必不可少之基础的所有学术知识的总和，而且恰是与应用于同一目的的所有实践经验的总和正相对应的 [34]。柯林斯也深知巴蒂斯塔·阿尔伯蒂 [35] 论著的开创性特征，并提出新术语"建造的艺术"oecodomics（希腊词根），作为 res aedificatoria（拉丁文中"建筑之事"）的对应概念，对他来说，这个词，是对他自己有关建筑理论之信仰的最好表达 [36]。这一新词，假设了存在于艺术理论与建筑理论之间的一个基本区别。关于前者，柯林斯并不赞成，他将建筑学看作是一般艺术哲学在一个特殊艺术范畴下的应用。这一观点即使在瓦萨里（Vasari）时代也是适用的，尽管这一观点是直到 1750 年以后才最终形成的，但它却处在三种立场的汇聚点上：①在不涉及功能问题的前提下发展出一种审美理论是有可能的；②审美理论能够被应用在认识所能感知的每一件事物之中；③审美感觉是对赋予生命以意义的感觉刺激之更为宽泛理解的一个方面。

另外一种理论——那种柯林斯所为之欢呼的理论——是将建筑学看作一个独立的客体，这是一个与其他艺术理论保持有某种关系，但却是独立发展起来，而且是专门与建造的艺术相关的理论。

建造的艺术的概念所依赖的是维特鲁威三位一体的建筑三原则，即坚固（offirmitas）、实用（utilitas）和美观（venustas）的原则 [37]。虽然，所有这三项原则对于好建筑都是必不可少的要素，但这三项原则的次序，却并非意味着随意和无规则。柯林斯重新回到维特鲁威所设定的等级体系，并主张——尽管事实上并不准确——阿尔伯蒂与帕拉第奥将"实用性"置于首位。对于柯林斯来说，美观无疑应该被放在第三位。为了避免愉悦概念中可能有的引起人们性欲的内涵——因为，在维特鲁威那里，从一种与由维纳斯（Venus）那里衍生而来的含义相关的神、人同形同性论出发，因而也就是从爱与"愉悦"这一内涵出发，美观（Venustas）就被定义为是建筑的视觉特性——柯林斯也主张说，这一术语应该被阿尔伯蒂的"宜人"（amoenitas）一词所代替，其内涵包括"美观"（pulchritudo）（其特性属于比例的范畴，从而构成了建筑宜人的本质）和装饰（ornamentum）（其特性是可呼唤的）范畴之中，其目标是为了建筑与功能及环境在合乎规范方向上的相互联系[38]。

实用，这一原则所决定的是，空间应该按照最适合其被使用的方式而设置，从而使其表现为一种不言而喻的概念，并且被放在了第二层级的位置上。它决定了一种以服从于这一整个体系为基础的功能层面——也就是说，处在了一种与建筑物所应承担的职责相一致的位置上。为了避免当时正在流行的功能主义内涵，尤其是功能主义的机械论解释，柯林斯使用了这个词。举例来说，他对通常被渲染为绝对价值的"形式追随功能"的公理表示了质疑，并且争辩说，事实上功能常常是追随形式的[39]。他还援引其"大师"约翰·萨莫森（John Summerson）的观点，强调程序在现代建筑理论术语中的特殊意义[40]。

柯林斯的建筑体系在"坚固性"（firmitas）原则中达到高潮，而这标志出了他的理性主义层面[41]。在他内心中，建筑形式呼唤某种理性的解释；与之相类似的情形是，如果没有将它们与科学规律联系在一起，它们就不能够得到解释："理性主义仍然是，而且一定总会是，任何有价值的建筑理论的中枢与核心，因为，无论建筑与情感之间可能被拓展的联合有多么深厚，建筑与科学之间的联盟却无疑是其存在的最终基础。"[42]这一原则首先是奠基于将建筑看作是建造的艺术的一般性定义之上的，同时也奠基于从佩雷那里借用来的一种思想，即当结构保持不变的情况下，功能却是处在一种持续变化的状态之中的。然而，附加在坚固（firmitas）之中的意义与附加在需求（necessitas）之中的意义之间，存在着某种不同，至少在贝内沃洛所给予其的严格意义上是如此。坚固的本质是从实际的与外观的稳定性之关系中产生出来的。柯林斯相信，一座建筑物应该不仅是坚固的，而且它还应该被看起来是坚实的。因此，他的理论目标是实现某种与建筑环境有关的特别的理想，并采用了更宽泛的"经济"概念，指向维特鲁威的"建造经济学"（oeconomia）。这样一种立场反映了柯林斯对于由那些"形式赋予者们"所设计的一种具有随意性的或具有某种"纯形式"意味的建筑所持的反对态度，那些形式赋予者们是通过对于我们前面已经讨论过的诚实与真实之间的细微区别而获得其真实的尺寸与维度的。

柯林斯的立场是十分清楚的：建筑不是艺术，因为它具有两个最为核心的原则：实用与坚固，因而，它无论如何也与艺术之间没有任何内在的价值联系。从这样一个问题出发，他在对艺术与建筑的关系进行阐释的同时，还为建筑师们的行动路线提出了一个极其有趣的定义：

一位建筑师不可能像一位科学家那样，仅仅通过一系列合理化的，以及合乎经济原则的设计，或是通过其基于时代精神的努力，而达成其最终的产品效果；同样，这一目标也不可能像一位音乐家或一位画家那样，通过其无拘无束、放荡不羁的直觉而达成。他以直觉来思考形式，然后，他尝试着对这些形式加以理性的判断；这一判断是可以被我们称为他的建筑理论的辩证过程所左右着的，这是一种只能通过哲学与伦理学的术语范畴才能够被加以研究的建筑理论。[43]

艺术与建筑之间的这种碰撞与冲突，在一定程度上是积极的，但在柯林斯那里却完全变成了消极的东西，特别是当他将形式的产生不再归于严格意义的建筑学范畴之下，而是归在某种具有文学内涵之任意形式的"伪建筑"的名下的时候更是如此。其结果是，他对于发生在 20 世纪 20 年代的、作为与艺术有着紧密关系的建筑作品中所产生的建筑再生的思想中没有发现任何有价值的东西。在他心目中，在那个 10 年中唯一值得注意的创新，是由几位革命性艺术家所创作的绘画与雕塑中表现出来的新特征。然而，柯林斯并不是一位现代艺术的崇尚者；在他那面无表情的叙述中，20 世纪早期的这场艺术革命，除了隐藏着他对于先锋派艺术更为一般的冷漠或轻视之外，并没有表达出太多的东西："当瓦西里·康定斯基（Vassily Kandinsky）在他自己的自然主义的绘画中，用一些朦胧的光线，在一瞥之中，乱七八糟地叠放在一起的时候，这场革命就发生了，这场革命引发了一系列通过画布上杂乱无章的形状而表现出来的绘画，无论如何，其中什么东西也没有被表达出来。"[44]

这种对将绘画、雕塑与建筑完全融合在一起之思想的反对，是以柯林斯对于在包豪斯所教授的纯形式审美观的批评为基础的。在光滑表面与简单几何形体的形态学纯净性中，他并没有看到多少功能与结构之间的相互联系。为了在那种出于从抽象艺术中建立起某种类比性的愿望而追求的这种客观性，是完全没有意义的。在他看来，"现代"建筑如同巨大的雕塑一样，在其中所附加的任何装饰性元素已经被剥离了，而建筑本身，从整体上来看，已经变成了某种装饰。当他将这些建筑 / 雕塑与"过去那种更为冷峻简朴的墓地纪念碑"[45] 做比较，并且争辩说，对于实用性建筑物，就像他们是"全然不同的艺术品"[46] 那样进行创作，将是一件"充满风险"之事的时候，他的笔端流露出一丝苦涩的感觉。同样，他相信如果将建筑看作像是应用艺术（家具、陶器、纺织品、印刷术，如此等等）那样，不仅是毫无根基的，而且甚至是有害的：这就像是主张将"一些神秘的技艺称作'设计'，而一旦这种技艺被掌握，并赋予其名称，就无须再费周折，可以设计出任何东西，从牙膏套管到远洋客轮几乎无所不能，而这还避免了在制作各种不同的结构与人工制品中，不可或缺的那种对于相关技术与材料的冗长而特殊之研究的需求"[47]。

　　建筑师的任务是将自己限定在使建筑物的室内与其室外有一个恰当的适应问题上，在此之上，他将寻求由那些相关领域的专家们所给予配合的某种帮助。他的立场是清晰的：建筑师一定要从画家与雕塑家那里学习许多东西，就像他需要从那些生物学家与工程师那里学习许多东西一样；但是，他应该清醒地知道，作为专家，他们的贡献应该是与他们自己所关注的事物相匹配的，这一点可以提供给他以某种在思想层面上可能是特别有用的，但在本质上却不能够被应用在建筑形式上的东西。此外，若其努力的目标是强调某种艺术的维度，就存在着某种可能导向建筑物仅仅是空间中的一件（艺术）物体之思想的危险，尽管实际上它只是空间中的一个局部[48]。当对不动的物体（建筑物和家具）与被制作来使其运动的物体两者之间加以类比可能带来的危险加以评估的时候，柯林斯运用了同样的思考方法。他认为，远洋客轮、飞机和汽车，并不是被设计来在某种特殊的地点加以使用的。它们的设计并不依赖于和空间的某种相辅相成的关系。它们是"彼此隔离的客体，自由自在地游弋于大地或城市之中"。当建筑师们从这些客体中汲取思想时，他们就面临了创造某种彼此隔离的孤立建筑物的风险，而这种建筑物将不会形成我们所赖以生存的环境的连续性[49]。

历史连续性的思想，以及"平庸"的建筑之路
The Idea of Historic Continuity，and the Path of "Banal" Architecture

　　一个认为古典主义建筑已经走向结束，而现代建筑正在兴起的最重要理由，如我们已经看到的，是在 18 世纪下半叶出现的，即关于过去的理性方法及其历史的认知。按照柯林斯的说法，这种新认知的本质隐含在对进化论与相对论的引入之中。当建筑师们认识到当前事物之根是深植于久远的过去之上——或许甚至可以追溯到原始社会——的时候，他们开始理解测定结构年代的重要性。他们也意识到，这种进化完全是相对的，因为存在有非常不同的社会，每一个社会都有其自身的规则。当进化论与相对论这两种概念综合在一起的时候，就开始动摇人们对于作为古典建筑之基础的持久的和绝对价值的信仰，在建筑师们开始按照其建构方式来建造建筑的过去那些时代，古典建筑作为一种标准一直是有效的。这种对于过去的考古学观点，帮助人们去苦心推敲出一套有关风格的认知，并将其植根于希腊与哥特式的风格复兴之中。这一认知也培育与鼓励了一种进步意识的发展。变化被看作是一种自然界本身所固有的与生俱来的特征，这种变化有可能是逐渐发生的（进化），也有可能是突然发生的（革命），并掺杂有人类意愿的直接干预。古典时期，以其确定性，被一个不确定的时期所取代了——这就是折中主义的时期——折中主义标志出某种重要的抉择与困难的判断。这一时期由于对建筑本质的深刻关注而显得活力四射——这样一种关注在古典传统的严格框架之内是不可能做到的，因而，这种关注起到了现代建筑发酵剂的作用。

与大多数现代建筑历史学家不同的是，柯林斯拒绝从他的书中将人们想当然地推测中的 19 世纪陈旧思想排除在外。他的争辩在很大程度上是关于那些"正统"的建筑史学家们，这些建筑史学家将现代建筑这个词看作是 20 世纪相对于其前那个对过去进行模仿的时代所获得的巨大胜利。在他们的著作中（包括杰迪恩的，以及柯林斯的具有特别目标的著作），从 1750 年到 1920 年那些个十年，被看作是打断了"真实"建筑之传统连续性的两段时期之间的间隔时期。这一间隔时期唯一令人感兴趣之处，很可能是由那些具有负面意义的事实所限定的，而这些事实导致了 20 世纪早期的建筑革命。然而，对于柯林斯来说，这样一种研究思路是极难被认可的，因为它暗示了正是在复兴思想中存在着一种不诚实性，一种颓废的品质。对于他来说，19 世纪连续的复兴，通过与较早时代的重建进行的比较而被凸显了出来，同时，因为它们复苏了各个不同时期的建筑。他注意到了作为历史意识之自然结果的这种多样性，历史是按照其地、其时、其人而为其建筑定义风格概念的。柯林斯声称《现代建筑中变化的思想》一书客观地表述了那些由前一个世纪的理论家们之间的争论冲突所造成的建筑复兴，而且，他还要求他的读者们自己去对这个不公正地遭到谴责与蔑视的时代的建筑价值进行判断。他的论述中并无任何逃避姿态，事实上，他提出了一种"真实的折中主义"立场，其基础正是自由选择的权利 [50]。

事实上，柯林斯主张追随某种具有较高理性折中主义精神的建筑哲学。其结果是，他拒绝那些按照他们客户的条件与愿望而转换风格的建筑师们的过分夸张的冷淡主义，在这种情形下，可以认识到他对一整个 20 世纪进行的消极批判的根源所在 [51]。从他本身出发，他倾向于一种通过对原本属于许多其他体系的元素进行理性选择而建立起来的复合型体系。他的立场被看作是他经过深思熟虑而得出的不可避免的结果，这些思考是出于对历史的意识，并且从为创新而创新的固执探索中解放了出来。它的主要结果是为一种来自不同的上下文的适当的建筑成分的恢复，以及按照当时的需求所做的再综合框定一个范围，这因而意味着从其中所产生的整个形式是一个有内聚性的或"活着的"体系[52]。

对柯林斯来说，建筑历史与理论不能够也不应该被看作是彼此完全分离的。大多数理论家，特别是那些 19 世纪的理论家，对于过去的研究是为了汲取一些可能被当前的人所应用的相关原则 [瓜德（ Guadet ）]，而大多数建筑史学家则将过去的知识看作是为建构一个当代建筑理论，特别是为了创造一种新的建筑风格 [弗格逊（Fergusson）、杰迪恩（Giedion）] 所必不可少的一种需求。为了对理论（理论确定了在当代建筑中如何作出某种抉择）和历史（历史是对于过去所作出的所有抉择之总和）之间的关系加以定义[53]，柯林斯在建筑和法律之间绘出了一条平行线[54]。更为精确的是，他引入了法律应用意义上的"先例"的概念 [作为一种法理学 (jurisprudence) 概念]："迄今为止任何有记录的法律决定（无论它是一年以前，还是五百年以前所决定的），对于今日所要进行的一个类似的法律决定，从道理上讲都是一个有理由的观点，它是一个先例。迄今为止任何一个法律决定（无论它是一年以前，还是五百年以前所做的决定），也都是与今日的法律决定不相关联的，它只是执业律师们所关注之物。'仅仅是历史而已'。"[55] 建筑历史学家的任务是验证与研究在今日仍然在起作用的这样一些原则的历史演进。换句话说，他应该建构一个由许许多多先例组成的档案。那么，这样一种"法学"——历史——就应该被整合进一个完整的历史之中，以此为基础，从而形成一个对于建筑实践而言具有根本意义的单一的主体。为了这一目的，柯林斯区分了客观的陈旧形式（那些在技术上已经变得过时的形式）和主观的陈旧形式（那些在艺术上已经变得陈腐的形式——也就是说，那些不再流行的形式）[56]。这样一种立场定义了一个活的历史概念，在这一概念之上，柯林斯构建了他对于其他建筑历史学家的批评。在他看来，建筑历史的考古学路线——如班尼斯特·弗莱彻（Banister Fletcher）或奥古斯特·舒瓦西（Auguste Choisy）的路线，他们将过去的建筑事件看作一个整体，却没有提出任何先例的概念——这样的做法于当代建筑师们来说，是完全缺乏兴趣的。不再那么引人入胜的是艺术史学家们的研究方法与路径，他们对于过去 5 个世纪以来的绘画、雕塑与建筑做了相当广泛的回顾与研究。

然而，这种将建筑历史与理论统一在一起的概念引发了一个问题，即如何对先例加以应用的方法与路径问题。的确，在法律的先例与建筑的先例之间存在着重要的不同。不能认为，仍能满足特定功能的形式就必然应被视为先例，适用于每一种旨在实现相同功能的新形式[57]。柯林斯通过引入有控制创新的抽象概念而对这一问题加以了讨论：

今日，对于种种先例的遴选与采纳，不仅应该满足，而且显然也已经确实起到了某种比起其前在过去建筑中所起的作用更为宏大的作用……每一位好的建筑师，就像每一位好的法官一样，一定要不仅仅从先例中加以选择，而且一定要有创造性地加以选择……应取的原则是，对于"原创性"的强调几乎是不可改变的，就好像原创性与先例是彼此互相排斥的一样。然而，即使是对法庭审判过程最为肤浅的研究，也都证明了唯一的真实性和成果丰厚的原创性，的确是从精确的、充满活力的和富于想象力的方法中产生出来的，而在这些方法中，先例总是被加以分析与比较的。[58]

这种立场在一种有关过去的深厚知识（历史）与一种关于建筑基本原则的定义（理论）之间，建立了一种相辅相成的关系。这种超越了19世纪的狭窄边界，从而将其自身延伸到了未来，并延伸到我们今日建筑之中的折中主义的"后现代"（after-the-modern）观点，在很大程度上是从维克多·库辛（Victor Cousin★1）那里，特别是从他的著作《真实、美观与优秀》（*The True, the Beautiful and the Good*[59]）中衍生出来的，尽管柯林斯自己有关诚实的折中主义的定义是从启蒙运动时期的哲学家，特别是从狄德罗（Diderot★2）那里汲取了营养的：

> 一位折中主义者是一位哲人，他对于横亘在其脚下的诸如偏见、传统、资历、众口一词、权威，以及每一件可能征服大众观点的东西表示蔑视；他敢于大胆地自我思索，敢于回溯到最为清晰的普遍性原则之上，对于这些原则进行检验，加以讨论，除了由他自己的经验和理性所验证了的东西之外，他不接受任何东西；而他从他所曾经分析过的所有哲学家那里汲取营养，既不盲从，也不偏重于任何个人，对他自身尤其如此，从而确立他自己的哲学。[60]

现代建筑应该奠基于理性与自由的观念之上，因为理性与自由决定了现代建筑的概念存在，以及现代建筑为其自身存在而进行的斗争。在对那些现代建筑师们提出批评，因为他们接受了的——在没有任何判断的前提下——所有那些打动了他们的思想都被作为了适合于他们的指导方针，柯林斯呼唤与他同时代的人们再一次变成在狄德罗意义上建

★ 1　维克多·库辛（Victor Cousin，1792–1867），法国哲学家、教育改革家，折中主义的创始人。——译者注

★ 2　丹尼斯·狄德罗（Denis Diderot，1713—1784），法国哲学家和作家，其最大成就是著作《百科全书》（1751—1772）。此书概括了18世纪启蒙运动的精神。他还撰写了小说、剧本、评论论文集，以及很多才华横溢的书信。——译者注

立起来的折中主义者，并且再一次担负起进行自由与理性选择的重任[61]。

柯林斯进一步指出，每一栋新建筑都必然嵌入特定环境——这环境并非戏剧舞台，而是城市中所有建筑积淀的遗产。因此，这座城市中的建筑应该尊重它的历史文脉，并且应该努力尝试去重建都市的连续性。他固执地拒绝了那些忽视其环境，从而为了某种其自身之创新的目的，而采取的令人惊骇的对比与反差的建筑，所造成的扩张与侵蚀。精神场所（geniusloci）的维系，因而使其外观具有某种典型的特征，以对确立这种建筑创造的基本原则有所帮助[62]。这样一种立场，是更接近某种进化性的，而不是革命性的立场，因而也没有将建筑的发展限定在其历史上下文的影响之下，而是使其纳入在某一给定人居环境的前提下建筑师的某种选择，这种环境是在人为建造环境中反映出来的，并且受到了某种合乎经典的规范性原则或历史连续性的左右和影响。这一前提使一种历史概念与一种社会概念变得平素易懂，这些概念就像是一条主线贯穿于《现代建筑中变化的思想》一书之中，并且承担了绝大多数对国际式风格的深入批判所带来的压力。它也揭示了一种在 1965 年时还没有得到那么广泛流行的城市规划的概念[63]，这一点其实是许多柯林斯的批评者所没有注意到的事情，那些人声称柯林斯对于城市问题不感兴趣[64]。但是，这是对柯林斯在创新方面的一个量度，在这一方面，他从历史中回到了（现代）建筑，特别值得注意的是，他呼唤每一座城市的历史连续性，这一连续性正是阿尔伯蒂所主张的"宜人"（amoenitas）的结果——这也是自 1965 年以来变得越来越重要的一种趋势与要求。

对于柯林斯来说，这种立场是城市中理性建筑的典范，这一思想在《现代建筑中变化的思想》一书中以一种相当清晰的方式得到了表现：

然而，很可能的情况是，未来几代人将会把一座建筑物与其环境的关系看作是比孤立地考虑其功能表现方式更为重要的事情。如果这一点是确实的，那么，我们将会看到向 19 世纪城市设计理想的一种回归，这种设计理想自第一次世界大战之后就逐渐地被放弃了。在 1919 年以前，一座城市建筑几乎总被看作是一条街道中的一个部分；换句话说，这座建筑并不单单是孑然孤立地站立在空间之中的一个物体，而是两个彼此相邻的立面在其前侧与后侧的一个片段，是被一些不可见的界墙将相邻建筑物彼此分离开的。因此，城市中建筑的形式被想象是一个环绕着空间的围墙，从一个采光井，到一座广场，这一空间在规模与尺寸上是有所变化的，而其在空间形式上，也可能会从一座广场到一条通道而有诸多的变化，其广场与通道的形状可能是十分丑陋，也可能是十分令人愉悦的，可能是统一而连续的，也可能是断断续续的，但是，只要你对其中任何一个片段的形状加以重塑，或者对其中任何仍然残存着的空缺部分加以弥补与填充，就立刻会产生某种或好或糟的影响效果。[65]

这一思想路径中的建筑主张，为 20 世纪 70 年代与 80 年代的建筑定义了一种新的规范与准则。现在，这些规范与准则的主要职责，不再是追随先锋派在 20 年代所设想的理想（而柯林斯在某种程度上可被视为为这些理想的终结盖棺定论的人），而是致力于营造一个具有人文关怀的环境，而且，它在重要性上也胜过了所有那些有关建筑创造与建筑个性化的教条主义观点。在其中也包含了某种克制的折中主义，这种折中主义在本质上与任何风格模仿的做法是大相径庭的。自此以后，建筑师就可以按照某种将其新建筑与既有建筑的外在环境相协调的方式，从较早时代的建筑中，汲取其形式与技术——"只要它们不违背当前的格式统一性原则即可"[66]。一方面，用约翰·萨莫森（John

Summerson）的话说，这种统一性具有某种决定性的意义，就如同遵循了某种程序（功能主义）一样；另一方面，还应该是其所采用之结构手段的一种诚实表现（理性主义）。柯林斯主张建筑师们应该向阿西尼城（Assisi ★ 1 ）、威尼斯、巴黎学习，这些城市中的建筑似乎是弥漫与渗透到了一个真实的场所之中，而无论它们究竟是什么时代建造起来的[67]。对于他来说，这是一种由奥古斯特·佩雷（Auguste Perret）在巴黎雷努阿尔（Raynouard）的第 51–55 大街（rue）上的公寓建筑组群（图 6.2）中所表现出来的品质，实际上是这位法国建筑师后来的所有作品的品质特征。

我将会对按照城市建筑法规所强加给人们的绝对限制，并且按照地方传统中既有的开窗法所设计的这座建筑物，进行一个简略的观察。佩雷所创作的这座建筑物是如此的朴实无华，以至于那些穿越这个巴黎旧郊区的旅游者们很难感觉到这是由一位"现代建筑运动的前卫建筑师"所设计的建筑作品，除非他们的注意力被最近才嵌贴在其墙上的铭牌所吸引。[68]

遵循这些原则，而不是被诱惑着为了其自身的兴趣而盲目地执着于创新之中，应该允许建筑师们对他们的设计项目加以自我规范，并且将其"整合"进城市之中（这里用的是一个 20 世纪 80 年代流行的词），而没有以牺牲任何当前时代的基本原则为代价（图 6.3）。柯林斯承认，尽管存在有某种清晰的反讽，即那些都市建筑理念下的建筑物，既没有获得必要的认可，也没有被归在那些曾经为柯林斯的一生带来了诸多的麻烦艺术史家们的典型范例之中。但是，真正的范例实际上却是那些刻

★ 1　阿西尼城，意大利中部佩鲁贾东南偏东的一座城镇。圣·弗朗西斯 1182 年生于阿西尼，1226 年卒于此。故这座城市是一个宗教和旅游中心。——译者注

A. Perret: 51-55, rue Raynouard, Paris (1928)

PSEUDO-REVIVALISM

Illustrating the harmony which can be achieved between a modern building and its environment without relinquishing the ideals of functional planning and new methods of construction

XXXIX

图 6.2 "看起来永远存在" 的建筑,《现代建筑中变化 的思想:自 1750 年至 1950 年 》(*Changing Ideals in Modern Architecture*, London: Faber & Faber, 1965),彼得·柯林斯著。

图6.3 没有创意的现代建筑,《现代建筑中变化的思想:
自 1750 年 至 1950 年 》(*Changing Ideals in Modern
Architecture*, London: Faber & Faber, 1965), 彼
得·柯林斯著。

意倾向于平淡无奇之物——从这个词严格的语源学意义上来说，其意思是指那些环绕着他们的建筑物都是"平易近人的"，也就是那些并没有什么标新立异的东西。因而，在这本书的结束部分，柯林斯表现出了一种对于平常建筑的喜爱倾向，这是一种曾经被奥古斯特·佩雷所使用过的现代古典主义的倾向，关于佩雷，柯林斯以其最后的结语而赋予了他以独一无二的荣誉：

> 他，并没有违背一个工程的现代条件，也没有违背现代材料的使用原则，却创造出了一个似乎能够永存的建筑作品，这一建筑作品，一句话，就是平淡无奇，它能够令人满意地伫立在那里。惊讶与激动是某种很难持久的惊骇感；因而，给予人们一种暂时的，容易变成人们口中奇闻逸事话题的感觉。艺术的真正目标是辩证地引导我们从满足到满足，直到使其超越了单纯的崇敬感，而达到一种最为纯粹的愉悦感。[69]

对于柯林斯来说，建筑属于当下，属于一个处在不断变换中的当下，就像是一个处在进化中的、有生命力的存在一样。因此，他要求我们去创造那种充满了历史真实性的具有知识感的建筑，并对过去持有一种坚定的批评态度——这里的过去，指的是一种当我们在设计中需要应用它们的时候，就要对其进行深入了解的过去。柯林斯对于连续性提出了某种要求，并且坚持说，世间万物的进程，也包括建筑的进程，总是处在一种向上的运动之中——在这种运动中，对于先例所起作用提出的诉求，是要使其成为连续性的一个证明，更是一种意义深远的锚定——它超越了表面上的"断裂"，因为实际上并不存在真正的断裂之处。

第七章

作为建筑批评的历史

CHAPTER SEVEN

History as the Critique of Architecture

我们所一直保持着的前进步伐，是从 20 世纪 30 年代的艺术史学家们那里开始的，而那种关于现代建筑运动的坚持不懈的、积极的历史话语基础，在 20 世纪 60 年代的后期，以其相对于另外一种不同历史话语的优势，而达到了完成的状态。那种不同话语，是一种公开批评性的，甚至是否定的。那位标志出了这一前进过程之结束的人物是作者曼弗里德·塔夫里（Manfredo Tafuri），以及他那最为重要的著作：《建筑的理论与历史》（*Teorie e storia dell'architettura*）一书的出版——这当然不是一种巧合，其出版的时间恰是在具有关键意义的 1968 年 [1]。

塔夫里所学习的专业是建筑学 [2]，但他却将他自己的生涯奉献给了"历史学家这个行业"，他将这个行业看作只是"职业理论家或政治理论家的一部分，或是其中的一支" [3]。他的建筑历史并不主张某种为了当今社会的建筑，也不主张什么为了未来的建筑。塔夫里与他之前的那些建筑史学家很不一样，他相信，在一种严谨的马克思主义的思想框架之内，那种为了某种"得到解放的社会"而进行的斗争，应该先于为这一社会寻求某种建筑解决之道的做法，这种建筑解决之道，无论如何，它事后或多或少都是以这种变化的一种自然的结果而显现出来的。因此，他的历史缺少一些基本的准则，也缺乏某种有关建筑本质的论述。塔夫里所提出的是一种建筑批评学——更准确地说，是一种有关建筑之思想体系的批评学——这是那种为了从根本上改变资本主义社会而铺平道路的革命化教育的一种手段。

塔夫里的思想其实是一直处在不断变化的状态之中的。他的卷帙浩繁的著述保持了一种像是正处在写作过程之中的特征，包括一些自我批评的情形，有时候还有一些自我矛盾的部分。然而，以其在分析方法与政治倾向上的复杂多变，我们无法对他是在向前推进还是在调侃做出检验，这一点限制了我们自身，宁肯去阅读《建筑的理论与历史》（Teorie e storia dell'architettura）一书，这是他的第一本重要著作[4]，尽管其书的结构如迷宫般复杂，以及书中所采取的对读者或多或少的冷漠态度，这却也是他销售得最好的一本书[5]。这本书的这种晦涩难懂的特质，进一步加剧了我们所考察的这一现代主义历史研究周期末期所弥漫的不确定感与困惑——此时距离现代主义运动最初谱系的提出，已过去了 40 年。

直至目前，在我们这本文集中所看到的所有论著都被宣称为有一个读者群（这些读者群或多或少各有其特殊性）。《建筑的理论与历史》却没有读者群。作者很快就意识到了这一点："我写这本书纯粹是为了我自身的目的……这是一本很奇怪的书，这并不是为公众所写的书。"[6]这本书大约可以被描述为是有关其本质性研究的意义集合，而且在这一方面——显然得益于"哲学"思考的助益——它表达了在 20 世纪 60 年代后期，建筑在其自身中所埋下的危机。许多作者写到了这本书中的自我批评式的，及自传体式的文风。在我看来，这本书更像是一本作者的思考性（pensées）笔记，以用来证明他那具有分析意味的研究路线。塔夫里提出了一大堆问题——但是，他对于这些问题的回答却不令人如意，有时候喋喋不休显得重复，有时候又彼此矛盾，而且常常是模棱两可，语焉不详。无论如何都不做任何解释，例如，给出了三个词来形成一个标题："理论""历史"和"建筑"，从一个章节，到另一个章节，来回摇摆，却一直没有能够给出一个单一而清晰的意义，如在后面我们将要看到的那样。

对规则作明确的表达，远非塔夫里的意向。他的思想表达为某种知识界限的扩展，以及与主题在本质上的一致，从这一主题出发，关于这个世界的研究也就开始了。因此，他的话语是质疑性的；并将其自身置于一种通过先是对现代建筑之衰落，然后是对一般意义上的建筑所做的激进的质疑产生的不确定性之上。如塔夫里在一次与其他人的会见中所解释的：

这是因为我所正在追求的两个清晰目标。第一个目标是将这一学科用作一件对其自身的工具进行检验的手段；紧随其后的第二个目标是对有关这一学科本身已经糟糕透顶之事实的发现。事情并非真的是我们处在危机之中，而是为了发现其理论的基础，对于所有的历史不得不再一次从下到上地加以重新评估。我们发现——就我自己而言，我感到了惊骇——即使这些基础糟糕透顶，如皮拉内西（Piranesi [★1]）所说的。基于这样一种向后倒退的基础，不再有可能再向前进了……这是真实的先锋派语言，真实的一般意义上的建筑史与现代艺术史的理论框架语言……我们被封闭在了一个充满符咒的城堡之中，而打开这座城堡的钥匙却已经丢失，迷茫于一座语言的迷宫之中——我们为寻找一个方向而付出得越多，就会在充满痛苦梦幻的魔幻之宫中越陷越深。[7]

因而，现代建筑运动那些最早的建筑史学家们的奠基性话语隐然消失了，从而为一种与方法论有关的话语开辟了道路。现代建筑的谱系

★ 1 吉安巴蒂斯塔·皮拉内西（1720—1778），意大利建筑师、艺术家，他所绘制的罗马及其废墟的版画为新古典主义建筑的复兴作出了贡献。——译者注

已失去任何意义。当然，如我们将要看到的，塔夫里的确提出了一种有关现代建筑运动出现的解释，他所认证的现代建筑运动最早的创始人是布鲁乃列斯基（Brunelleschi），但是在过去 5 个世纪以来所发生的建筑进步，却没有为现代建筑运动的建立起到任何作用。在这一时期的结束之时，再没有什么创新之物——除了思想进程本身之外。这种话语使人们将塔夫里接受为一个思想的主体，但是这种话语的发表者却同时也是它远距离地、最终地和潜在地希望去展开的观察的接受者。

首先（在第一章），塔夫里讨论了 20 世纪 20 年代早期（现代建筑运动）那些具有颠覆性的先锋派建筑与他所在时代（20 世纪 50 年代与 60 年代）建筑之间的关系。然后，为了在传达者与接受者之间建立起一种"建设性"的相互联系，他对我们应该从建筑"消费者"们那里可能寻求到的关注类型进行了检验（第二章）。接下来，在着手寻求对于历史批评家来说具有本质意义的工具与手段的过程中，他尝试着既拒绝评论性的建筑（第三章），也拒绝实践性批评（第四章），随后开始寻找进行历史性批评所必需的工具（第五章）。在这本书的结束部分（第六章），他研究了建筑批评的任务——这实际上也是他自己的任务。

塔夫里有关贯穿建筑领域的进步——包括所有这些领域，尽管一些建筑仅仅是在语言学上所涉及的——都通过一种语言而传达给了我们，这从表面上看是一种不偏不倚的语言（"客观的"和"科学的"语言），但却隐含了某种偏袒之意。这位作者常常表现为消极的，却鲜有积极的表现，并且常常是自相矛盾的。例如，他对路易·康（Louis Kahn）的态度，常常是在赞同与拒绝之间左右摇摆，消极的姿态往往占了上风。对于阿尔多·罗西（Aldo Rossi）和卡罗·艾莫尼诺（Carlo Aymonino），他同样表现出了好恶相间、模棱两可的态度，尽管关于这两个人的设计，正面的评价颇为流行。

由塔夫里所用的形容词和组合限定词，总是涉及建筑师们的研究路径和目标：没有什么特别的建筑物被加以分析，也没有什么建筑物被加以描绘，因为这位作者是尝试着去理解隐含在建筑师的设计作品之下的意识形态，以及作为人类环境之建筑物所反映出来的世界影像。在这个意义上，建筑的价值性和重要性（这些实际上是非物质性的建筑）是处在那些在社会内部能够实现之物的后面的事情。紧随其后的是，功能、空间和建筑的结构构件不能够构成一个基础，并在这个基础之上去分析设计过程，抑或去分析建造领域。

那些插图，被组织在章节之中的插图，是被集中放在了这本书的结束部分的，其所表达的正是一种与正文相平行的话语。缺乏有关这些插图的任何说明与资料来源，插图中所内含之物显然与正文是不相干的（例如，图 25、图 36、图 55、图 56、图 59，以及图 63 等），而那些标题过于简短，也使得对于建筑客体的描述变得高深莫测。为了洞察作者隐秘的话语，并且为了找到使我们在他那无休无止的思索中不至于陷入迷途，我们不得不对其意义加以解码（图 7.1）。塔夫里的话语——他应用于建筑之中的批判性思想——令人们回想起了我们刚刚注意到的他所描述的"被施加了咒语的城堡"，这座城堡的"钥匙已经丢失了"。

《建筑的理论与历史》一书的目标是明显的，而且具有深刻的政治意义。在 1968 年时，塔夫里是一位忠实地服务于 20 世纪 60 年代在意大利发展起来的"新马克思主义"的知识分子[8]。首先，最令他感兴趣的是"一般知识劳动阶层"在寻求一种"根本性变化"方面所起的"作用及其目标问题"[9]，透过这一变化，在当时建筑与当时生活中"令人

图 7.1　柯布西耶为 1937 年法国巴黎世界博览会设计的贝塔馆，《建筑的理论与历史》
（*Teorie e storia dell' architettura*），曼弗里德·塔夫里（Manfredo Tafuri）著。

苦恼的现实情况"，有可能最终被超越 [10]。换句话说，他正在探索使"进入颠覆性和革命性实践"成为可能的条件 [11]。

塔夫里公开谴责 20 世纪 50 年代与 60 年代在"建筑学方面的贫困"，并从中认识到，"被资本主义发展过程中一些最近的矛盾搞得有些过时的社会劳动分工所造成的危机" [12]。他的话语风格，带有明显的论战色彩，但是，这本书充其量只是一次"侦察行动"，旨在探查建筑作为一种制度（上层建筑）的意义。这一行动构成了一种研究路径的第一阶段，其最终目标是对现代建筑史进行严格的重新审视。其结果是，《建筑的理论与历史》一书中并没有包含某种颠覆同时代建筑的尝试，尽管在其激烈的批评中，塔夫里的目标正是瞄准的同时代建筑。关于未来，却没有什么积极的建议与主张。在这整本书中，关于这一研究方法的诠释，尽管十分含蓄，却会被发现，但这一诠释仅仅是在第二版（1970）的注解中才被确切无疑地宣称了出来，而这一宣称使得建筑批评的政治性特征变得十分清晰："正如一个人不可能以阶级为基础而建立一种政治经济学一样，同样，一个人也不可能'期待'一种阶级的建筑（某种'为一个被解放的社会'的建筑）；有可能的是，将一种阶级批评引入到建筑之中。从一个严谨的马克思主义者的观点来看，除了宗派主义与偏见之外，在其之后不再会有别的什么东西。" [13]

塔夫里的著作将其自身限制在一种对于建筑历史的具有意识形态特征的清晰阅读之中——建筑被看作是一种意识形态，或者莫如说是"一种'充满了'意识形态的制度与体系"。"特别是当其结构表现为虚假的知识道德时"，意识形态这一术语才会被使用 [14]。随之而来的是，建筑历史的活跃性"体现在了'建筑的意识形态批评'上"，也就是说，澄清了那种"建筑，作为一种在历史方面是有限定条件的，在制度上又是功能性的学科，其所面对的，首先，是前资本主义时代资产阶级的'进步'；其次，是对资本主义'文明（Zivilisation）'的新见解"[15]。至于，为达成这一明晰的阅读所使用的方法，塔夫里认为，建筑批评是在资本主义时代产生的，故而，也必须适用那一时代的方法论工具："一个人必须学会应用由资产阶级文化所创造的所有完美工具，要学会深入地使用这些工具；这就是我所希望证明给那些仍然生活在错觉之中人们的事情，这一错觉可能应用于马克思主义对传统学科所做的保证之中。"[16]最后，这种批评的战略性目标是详细地描述"一种荒谬但却情形真实的准确画面，从而，越来越刺激意识上的怀疑感，结构上的异端歧见，以及普遍的不安定感"[17]。

塔夫里的政治立场现在是清晰的。建筑师／批评家是一位知识分子，他们并不提出什么解决之道，他们违反了自 18 世纪以来知识分子就拥有的权威性职责。如我们将要看到的，关于历史是没有什么解决之道的。建筑师／批评家的任务是凸显出当代建筑的不安感与痛苦感，是精确地定义和揭示那些实际地进行建造的建筑师之间的"不同见解"，并在其当前的情势下，煽动起一阵波澜。这是因为，如塔夫里在他这本书中最后那个段落中所表达的，"唯一可能的方法是激怒对立的双方，是两种立场的直接碰撞，以及对矛盾的强调。而这并非是一种施虐与受虐狂的特殊形式，而是关于一种根本性改变的假设"[18]。类似的情况是，在导言的第一页，他写道："在与一场文化革命所进行的斗争中，在批评与实践之间存在着一种亲密的关联感。那些一直信奉革命性原因的批评家，指明了他所拥有的所有反对旧秩序的武器，发掘出旧秩序的矛盾与伪善，从而建立起一种新的意识形态的框架。"[19] 紧随其后的是，建筑师／批评家将会是先锋派中的一分子——无论在政治上，还是在先锋派这一术语原始的军事意义上都是如此——他们将会为一个"被解放的社会"而斗争，这种社会，不可避免地，会领先于"被解放的"建筑的具体实施。同时，建筑不再是作为一个问题，而仅仅是作为一种交流的媒介，一种语言而出现的。如我们正在看到的，塔夫里的建筑实际上是精神上的；房屋的层面完全被从建筑中抹去了。

历史的意义
The Meaning of History

  在《建筑的理论与历史》一书中，起支配作用的主要问题是 20 世纪 50 年代与 60 年代"建筑学的贫乏"，这种贫乏的主要表现是"历史的工具化"[20]，与 20 世纪前半叶先锋派艺术家反历史主义态度之间的关系，这种态度主要表现为对于过去的激进反对，以及为当前时代的历史铺垫出一个基础的愿望[21]。塔夫里相信，处在他那个时代之建筑发展最前沿的历史再现，对于那种"最为荒谬可笑的复兴现象"，是起到了一定作用的[22]。在那一段时期，历史学家与当时的建筑师们对先锋派艺术家反历史主义的批评是常见之事，并将历史看作是获得一种新的类型与形式的最好指南，而先锋派艺术则被看作是"偶然的和可以超越的"。在塔夫里看来，这种非同寻常的情形需要对先锋派艺术家形成的历史条件进行一个十分严格的重新评估，以期从中发现，对"建筑历史主义"的建议所做的修正，是否并非是反历史主义的。由于这个原因，他对从 15 世纪到 20 世纪 60 年代建筑的进化进行了回顾："作为最广泛流行的偏见之一，就是看待那些被 20 世纪先锋派艺术家们所武断地加以责难的历史问题，我们会将这个问题加以回顾，非常概要地追溯到这一过程的真正开始阶段：追溯到被 15 世纪托斯卡纳的人文主义者们所实现的现代艺术革命。"[23]

  塔夫里的回顾堪称对论证的极致探寻。他的目标是指出在他同时代人心中的由国际式风格的兴衰而陷入的认知误区。但是，历史线索的展开并非是一根自身舒展的、连续的线条：有时候这是一条虚线，有时候整条线都会变得破碎不堪，这无疑取决于其所选择的标准。在他回到现在之时，塔夫里成了整个相关研究的主人，这一研究阐明了，就如闪电一般，这一历程中的一些重要问题，但却没有可能将这一线路重建出来。实际上，他完全没有谈论 15 世纪或 18 世纪之事，他所讨论的只是与 20 世纪有关的事情。他谈到了过去，也谈到了他对布鲁乃列斯基、博洛米尼（Borromini★¹）或皮拉内西（Piranesi）的历史重要性的一些意见，以作为他自己关于当前问题之立场的主要论据中所起重要作用的"证明"。被罩在了唯一的"光环"之中的 20 世纪先锋派艺术家[24]，形成了一条中轴，围绕着这条轴转动的是塔夫里的研究，以及他对于这一艺术流派的正面的肯定。

然而，这一主题是另外一个问题，而且是一个更为重要问题的基础：即历史的意义与作用的问题。在这本书中的大部分章节中，特别是在有关建筑进步讨论的章节，这一问题一直引而不发。塔夫里对这一问题保持沉默，有两个方面的原因：

1. 这种质疑性的话语是以其产生的简单历史次序，并作为一种避免了综合性的自传体的叙述而被记录下来的。

2. 对于历史这个术语的各种不同的意义及其派生物（历史的、历史地、历史主义、载入历史、历史记载、史料运用，等等）没有给出任何定义[25]。这造成了一种历史迷雾，从而产生了某种持续不断的混淆。

我一直试图通过将这个词及其派生词所产生的意义孤立出来，以期捕捉到这种关于历史的隐含问题出现的频次。术语历史的三重不同层次的意义因而能够被凸显出来：

★ 1　弗朗切斯科·博洛米尼（1599—1667），意大利巴洛克建筑师与雕塑家。他以自己对空间、光线和几何造型的处理而对建筑进行了新的诠释。——译者注

1. 历史 A：现在的历史，这是一种被看作自然进化的历史，历史是"一种不断变革的有机系统"[26]；这是一种生活在不关心过去的时代之中的历史观；宇宙的进步就如同河中流水的感觉一样，既不会向回倒流，也绝不会在同一个地方经过两次。

2. 历史 B：过去的历史，这是一种被看作是过去所发生的那些现象与事件的经验主义和意识形态形式的主观上难以忘却的知识；这些现象与事件存活于时间之中，并且与这种意识形态知识联系在一起；感觉到过去的真实存在（那实际上是在过去一个确定的时间曾经发生过的事情）。

3. 历史 C：作为（唯一）科学的历史，从而使客观的、具体的、世界的、科学的、精确的和充满活力的真实性知识变得可能[27]，也使人类发展规则方面的知识变得可能，由此带来的结果是，空间与建筑得以产生。这就是这本书所涉及并加以讨论的历史，亦即塔夫里所充分证明的历史，这种历史所认可的是由卡尔·马克思和弗里德里希·恩格斯在其 1846 年所写的《德意志意识形态》（*German Ideology*）一文中所阐明的立场："我们只了解一种科学，那就是历史科学。"对于塔夫里来说，历史 C 的这种理性方法，与历史 B 的经验主义观察是不同的，这种不同是因为，它是将历史事件作为需要被分析的现象来对待的，因而这些现象之内在的规律，那些隐藏在表象之后的真实现象，也就能够被揭示出来了。这是一种辩证的方法，这种方法并没有在一个整体中各种不同的个别现象之间，或是在其彼此矛盾的几个方面之间，加以区分。它所尝试的是将整体看作是各个部分之间相辅相成的彼此反应，从而证明在一个整体内部相互矛盾的不同各方，彼此之间的共存与冲突，从而确定其发展的路径与方法。

这种具有辅助性意义之历史的重要性（它是与历史相联系的）明显地是立足于历史中的各种不同意义之上的，但是，历史批评的表达，总是与历史 C 联系在一起的。历史性（作为历史的本来性质）所涉及的是历史 A。历史主义（通过与过去的意识形态知识而建立起与现在联系的路径）的作用总是在历史 B 的意义上显现。历史化（historicization）定义了一种程序，即为什么历史 A 会被注入历史 B 之中（A→B），而去历史化（dehistoricization）描述了历史 B 向历史 A 的注入（B→A）。

对塔夫里来说，古代后期和中世纪或哥特时期都经历了历史 A，从而对过去采取了故意忽略的态度（"通过一种宗教信仰的力量"）。是布鲁乃列斯基，才第一次真正尝试着去实现历史 B。他对于历史时代（A）的大胆切入，并不是倾向于要使建筑设计以历史（B）为根基，而是要通过建构一个新的历史（A）之手段，而使其"非历史化"：

> 以其现代意义上第一位"前卫"艺术家的引领作用，布鲁乃列斯基打破了象征性经验下的历史连续性，主张独立地建构一个全新的历史。因而，他对于古典之古代的提及，仅仅是作为一种支撑——唯一可以接受的一种支撑。应该明白的一点是，这只是一种意识形态上的支持，这与其说是重新赋予了它以某种传统，不如说更适合于切断它与过去的联系。正是因为这样一个实实在在的原因，我们将布鲁乃列斯基的非历史化与他的追随者们的历史主义研究加以了区别。[28]

因此，这种通过历史确认（B）手段，而建立的反历史法则（A），是布鲁乃列斯基的追随者们的大作，是从阿尔伯蒂开始的[29]。

在较晚一个时期，博洛米尼，这位巴洛克时期历史主义潮流中的核心人物——引入了历史（B）的真实体验："这是一种利用手头东西，利用从记忆，或从古典主义的古代，或从后期古代，以及从古基督教中，从哥特文化中，从阿尔伯蒂那里，从乌托邦－罗曼式人文主义那里，或是从 16 世纪建筑中最富于变化的模式中，派生而来的东西，拼贴式调适（bricolage）的东西。"[30] 当透过现代人眼睛进行观察时，"这种记忆的拼贴"，摧毁了历史的价值（B），旧有的"目标"被整合进一种新的语境之中。塔夫里告诉我们，这样一种真实的历史经验，能够被"解读为是对 20 世纪先锋派建筑师们的态度的一种具有超前性的预期。"[31]

启蒙运动所造成的革命，将真实的历史（B），作为考古学而带回到众人瞩目的中心位置上，并且与巴洛克的历史主义针锋相对。塔夫里对于这种向过去之回归的更为深层次的意义表示了支持，他把这种回归看作——用马克思的话来说——是"革命的历史主义"，因为，"在这些革命中，已死之物又复活了，被用来为这场全新的斗争增加光辉……重新点燃起革命精神的火花"[32]。但是，这种古代的英雄式复苏，完全是一种历史（A）的衰落。新建筑的历史性问题不再被提起，它的原则将会建立在一种在理性之光上建构的历史（B）的声望之上。

19 世纪在折中主义与新技术之间所建立的联盟，在 20 世纪早期，导致对"历史（B）的致命一击"[33]。在这里我们使历史（B）面临了一种新的衰落，但是，现在这种历史被推到了相反的方向之上，并且，确实是，被先锋派建筑师们所推动的。一连串的宣言与陈述，证实了这一确切不移的现象："为了建构一种全新的历史（A）"，那些先锋派建筑师们"抛弃了历史（B）"[34]。"以这种方式，这种巧妙的切割，使从前的传统变成了………一种真实的历史（A）连续性的象征。这是在建构一种反历史（–B=A）……先锋派建筑师们代表了这一时代之存在的唯一历史（A）合法性"[35]。

这一大堆声明与陈述导致出了一个结论，或者不如说是一个基本立场，与前面几页中作为其行动路线之证明所出现的东西相比较，在这几页中才逐渐建构起来的关于这一行动路线的基本假设，对于我们的冲击更大一些："因此，现代先锋派建筑师们的反历史主义，并非是某种任意选择所导致的结果，而是以伯鲁乃列斯基革命为核心、以欧洲文化五个多世纪论争为基础的逻辑必然"[36]随着这一立场的引入，文本的这种非同寻常的组织也发生了变化。从这一点出发，紧接着，塔夫里转向了他对各种各样"向历史主义回归"的表现提出的批评，他试图证明，不像先锋派建筑师反历史主义的"客观的"历史性，将现代建筑历史化（A→B）的努力，其实一直都是彻底地反历史的（–A=B）："一旦梦幻中的历史描述变为现实，其结果将不会是一个植根于历史之中的现代建筑运动——它已经生根发芽了，因为它是反历史主义的——但是，它其实是某种全新的东西，一种至今仍无法预测的存在。"[37]新自由运动[38]，维托里奥·格雷高蒂（Vittorio Gregotti）[39]，路易·康（Louis Kahn）[40]，以及保罗·鲁道夫（Paul Rudolph）和菲利普·约翰逊（Philip Johnson）：他们都被塔夫里所称为一种"朝向历史（B）的罪感综合征"而被引导得误入歧途[41]。这种罪感综合征，主要是在一种对于工具化的历史（B）的期待中被证明的，这一期待的目标，在塔夫里看来，是"从新的传统中摆脱出来"[42]。

这种对于历史的工具化处理，是将历史作为设计素材放在了图板之上，并使其与其他工作性"材料"（从绘图铅笔到具有代表性的技术等）处在了相毗邻的位置之上……帮助创造了，因为格列戈迪，以及因为同时代如此众多"有教养的"建筑，甚至是更令人不安的环境，或者，如果你愿意使用这个词，某种短暂的感觉，以及某种要将传统不顾一切地融入其中的尝试性机遇。[43]

以一种对比的方法，塔夫里透过一些特定的意大利建筑师——特别是阿尔多·罗西（Aldo Rossi）和卡罗·阿莫尼诺（Carlo Aymonino）——对于城市建筑学的类型批评与历史（C）研究表现出了某种几乎是不谋而合的理解，通过这种方式而"清除了许多误解性的土壤，并且为那些新的争议性主题铺平了道路"[44]。尽管保持了适当的距离，他也因此揭开了对趋势派（Tendenza）和对城市建筑的理性解读的深层认同。他确定了作为"在结构的持久性与形态的变化之间进行永久性对话的动态有机性"，这一概念是朱塞佩·萨莫纳（Giuseppe Samonà）在 1959 年提出来的[45]。因而，这个问题被置于一个不同的基础之上，尤其是多亏了对罗西和阿莫尼诺的研究，甚至将其扩展并表现得更好。这两个人通过一种对于在空间与时间中发展的历史（C）的解读，而超越了旧城市中历史（B）的概念。罗西将城市看作是一个巨大的手工建筑产品，从中寻找出某种参数，并通过这些参数而确定其重要性。阿莫尼诺，从他这一角度，引导出某种对于设计方法的研究，这一方法能够将形态与类型面对面地放在一起。这两者都在其所归属的语境中，为建筑带来了传播的问题，并且更倾向于回到象征性，以及回到都市景观的历史意义之中（图 7.2、图 7.3）[46]。这种维度被塔夫里看作是对上层建筑意象的心不在焉感觉的一种阻止，这是一种距离指示器，以此为基础，他使自己与罗西与阿莫尼诺之间保持了某种距离。

同时，塔夫里也引入了某种对于现代建筑之历史（C）的一种需求，这是一种将建筑看作是一个整体的历史批评，他将这种批评看作是实现

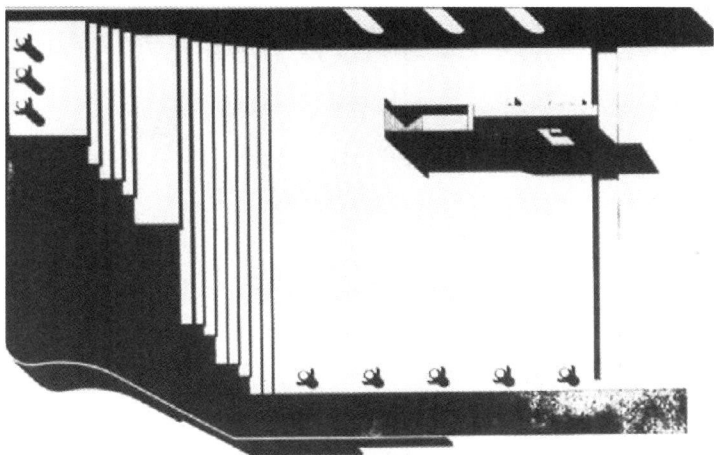

图 7.2 阿尔多·罗西，有关"建筑中的三角形"研究。上：有关意大利帕尔玛帕格尼尼剧院广场的门廊。下：意大利塞格拉特市政厅广场的纪念喷泉的平面图和剖面图，摘自《建筑的理论与历史》（*Teorie e storia dell' architethora*），曼弗里德·塔夫里（ManfredoTafuri）著。

CONCORSO PER LA RICOSTRUZIONE

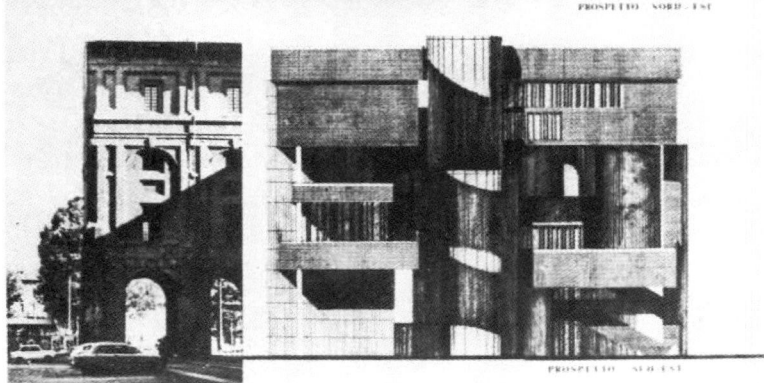

DEL TEATRO PAGANINI IN PARMA

图 7.3　卡罗·艾莫尼诺参加意大利帕尔玛帕格尼尼剧院广场的重建。摘自《建筑的理论与历史》（*Teorie e storia dell'architettura*），曼弗里德·塔夫里（Manfredo Tafiri）著。

某种"被解放的"建筑的基本条件。在一定程度上讲,《建筑的理论与历史》一书,是与这一任务有关的一个基础与前提。

建筑批评
The Criticism of Architecture

这种关于历史批评（critica storica）的简单陈述，作为建筑批评（criticadi architettura）的基本要素之一，预先假设了某种对于建筑批评（architettura critica——运用建筑工具进行的批评）的同步反驳和操作性批评（critica operative——某种提出了某一建筑方案的批评）。对于塔夫里来说，实际地用作建筑之工具的批评，其结果是对于建筑本身的曲解，使建筑不再是一种语言，而是变成了一种专门用于分析的元语言——也就是说，它以一种密集的话语形式而被建构了起来，这种话语形式的目标，既是为了证明，同时也是为了说服[47]。建筑批评运用5种主要的方法将其所设计的空间灌输进某种朝向信息与交流的具有挑战性的部署，"显示出了走向批评性存在的路径……以及对于形象的某种正确使用"[48]：

1. 对于一种给定主题的强调，激烈到了最激进的质疑程度，这种论战是由基本规律所主导的。

2. 一种深深植根于某种非常特别、完全不同语境之中的主题的嵌入。

3. 一种从理想的与历史的不同中，以及从久远的法规中而来的种种元素的集合。

4. 建筑主体向某种具有不同特征的象征性结构的妥协。

5. 一种最初被看作是抽象主体的激烈表达。[49]

建筑批评集中了它全部的努力，以使城市变得看起来更加容易被理解，并且使城市能够吸引那些漫不经心的过路人的感觉，使之觉得有趣，或是将一个人每一天所感觉到之空间的每一点最后的回顾，嵌入到设计过程之内。

由于塔夫里对于形象的批评性价值大体上是持质疑态度的，在他眼中的建筑，是希望将其变成一种建筑的元语言，这种语言不能够达到其存在的最深入程度，或者说，不知道如何达到这种程度；作为一种真正能够向其他建筑师讲话的建筑，以及其分析性目标是（在智力上最卓越的）象征性表现过程。他因此而得出了一个结论说，建筑批评并不能够令我们满足，因为它在脱离实际的与幽默有趣的，以及在乐观欢快的与讽刺挖苦的建筑等，两者之间显得有些胆怯犹豫。从一般意义上讲，保罗·鲁道夫（Paul Rudolph）、路易·康（Louis Kahn）和新粗野主义学派，都为他提供了很好的范例：

鲁道夫希望使人们理解第四代（亦即，在大师们之后的一代）建筑师们所上演的戏剧；那种尝试运用手法主义的，以及那种在其设计中因有着过分丰富语言来源的知识仓库而迷失了主线（red thread）；或是一种不同的和更为宽广的与框架性相关的作品的实现，以及没有能力从那种过于沉重的历史传统中摆脱出来的戏剧；或是以其提升到极限的、智力的、文化的和炫耀性的结果性反映失去意义的戏剧：就像是一种有可能补偿那些目标的不透明性与破坏性的知识绝技。[50]

建筑批评的另外一个方面是可实施性的批评：一种建筑分析（以及一般意义上的艺术分析），其目标不是去创造一种有关事实的抽象记录，而是去计划一个特别的具有诗意一般的方向，这一方向的结构被具体化在有计划的或扭曲了历史（B）的分析上。塔夫里区分了可实施性批评中的两种相互对立的倾向：①当一种令人担心的停滞状态即将临近的时候，明显地需要有一个大胆的向前跳跃，在这种跳跃中，批评被正确地加以提倡 [卡米洛·博伊托（Camillo Boito）、维奥莱 – 勒 – 迪克（Viollet-le-Duc）、詹姆斯·弗格逊（James Fergusson）]；②当一种艺术革命正处在被确立的过程中，并且需要一种斗志旺盛的、忠实于历史编纂的富于教育性的支持 [狄德罗（Diderot）、阿波里奈（Apollinaire★1）、贝内（Behne）、佩夫斯纳（Antoine Pevsner★2）][51]。

可实施性批评将历史（B）投影到了未来。一方面，它对过去采取了抑制的态度，关于过去，它使其背负了沉重的意识形态负担；它并不是简单地满足于记录事件，它不愿意接受失败，以及其他分散在历史（B）表面的反常状态。另一方面，它也对未来采取了抑制的态度，超越种种设计，以吸引对新问题与新解决之道的注意力。它朝向过去的态度是充满了疑问；凡是涉及未来的地方，它都会提出某种预言。对于塔夫里来说，可实施性批评是一种有着错误意识的批评（在马克思主义的术语意义上讲，是一种意识形态性的批评），因为它将预先设定的价值判断来取代严谨的分析，以应用于直接的设计实践之中。被那些有关过去的阅读激发起来的情感与兴趣——透过有关未来的希望而得到过滤——形成了某种独立的现象，其程度超过了它们常规的生产能力。在塔夫里看来，一些书籍，如杰迪恩的《空间、时间与建筑》（*Space, Time and Architecture*）和泽维的《现代建筑史》（*Storia dell'architettura moderna*）与"建筑历史编纂的贡献以及真实的建筑设计项目"有着同

★1　纪尧姆·阿波里奈（1880-1918）法国诗人，前卫文学艺术领域的领导人物。——译者注
★2　安托万·佩夫斯纳（1886—1962），俄国艺术家。1920年与其弟纳乌姆·加博一起发表了《现实主义宣言》，从而推进了构成主义的艺术风格。——译者注

步性的意义 [52]。这些书将完整的设计过程吸收进来，因而，就有可能将其作为一个建筑设计项目来加以判断。

历史批评是批评与历史（C）的合一，塔夫里将其以一种基本原理的形式加以了表述 [53]。对于现代的研究与对于过去的研究之间，存在着某种相关性，这种相关性是源于塔夫里将历史（C）视为科学的认知，这使得人们有可能将现实作为一个整体来加以讨论，而没有被错误的意识形态观念所侵蚀。因此，为了对与当前相关的问题进行讨论，我们必须将这些问题放在一个历史进化的过程之中，这一过程证明了问题的出现是合理的；当前这一刻，已经成了历史。按照同样的道理，若没有将其放置在历史进化的过程之中，我们是不能够讨论与过去有关的任何问题的，这种进化是按照现在的标准进行判断的；我们书写建筑历史，是因为我们在寻找今日建筑的意义。塔夫里的著作本身，大部分是应用于历史批评的，尽管，同时他还关注于对历史批评的工具与方法的寻找。他还系统地将其兴趣转向了过去，以期将他自己立场之基础放在与现在有关的方面。如我们已经看到的，这就是在他寻找其同时代的历史主义和先锋派的反历史主义的联系的时候所做的事情，当他拒绝接受建筑批评 [从约翰尼斯·安格里库斯（Johannes Anglicus）到保罗·鲁道夫（Paul Rudolph）] 和可实施性的批评 [从贝洛里（Bellori）到泽维（Zevi）] 的时候，采取的是完全相同的方法。

塔夫里相信，建筑历史是使自然屈服于统治阶级的建造活动的历史，并以在语义学系统中的一系列革命与主要变化为这一历史的度量。意识形态和功能如此，历史批评的主要目标变成了试图发现这一活动的意义，从而阐明那些革命的特别重要的意义（换言之，必要性）。历史批评的目标是从过去重新找回原来的决定和描绘了建筑之作用与意义的意识形态和功能，从而使得人们能够明确地表达与现在相关联的那些新问题。从这个意义上看，一种有关过去的历史（C）知识，其本身并非是一个任务；然而，它的目的是，在未来能够引起一些激烈的断裂与瓦解。在所给出的这些目标中，由历史批评所承载的最重要的作用是对过去做一次彻底的澄清与解释，以及由过去而获得的那些启发：通过探究建筑中那些显而易见的东西，以期发现那些隐蔽的东西，对存在于个别设计案例与整个系统之间关系，以及这一设计是怎样从该系统中脱颖而出的等问题进行研究，并在没有提出什么新的观点的前提下，发现当前的秘密所在 [54]。

根据这一点，我们在一个更长的时间范畴中思考有关适合于历史批评的方法与工具问题。在这一章的开始部分，用了"批评的手段"这一标题，塔夫里宣称说，批评方法的基础"在前面几个章节中都已经包含于其中"[55]。毫无疑问，在这里他所涉及的是在 20 世纪 60 年代的意大利发展起来的"严谨的"马克思主义，他正是以此为基础而展开了他所有的那些研究的。但是，由于这本书的进展，这一根本性的奠基被大大地扩展了，甚至被添加上了最近的，甚至是当代思想者们的贡献，如沃尔特·本杰明（Walter Benjamin）、罗兰·巴特（Roland Barthes）、温贝尔多·艾可（Umberto Eco★1），以及，在较小程度上也包括，米歇尔·福柯（Michel Foucault）和克劳德·列维－斯特劳斯（Claude Lvi–Strauss）[56]。正是这些作者们为塔夫里提供了新的"批评手段"：符号学，即作为符号一般科学和结构主义。

虽然如此，塔夫里对于符号学研究方法及结构主义分析方法的应

★1 温贝尔多·艾可，意大利作家，因其小说而著名，包括《玫瑰之名》（1981）。在记号语言学和英美大众文化方法方面也有丰富的著述。——译者注

用，是被严格地限制在了那些被暗指是明显单纯的形式及设计选项的意义分类方面的。他十分坚决地拒绝了任何想在以改进阅读技术为目标的研究为基础来建构一种建筑语言的尝试。他也拒绝了他们对于阅读与解释象征结构的研究方法。理论的探索不应该变成一种工具：理论探索的目的仅仅是为了确保建筑作品的创作者能够了解到他自己应负的责任。这样一种立场解释了塔夫里何以会对罗伯特·文丘里（Robert Venturi）的建筑创作及其研究有着强烈的质疑：

> 我们所批评之物：一方面，是因为建筑的不确定性所导致的失败的历史化，因此，而变成了一个只具有一般性意义的推理性类型，另一方面，在他所进行之研究的结论中，通过历史编纂的铺陈，以及在分析与规划方法之间造成的混淆，造成了对于个人象征性选择的某种证明……文丘里的著作中使用了"时髦的"分析方法，在没有任何调节的前提下，将这些方法转化成"组合式的"方法。以这种方式，模棱两可性与矛盾性的价值，失去了它们的历史连贯性，并且被作为一种诗意的"原则"而被重新加以计划。[57]

塔夫里相信，从更为一般的意义上讲，历史批评应该被限定在对新问题的叙述上，而不应该是在新的解决方式的表述上：

> 在对历史本体实行的解剖中，一定宁肯要精确地将问题"放置在"当前的争论之中，对于它们的不确定性、价值性及其中的难解之谜，要逐一加以识别，提供给建筑师一个新的、未解决之问题的无穷无尽的展望，这对于那些有意识的选择，以及从神话的迷雾中解脱出来，尤其有用。换句话说，历史学家所强调的是历史的矛盾性，并且粗略地以其本来的真实性，将这些矛盾提供给那些其责任是创造某种新形式

术语的人。[58]

　　历史学家的工作是通过将过去的事件描述进一个明确的概念框架之中，而将意义灌注到历史的不确定性中去。因此，历史将不再是抽象的，并且已经准备好随时可以掉转向任何一个方向上去，并且将会变得特殊和没有能力被更久地作为"工具化"而被使用。在史前历史、有机建筑或其他抽象实验的伏笔中，我们不可能读到这些证据。塔夫里反对任何企图通过当代的眼睛去观察过去的尝试，也反对任何试图使历史屈服于当前的条件之下，或是将其放置在画板上，就如同它是一个在建筑设计上被使用的工具一样（泽维）的做法。

　　因为他将历史（C）感受为一种能够增加建筑师的建筑认知程度的媒介，塔夫里拒绝任何试图为建筑建构一种理论的尝试。当然，他知道他关于他同时代人们的分析，那些不只是为了找到一条建构理性与形式控制之路，而且也为了找到所有跨越历史变化的稳定的或不变的价值，而将建筑简化到其最初的元素之中。①关于在建筑方面公共意义之缺失的确认；这是一种特别是在语言交流的层次上能够被感觉得到的缺失。②对于检验潜在于转变之中的意义方面的需求……物理的和人类—地理环境方面的转变：这种转变带来了林奇（Lynch）、开普斯（Kepes）、格利戈里（Gregotti）、罗西（Rossi）等人在城市形式、地区地形及其组成部分等方面的研究，这些研究可以被人们用于建筑与城市规划的构建之中。③关于要取代日渐消失的语言统一性的需求，需要一种客观的、逻辑的和可分析的方法，用于对规划进行检验，并负责主导规划本身[59]。

　　在这最后一种情况中，塔夫里将亚历山大（Alexander）和以罗西

（Rossi）与格拉西（Grassi）为背景的数学的，及相互关联和彼此校验之数据性的方法进行了比较，这两个人都使用理性的标准来描述、分类与管理那些确定的建筑规则，以期将逻辑的与统一的分析与综合方法组合在一起。然而，历史批评应该将其研究放在这种分析的远端，并且应该仅仅考虑它所赖以为基础的需求问题。对于塔夫里来说，在讨论有关某种建筑理论的时候，没有什么特别的意义。

实际上，理论是在为了那种可能会帮助我们解决现代建筑中面临的语言危机，而为建筑语言寻求的某种新基础。但是，确如我们已经看到的，不可能会为一个"解放了的社会"而去创造一种建筑：所有能做的事情就是设计出一种建筑批评。因此，理论是被迫地被诉诸于那些最为老生常谈的东西的，然而那些最为优雅与精巧的，神秘叵测的形式，将神话带入历史之中，因此，这些理论就会不可避免被意识形态所包裹了。

历史（C），以某种相反的方式，为一种由问题所导致的根本性修正，以及为一种彻底的解决之道——那就是通过凸显矛盾，或加剧对立的方式，这也许是唯一的解决之道——铺平了道路。在这种毫不妥协的、革命性的观点中，应该铭记在心的重要一点是，将建筑历史学家去神秘化的工作与建筑师的创作任务加以区别，建筑师所做的努力主要是在创作性的范畴之内。去神秘化，是由建筑历史所引导的，它打破了建筑语言与这种语言所支持的意识形态之间的联系，借助于建筑师的履行能力，并且因此迫使建筑师做出使人能够理解的、经过分析的和正确而适当的选择。那种去神秘化的启蒙性的设计项目，将建筑理论、建筑方法与建筑语言的使用加以激化，并将其推向极端。因此，它摧毁了今日建筑师生活中的那些客观上来说是非理性的因素，从而为超越当前的"痛苦状态"开辟了道路：

> 在一个模棱两可的、扭曲的，以及几乎有点荒谬的情势下，建筑师们却能够更为敏锐地发现他们自己。如果他们直至最后仍然试图追随他们那其（罕见的）颠覆冲动（eversive impulses），他们就会因为不得不，作为唯一的可能性，而宣布建筑已经死亡；或者，建筑已经遁入了乌有之乡，而感到震惊。如果他们所走的是自我批评式的实验主义之路，在最好的情况下，他们就一定会造成一些毫无价值的"纪念碑"，这些作品是孤立的，与城市现实的动态发展毫无关联。更常见的情况是，他们只是在无效的工作室里堆积图纸和模型。[60]

这些观察证明了为什么建筑理论在这本书的标题中显得纷繁多样，而在历史上却显得形单影只。这些建筑理论——以及所有那些建筑理论——都掉进了意识形态的圈子之中。这些理论都是守旧的。历史（C），这个唯一没有打上意识形态印记的科学，是能够为那种根本性的变化（首先是社会的变化，然后是建筑上的变化）打下一个基础，并将之汲取到建筑理论的整个体系之中。建筑师们站在了一边，为历史学家们让出了道路。

建筑学的布莱希特式诗学
The Brechtian Poetics of Architecture

建筑是一种语言，一种可以和绘画与雕塑相提并论的交流媒介。塔夫里将城市与建筑看作是信息的传递者，在他的整本书中，都展示了一种构建交流与社会行为之间的生成性关联。从这一点上来看，我们所接受信息的方式——亦即一种解码的过程——在建筑批评方法中是一个决定性的因素。

塔夫里看起来似乎并没有提出这样的问题，例如"什么是建筑？"，然而，即使是对《建筑的理论与历史》一书做一个粗略的浏览，都可以看出，他所说的建筑是被严格地限定在一个视觉领域的范畴之中的。这种建筑被看作是一件能够负载信息与意义的艺术作品。建筑是可以在用来进行语言分析或艺术作品分析的工具的帮助下来被加以分析的，为了这一目的，语言和艺术作品是可以被转换到建筑的领域之中的。本杰明（Benjamin）、艾可（Eco）和巴特（Barthes）（更不用说马克思的历史唯物主义了）在塔夫里书中的字里行间是出现得相当频繁的，所有他们这些人的思想，其实都是仅通过用建筑术语替换他们的理论术语即可实现 [61]。

建筑作为一种语言，既不是功能性的，也不是结构性的，除此之外，它甚至还缺乏语言的形式。这一点似乎有点奇怪，但是，塔夫里并没有在他所论及的建筑物的功能或结构问题上作出太多的评论——虽然，这些建筑可能被假定为仍然是诚实的，并且是能够服务于那些必不可少的功能的。他也同样不愿意为所有建筑形式问题作出某种评论。在他的这本书中，关于建筑设计作品的任何审美性判断，他都避而不谈，只是表示某些一般性的赞同——尽管相当罕见——他的描述所涉及的是建筑师们的诗学性的与客观的表现。例如，他谈到了"一种真实的和具有决定意义的革命性变化（恰如在康最后的作品中，以及那些正处在对立面的年轻的美国建筑师中所显示出来的）"，或者，他也谈到了"文丘里的设计及实践中那种伟大的诚实与谦逊"[62]。

塔夫里所感知的建筑并不将阿尔伯蒂《建筑论》（*De Re Aedificatoria*）中所提及的建筑的基本三原则纳入考虑的范围之内。需求（Necessitas）、适用（commoditas）与愉悦（voluptas）从来没有被用来为他依赖于历史批评的帮助而加以"详细分析"的建筑物进行定义，他也没有将其用于——如我们将要看到的——他运用布莱希特（Brechtian）的诗学所做的"设计"中。这是因为这一讨论的领域与主题一直是处在变换之中的。我们不再讨论建造问题，而是讨论能指与所指的代码问题。塔夫里的建筑是被置于了话语性的范畴之中。此外，在服务于明显的政治性目标的时候，它还被作为某种可以用于政治性教育的工具。其结果是，在一个资本主义的社会中，一个存在着意识形态恢复之无穷可能性的社会中，它那颠覆性的力量是不依赖于是否对其进行的实施的。当塔夫里邀请我们去对他以他为自己所设立的客观性目标为基础而做的分析进行批评时，他是充分了解这一点的[63]。

在朝向有关塔夫里关于 20 世纪早期乌托邦和那些激进的先锋派们，以及关于那些希望"重新创造现代建筑运动中那富于道德感的和有激进活力的英雄时代"的求助于乌托邦的当代新先锋派中所反映出来的东西所表示的尊敬而做出的解释中，这些因素走过了一条漫长的道路[64]。完全沿着这条相同的路线，马西莫斯科拉里（Massimo

Scolari）的"建筑的不确定性"，是作为对于塔夫里所建立的批判的建筑意识形态的补充而被表达出来的 [65]，而一些类似的东西也似乎被应用到利昂·克利尔（Leon Krier）那些相对应的设计作品中，利昂·克利尔对于他在今日社会中所做的设计可能会被部分地实施，表示了强烈拒绝的态度 [66]。

建筑作为一种语言，引发了建筑产品与它的消费者之间相互关系的问题。塔夫里从来没有谈起过有关建筑使用者的问题，他只是谈到建筑的消费者。关于这一问题的回答，透露出建筑师应该在其作品中所使用的一种指南，如果说，用政治性的术语来说，它们是有利于社会的激烈变化的话。尽管他拒绝提供一种解决之道，在我们当前的资本主义社会中，塔夫里仍然允许我们，在何以建筑仍然是有用的这一问题上得出自己的结论。关于建筑是什么，他可能会说，他阐明了一种中间性的立场，尽管对于那些从事建筑设计的人所能够使用的规则，他没有做出特别的说明。这种中间性的立场是建立在开放性作品[《开放的作品》（Opera aperta）]的概念之上的，如温贝尔多·艾可（Umbereo Eco）所阐释的 [67]。

在塔夫里的眼中，留给当代建筑的所有问题都是"将自身开放"，以作为一种如布莱希特的诗学一样有着同样意义的革命性教育工具来使用：这应该是一种没有拿出解决方案的工具，但却可能产生这样一种建筑，其解决之道来源于日益增长的公共意识 [68]。只是通过简单地将其转化为一组对立的关系，塔夫里就发展出了批判的建筑（它将自身退缩进了自身之中，并且屈服于冗余的符号）与建筑批评（革命性教育的手段）之间的矛盾，这种矛盾被艾可看作是詹姆斯·乔伊斯（James

Joyce★1）的诗学与贝托尔特·布莱希特诗学之间的矛盾。在乔伊斯那里，每一个事件，每一个词，都能够与每一个另外的词相联系，而每一个术语的语义学解释都会在整体上被反映出来，并且倾向于向某种绝对模糊的方向发展。这一作品被缩短到了自身之中，而同时它又是无拘无束，毫无节制的。艾可通过回忆乔伊斯对于政治事件的冷淡与漠不关心，而解释这种冗长的开放性[69]。以一种截然相反的方式，布莱希特的诗学更多地表现出了某种政治性与教育性。它以从过去的先锋派艺术家那里沿用而来的表现性的体验为基础，而这种体验是被布莱希特的热情所激活，并且扩展到了新的用途之中，亦即朝向了可以直接进行交流的新目标之中[70]。

为了更好地对布莱希特的建筑诗学的概念进行理解，让我们跟随塔夫里的分析，通过，或按照这一次序（福柯、本杰明、艾可），而在其中发展[71]。

建筑，通过其从人类之科学考古学的角度（福柯）所进行的观察，在 18 世纪就发现，它不再使自己满足于在自身中寻找其原因了。因而，它因此转变为"会说话的建筑"（architecture parlante），并且展示了某种与其对话者相互交谈的倾向。然而，对于其对话者来说，仅仅简单地感知信息，还是远远不够的；它们也要求在阅读的过程中，对它们进行补充，或者甚至改变它们的意义。在艾可所发展了的意义中，建筑不再是一种被排除了与其消费者对话的任何可能性的抽象客体，而是变成一种模棱两可的对象。因而，在建筑产品与其消费者之间，一种新的关系产生了，从而使这种建筑产品第一次采用了开放性作品的维度。

★ 1　詹姆斯·乔伊斯（1882—1941），爱尔兰作家，他创新的文学手法对现代小说有着深远影响。他的作品包括《尤利西斯》（1922）及《为芬尼根守灵》（1939）。——译者注

从那一点出发，观察者就成了一个消费者，他将他自身的一种意义附加在建筑客体之上。在这里，塔夫里提出了一个问题：我应该要求观察者们关注些什么？其答案是可以在本杰明的《机械再生产时代的艺术作品》（*Das Kunstwerk im Zeitalter seiner technischen Reproduzierbarkeit*）中找到的[72]：这种心不在焉的感觉使得对于建筑客体的轻松参与及批判性使用变得可能。在相反的方向上用力，正是这一点决定了实用性建筑的基本条件：我们必须生产出一种建筑作品，这种产品是允许批评性符码，然后也允许其批判性行为，以一种松弛的注意力，对一个建筑客体所做的漫不经心的阅读之结果的[73]。以这种方式产生的建筑，向塔夫里和本杰明争辩说："请允许这种集体意识被布莱希特所质询：这是一种允许对于那些包含在戏剧性成就中的松弛与反思的使用。建筑，城镇与史诗性剧场，所有这些都宣称有一种贯穿于这些过程中的极端的清晰性，这导致了它们的实现。因此，这些过程都能够被看到，紧接其后的是一种条分缕析的冷漠叙述。"[74]

塔夫里通过声称其消极的两极而定义了他所要求的开放性；由一个如此开放，以至于将其自身毁灭为一个可识别的结构的建筑作品所引起的噪声，和由一个如此封闭，以至于变成一个完全空虚的客体所引起的噪声[75]。

这两种情况中的前一种，反映的是批判性建筑，其形象的密度和表现力干扰了每日存在的通常性韵律，消除了任何漫不经心的观察或感知建筑的机会。观察者不得不拖动他的脚步穿过一座城市，这座城市的标记变得多余，并且越来越失去其意义——就好像他是生活在"一座凝固的娱乐场中"。这是一种绝对的模糊（乔伊斯），尤其是在夏隆（Scharoun）的设计作品中，或者，在较小程度上，在路易·康的、鲁道夫的、丹下健三（Tange[*1]）的、阿基格拉姆组（Archigram Group）的、斯特林（Stirling）的，以及其他人的设计作品中都是典型的。

在后一种情况中，"我们的文化的主要价值之一，即感觉、观察、建造这个世界的文化"被减少到了僵化的决定论的地步，这种决定论并不比简单地定义一种使用的选择走得更远。这恰好是一种"后密斯"时代的和法国与德国"现代学院派风格"的诗学，以及它所暗示的社会变化的凝滞性[76]，因为，如艾可告诉我们的，"当形式为了表达一种可能的世界结构而达到了其最为清晰的程度之时，这些形式也不再在诸如为了对世界加以修正，应该采取怎样的行动等问题上，给予我们以具体的指导"[77]。然而，塔夫里则要求开放建筑，对那些以松弛的注意力观察建筑的人们给予教育，"总会有一种向着新的维度跳跃的可能性，现有的秩序能够，也必须被推翻，每个人都一定要参加进来，通过他们的日常行动，参与这场事物秩序的持久革命"[78]。

因此，布莱希特建筑诗学的领域和对象是被很清晰地加以定义了的。现在的问题是，为这一诗学及其所赖以起作用的实践性规则，精密地确定其特殊的媒介。然而，塔夫里通过拒绝任何计划中的解决方法之诱惑，而将自己从这种"困境"中解脱了出来。他所一直试图建立的历史批评，是被作为一种运用符号学与结构主义的分析方法而被表现出来的，这种分析方法是为了标志出一种价值领域的边界，在这种价值体系内，将会比较容易地向建筑分配可以识别的象征性符号。"我们对那些行动者提供了，"他写道，并引用了马科斯·韦伯的话，"对他们的行

★1　丹下健三，日本现代建筑师。作为"二战"后广岛重建的一部分，他设计了和平中心公园（1949—1956），其他设计还包括为1964年奥运会建设的国家体育馆和圣玛丽大教堂（1963）等作品。——译者注

动所不希望看到的结果进行计量的可能性……将这种计量转化进决定之中不是科学的责任，而是那些随意行动之人的责任。"[79]

这种一般性的陈述并不包含对于建筑师所提出的问题，如他所被假设而做的那样的任何特别的解决方法。然而，以他那倔强的沉默，塔夫里在暗中揭示了，当其目标是群众性的革命教育时，建筑应该采取的唯一形式："这场在今天是唯一可能的建筑'革命'"，他在 1970 年，在他为其意大利文的第二版所加的导言注释中写道，"是对一种合理化所做的具体而有形的坚持"[80]。然后，是理性的建筑；建筑在一种建筑元素的类型学中被确立了起来，这些元素使得它们的意义变得可以理解，并且允许一种完全有意识的建筑创作与设计，这些设计作品是对建筑的一种批评。理性建筑作为一种被新理性主义者所构思与创作的建筑[81]，其作用是对培育了那些希望从当代社会的迷宫中将他们自身解救出来的意识的一种激励。如艾可在《开放的作品》（*Opera aperta*）的法文版附录中，引用了巴特的话：

> 布莱希特的所有戏剧，都是以一种隐喻性的有关"寻求解决之道或寻找某一出路"的劝诫之词而结束的，这一劝诫之词是以一种解码的名义向观众演讲的，这种解码所展示的物质形式应该会对观众们进行引导……在这种情况下，这一系统的作用不是去传递一个正面的信息（因为这不是剧场的所指），而是使其理解，这个世界是他不得不去进行解码的一个对象（这正是剧场的能指所在）。[82]

第八章

现代建筑学与建筑历史书写的多元性

CHAPTER EIGHT

Modern Architecture and the Writing of Histories

对现代建筑历史的这一分析一直秉持三个主要的目标：其一，揭示一种话语结构——即"历史"——在面对一个相对静止的对象（现代主义运动）时所经历的持续变化；其二，提出一个问题，即对于历史事实的接受方式如何因各个历史学家的目标不同而各异，并影响了其转述方式的变迁；其三，观察这些历史话语结构的转变与其对象本身——即"现代主义"的变化——之间的关系。关于现代主义，我一直将其看作是建筑学的现在、过去及其未来之间的关系。这一分析现在清晰地指向了至今所讨论的问题中最关键的问题，这一问题也就是建筑与建筑历史之间的关系问题，以及建筑历史文本与这些文本的谱系线索之间的关系问题。

这本书中的内容事实上是由——在或大或小程度上，所涉及的是相同的研究对象，却透过不同的谱系、解释与描述而加以展现的建筑历史问题，故其历史对于不同的话语结构是可信的，而且是奠基于不同的社会、历史与建筑学的概念之上的。如果我们承认历史这个词，对于指明所发生之事件，或对于所发生之事件的述说，具有同等意义[1]，那么我们也必须接受这一事实，即存在着许多不同的述说——也就是说，存在许多不同的建筑历史——这些建筑历史以其截然不同的方式与路径在表述这一相同的事件系列。在本书的导言中，我已经很清楚地指出，客观现实，并非我们这一研究所关注的话题。这本书的目的是对建筑历史话语，以及那些看似东拼西凑的实际设计案例进行的分析，这些设计实践"构成了"人们所书写之建筑历史的客体。以这一构想为前提，我们只是讨论了"发生了些什么"的种种述说。

在我们对建筑历史文本的比较性阅读中，我们注意到存在着许多现代建筑运动，对于这些运动的认知与感觉是各不相同的。这些不同并不仅仅是从将"存在"与"意义"之间加以分隔的距离中产生的。我们这本文集中的建筑历史学家们，提出了一个如何为现代建筑，以及现代主义进行一般性定义的问题，但是，在他们的文本中，这些定义并没有被纳入一种理论的精致叙述之中。事实上，这些定义表现为一种循环，一种取决于作者本身所选择的那些可以被称作现代的人物、设计案例和建筑思想的循环。然而，一位作者与另外一位作者，在所选择的人物、案例和思想之间是如此的不同，以至于我们最终会面临有与 20 世纪 20 年代和 30 年代所发生的事件同样多数量的现代建筑运动。此外，这一数量与那一数量彼此之间是如此怪异，以至于无法将其协调在一起，关于这一点是可以想象的。但这并不是说，有多少建筑历史学家与建筑批评家，就有多少现代建筑运动，而是说面对这一相同的事实对象，存在有许多不同的话语模式，而且，其中没有一种话语，如我们将会看到的，能够告诉我们真理的所在：也就是说，这些话语之中，没有一个说的是建筑历史。

历史学家所讲述的故事，就如他们所标志出来的如此纷繁的历程一样多，这些历程将会穿透客观领域中的许多事件（这些事件是无限可分的，而且并不具有构成典型事件的元素）：没有哪一位建筑历史学家从整体上描述了这个领域，因为一个历程是不可能走过每一条道路的：这些历程中没有哪一个算得上是真正的历程，即建筑历史的历程。[2]

当然，对于历史文本的一个比较性的分析，使我们或多或少能够在思想与形式两个层面上认定一些具有共同性的元素：绝大多数建筑史学家们都认识到了从 18 世纪后期到 20 世纪早期以理性思想为基础的，发生在建造领域的技术进步方面的重要意义，这些技术进步是逐渐发展起来的（特别是从启蒙运动之后，直到当前的成熟阶段），在现代科学精神普遍受到赞美的那一刻，这种进步也达到其巅峰的状态；几乎所有的建筑史学家都接受这样一个事实，即在新建筑的外观形式与从 18 世纪中叶开始发生的社会变化之间，特别是与在生产关系方面发生的深刻变革之间，存在着某种（或远或近的）相互关联；而且，一般来说，社会条件是被用来反映以过去的黄金时代（失乐园）和未来的理想状态（乌托邦）之思想为基础的历史哲学的进步的。

只有科林斯与塔夫里是一个例外，他们采用了一个全然不同的历史分析界面，现代建筑的形态学描述成了一种规则，通过这一规则，所有的建筑史学家都被搁置在一边，从而使这位作者有可能为其打上一个醒目的标志，即将功能作为一种模式化的标志，从而汇聚起一系列范例性的建筑案例，这些案例都被印上了现代建筑运动的"标志性形象"，从而，可以将一位、两位、三位或者四位曾经发现了现代建筑基本原则的那些大师们的作品及其精神大加褒扬，在我们接下来对这些著述的阅读中，我们注意到许多建筑史学家在他们将其赞美之词奉献给那些个别建筑师的作品的时候，是存有某种偏爱的——这种偏爱是如此之深。实际上，在这位建筑史学家的认知中，已经将这些建筑师作为其所书写之建筑历史中的主角：在佩夫斯纳那里是格罗皮乌斯，在杰迪恩那里是格罗皮乌斯和勒·柯布西耶，在泽维那里是赖特，而在科林斯那里，则是佩雷，如此等等。

当然，从对现代建筑之特征所做的系统研究与调查中出现的征候学问题（亦即，在建筑历史学家的文本中所记录的形式与思想）能够用来确定那些描述现象的元素与要点，并且使这些元素与要点得以被重新产生出来。然而，同样可以肯定的是，一直贯穿在那些文本表面的结构分析，更多地被称为是建筑本身的真实之所在，而不是那些散乱无章的建筑实践所"构建"的真实。即使是这样，将书写的建筑分析性地分割为所描述的元素与要点，对于我们的分析也是至关重要的，因为它使我们能够感觉到我们正在展示的现代建筑运动中所存在的种种不同，并能够证实那些支持了这些不同的历史话语在意义上的转换。这在一定程度上解释了为何本书将这些历史呈现为简短的类似专题论文的分析形式，保留了各自的主要描述性要素及其典型的插图示例。各章节的编排因而构成了一种比较性的图谱，展现出我们所选史学著作中不同历史学家在试图把握与描述现代建筑现象时所采取的路径。

※

现代建筑的谱系总是在当前开始的——也就是说，是从述说的结束之时开始的——并且向过去回溯，直到回到造成诸事件现在状态的源头，正是在这个源头之上，述说就从根本上开始了。"怎么会有人认为，存在与时间并非是以当下的形式而处在当前的基础之上，也就是说，按照定义，当下是一种未经任何实验的一般情况，这可能是一个出发点吗？"[3]这一谱系证明了其存在之终点的原因——现代建筑——通过重现以前所经历过的那些点，要从最初开始。然而，这一开始的时间，仅仅"揭开了幕布"，而这种与一件正在进行中作品的最终解释有所关联的时间，又"合上了幕布"。这种自相矛盾的关系是以几乎处在同一时期诸谱系，如考夫曼、佩夫斯纳和杰迪恩等人的谱系之间的基本不同为基础的。

事实上，这一开始是对其结束的一个重建——也就是说，这是以一种媒介而对现代建筑所进行的重建，透过这种媒介，建筑历史学家们对其进行了定义。从一定程度上讲，莫里斯和勒杜是对格罗皮乌斯和勒·柯布西耶的重建。透过这两个人，告诉我们更多的不是现代建筑那模模糊糊的起源，而是他们对于现代建筑在当前所产生的意义。当然，这样一种可以在各种谱系中发现的倒置性特征，是与建筑历史发展的线性特征恰恰相反的。这种将开始阶段作为对其结束的一个重建，已经被包含在所有历史学家有关建筑、社会与历史之存在的一种立场中了。其结果是，由现在向过去的回溯，必然要依赖于空间与时间——因为，从1933 年到 1945 年或 1960 年，人们所关注的事物之特征或事物的核心性质都发生了意义深远的改变——而且，还不必说，这一溯源过程也依赖于其所要论证的整套立场体系。

在我们这本文集中的第一批建筑史学家对他们所研究对象的积极方面做了一个深度研究，并使其与他们在研究中多少有些拒斥与排除的消极方面之间建立起了某种联系。在接近结束的时候，一种逆转恰好也在实践中发生了：建筑史学家们研究了这种失败，即研究了那些在 30 年前曾经一直被看作是积极方面的消极方面，而没有对一种潜在的积极方面加以研究，这一潜在方面只是在表面上看来与主题有所关联。这种在意义方向上发生的变化标志了从一种可实施的行动方针向一种贬抑性行动方针的转变。然而，那种将积极方面与消极方面对立起来的做法也是不必要的。从本质上来说，消极的态度所表示的是建筑 A 与建筑 B 之间的一种深刻的区别与差异。这种区别意味着那或是 A 而不是 B（或者说 B 并非与 A 相同之物），或者是说，A 即是 –B。在一种可操作性的行动方针中，后者的关系是更为常见的。现代建筑并非恰好是与过去建筑不同之物；它是过去建筑的对立面，即使是那些留给人们以模糊与不确定感的消极方面也是如此。重要的是，对新建筑之构成元素的定义，以及它与过去的关系。

如我们在较前面的几个章节中所看到的，可操作性的行动方针可能采取一个由两种形式组成的对立结构。在一些案例中，它表现为一种与其对立面相映衬的杰出范例（主题与反主题相对应，如在考夫曼、佩夫斯纳和杰迪恩的例子中）；而在其他一些案例中，它表现为一种意义在认知话语中的两分法，其结果是一系列有关失败与成功的述说（泽维、贝内沃洛）。在这两种形式之间，做出一种绝对的区别是不可能的，因为，在一些案例中——特别是在布鲁诺·泽维那里——人们看到的是两种形式共存的情况。尽管如此，前者倾向于具有艺术史学家的话语特征，他在他们的谱系中所建构的是一种现代建筑运动的基础，而后者则倾向于某种典型的对于某一个其基础早已被确立的建筑运动的确认或复兴。然而，一般来说，这种类型的建筑史学家们并不会将建筑描述为是一种可以引起问题的事物；这样做就使问题变得持续地模糊与不明确，以一种抽象与模糊的定义，而与对所期待建筑的详细描述恰呈相反的状态，也不管这可能是怎样的一座建筑。

是关系 A 而不是 B 流行于贬抑性的行动方针中。当然，如此而带来的建筑是某种不同于现代建筑的东西，其中有一个小心翼翼的详细而精确的历史，这时候正要被提出来，但是，这当然并非是什么恰与现代建筑相对立的东西；其术语特征是允许保持某种不确定性，而其所保留的部分仅仅是足以对两个极端加以区分。这种贬抑性的行动方针仅仅假设了这一对对立结构中的第二种形式，并在将其自身的认知话语意义一分为二成一种失败的叙述和一种成功的叙述（巴纳姆），而且，并不排除将一两个模棱两可的叙述重叠在一起的做法（塔夫里）。然而，在宣称 A 和 B 是不同的事物，而没有将这样一种宣称（成功的叙述）放置在某种公开的拒绝之上（失败的叙述）时，也可以不要假设出这个对立的两极结构。这就是科林斯所采取的路径。

在这一系列的最后是客观性的研究路线，它对这一对肯定 / 否定关系的对立面加以解构，因为它在那些同样有效的事件中预先假设了一条几乎具有生物性特征的连续感。这是希区柯克所采取的研究路径。从建筑 A 向建筑 B 的转变，被表达为一种简单的序列，一种不偏不倚的线性的进化过程。然而，即使是这样一种理想的路径也未必对事件有所帮助，而只是为其添加了几分色彩而已，即使它不是这样优雅精美，即使是建筑史学家对其加以描述，更为详尽，且使用了相同的术语，这些建筑，这些采取了可操作性行动路线的建筑，既属于消极领域（隐蔽的）的范畴，也属于（公开提倡的）积极领域的范畴。在这种情况下，其话语并没有假设出一个明显是两极化的结构，而其中 A 是 –B 的关系仍然被表现了出来，并潜伏在客观性话语的表面之下。

在 20 世纪 30 年代，佩夫斯纳、考夫曼和杰迪恩通过构建各种谱系的建议，认为这场建筑运动，是一场激进的，但却被证明是合理的革命，是与向上的历史趋势并驾齐驱的，尽管彼此之间存在着不同，这些谱系作为一种在一个完整的历史进程之中的有活力的裂隙形式，使得人们有可能理解现代建筑运动。艺术史学家因此能够打破那种以实验与观察为依据的正面的历史编纂，从而将历史编纂本身局限于各项同性的知识及其诠释之中的中立性，并且引导出了一种确定性的，能够清晰地指明应该采取什么样的前进道路的历史哲学。同时，他们能够建立一种包括社会变化与思想进步之进程的全新的宇宙观与世界观。20 世纪 20 年代的许多建筑师所正式宣称的有关过去的形式与信仰的反历史性决裂，从而在艺术史学家的上下文中，变成一种正当而有效的历史性跨越，而这一跨越，从更深层次的意义上讲，无论对于建筑还是对于社会的进步来说，都是必不可少的。因此，这些谱系导致了在两次世界大战之间，特别是在包豪斯所培育起来的那些不同的方向与趋势的历史知识本身持怀疑态度的那一时期的结束。

艺术史学家们的那些可实施性话语也强调了对于各种确定性的乐观主义探寻，这样一种愿望还规定了某一即将出现的可实施性建筑的术语。历史则被显示为是理论思考的媒介：一方面，通过证明现代建筑运动所具有的坚实基础而消除建筑师们的疑虑；另一方面，是以一种活跃的建筑模式网络和形态组织成分（只是在佩夫斯纳和杰迪恩那里）而被用作一种设计指南。

到了战后，形势发生了根本性的变化。泽维是 1950 年，贝内沃洛则是 1960 年，在两人看来，现代建筑都成了一种无可辩驳的事实，当然，这一事实需要被证实并加以传播。建立某种历史基础的问题（亦即再一次从艺术史学家们的谱系开始）还没有被提到议事日程：不得不做的事情则是要撰写一部现代建筑史。那些谱系，无论它们是被称作《现代建筑运动的先驱》（*Pioneers of the Modern Movement*），或是被称作《时间、空间与建筑》（*Space, Time and Architecture*），都是被作为字面上之建筑历史第一章节的主要推动者，而现在——又出现了另外一幕——实际上是被称作《现代建筑史》（*Storia dell'architettura moderna*）。然而，在这里我们看到了在建筑历史研究方略上的一个转变，这是一种脱离其基础而去处理建构问题的做法，同时还带来了建筑史学者在立场上的某种平行的转变，建筑史学者不再是一位奠基者，而成了一位建造者（的确，从实际上看也是这样，因为无论泽维还是贝内沃洛都是建筑师，他们在其主导方向上始终保持了其实践性方面的兴趣）。

然而，尽管有这种情景上的变化，由泽维和贝内沃洛所发出的话语继续是可实施性的，也继续被用作是艺术史学家话语的一种推断。他们提出了同样的乐观主义，并将他们的努力集中在了为即将到来的建筑实践的特殊性术语所做的定义上。建筑历史被表述为对于现代建筑之说教性解释的一种注解，这是一种可以提供给其读者以意识形态安全感的建筑史，并为其落实提供了基本的实践性元素。这种可实施性的维度在泽维有关现代建筑语言所做的努力中得到了最为充分的表现，这是一种用了某种任何同时代建筑师都能够使用的简单而基本的语言符码，一种大众化的建筑语言，来表达的建筑形式。

由希区柯克在 1929 年所提出的谱系是一个非常不同的框架中的一部分。他那客观性的话语是通过一种积极的建筑历史编纂而推衍出来的，因而，在不考虑历史哲学的前提下，预先假设了事件的连续性。由希区柯克所构想的现代建筑不是一场与过去格格不入的革命，它也并不依赖于某种有关社会及其进化的整体性观点。然而，他话语的"客观表层"并未完全掩盖其背后的实践立场，这种立场可在《现代建筑：浪漫主义与再整合》一书的字里行间察觉，并在 1932 年的《国际风格：1922 年以来的建筑》中进一步显现。当然，希区柯克并没有掩饰他对于现代建筑特别青睐的态度——关于现代建筑，在将其整理成一个形态元素的网络方面，以及为一种真正的建筑词汇、语法与句法建构一种组织与构成的规则方面，他已经超越了 20 世纪 30 年代所有的建筑历史学家。但是，他关于国际式风格的出现及其形态学相关性的描述性分析，并没有为其自身建立起历史的基础：尽管看起来可能有一点奇怪，自然产生的现代建筑似乎不需要有任何基础。其结果是，它的谱系在我们所见过的其他谱系中并不能够起作用。它不能够将自身表现为理论思辨的一种媒介，它也没有比可操作性的分类向前推进多少。

到了 1958 年，一般性的上下文语境已经毫无疑问地发生了变化。由希区柯克在建筑学方面所阐发的话语是：19 世纪和 20 世纪仍然是具有客观性的，但是，现在这种客观性变得更为严格，所有那些明显可操作的领域都已经被排除在外了。虽然如此，但正如我们在相关的章节中所看到的，在他的文本中有一种固有的有关建筑存在的立场。用一种一般性的话来说，作为事物展现出来的线性演变的客观历史被断言为是一种无论历史学家承认与否都存在着的事实，这种事实又提供给历史学家以一种从客观对象中解放出来，并对这些客观对象有所理解的机会。在建筑历史学家按照他自己的知识体系与分类方式而赋予它们以形式之前，那些设计案例本身并没有什么特别的意味。尽管如此，希区柯克有着他自己先入为主的判断标准，他承认这种先入为主的偏见，但是——尽管他可能没有察觉到——这种标准决定了他所坚持的 19 世纪与 20 世纪发展历程。在这一意义下，他话语中的"客观性"防止了通过设计案例自身而对其进行的表述；其主要目的是确认他所采纳之路线的合理性，并将这条路线表现为一种对于实际发生事物的可以信赖之反映。希区柯克所宣称的对于任何历史哲学的拒绝，其本身也不外是一种历史哲学，这是一种——至少在他自己所撰写的著作中——对于当代之建筑与社会采取认可态度的，并且没有试图去改变它们的历史哲学。

20 世纪 50 年代也因其在现代建筑设计项目上不断增长的不确定性而打上了深深的烙印——这种在 20 世纪 60 年代达到其极限的不确定性采取了一种公开贬抑之态度的形式。在这一价值确立的关键时刻，将其作为一个出发点，新一代的建筑史学家们提出了，由较早几代建筑史学家（尤其是由佩夫斯纳和杰迪恩）所提出的各种谱系及其解释在本质上正确与否的问题。与之平行的是，他们采用了他们自己的历史文本来恢复事情的真实状态（巴纳姆与柯林斯的真实话语），同时也恢复了对于历史研究之意义的一个更为一般性的考察（塔夫里的质疑性话语）。

雷诺·巴纳姆，他对于德国艺术史学家，如佩夫斯纳和威特考沃的方法与目标有深切的体验，他在现代建筑师之意图与其设计方案的现实之间的关系——换句话说，在思想与形式之关系的深度上——进行了探索。在这样做的时候，他将现代建筑运动中的范例性建筑作品更多地与学术传统，而不是与技术的迅速进步联系在了一起，他还不承认现代建筑是一场自然而然的革命。

现代建筑师们这种反历史裂隙的去神秘化做法，是对 20 世纪 30 年代那些谱系的一个挑战，同时也是对已经渐渐衰落之过去的一种再评估的要求。然而，其目的不是恢复某种历史建筑，而是为了使现代建筑师们所没有能够坚持下来的那些承诺得以实现。因此，20 世纪 30 年代的真实历史，其作用有如一堂课程，或者，如同允许为走向未来的建筑投射一组曲线数据，然而，尽管它那可实施性的水平，巴纳姆那诚实的话语被限定在了对于某种即将到来之建筑的孜孜不倦的追寻之上，而不是投身于规则的确定之上。

柯林斯也对建筑师的意图进行了探讨，他将柯林伍德的历史唯心主义作为他的出发点。他也将佩夫斯纳和杰迪恩的谱系学，以及现代建筑运动的所有革命性配置排除在外，并且揭示了自 1750 年至 1950 年在建筑上的历史连续性。他对于过去的重新评估，通过将其应用于对建筑之存在及其意义的思考之中，恢复了城市的历史性，从而为所有未来建筑之创作改变了条件。柯林斯那诚实的话语中最值得注意的是他那希望与过去言归于好的期待——这在客观上揭示了一种发生在对于建筑学及其社会维度的过去之感觉方面的深刻变化。

　　在 20 世纪 60 年代初期，建筑史被表达为理论思考的一种媒介，不像在 20 世纪 30 年代所有谱系学之后的那些理论一样，这些理论思考的目的是证明现代建筑运动的历史基础是如何的脆弱，现代建筑运动一直（如我们将要看到的）并且正在恢复有关一致性逻辑之差异的思考。

　　类似的考虑在塔夫里的历史分析中也能够被看到——然而，他的兴趣被主要指向了其他方向上。从现代建筑运动之历史解释的去神秘化出发，塔夫里将现代建筑运动的根源推回到了文艺复兴时期，他探索了建筑与历史之间的关系，最终得出的结论是，尽管存在有许多建筑（意识形态）理论，却只出现过一次建筑的历史，建筑历史不应该被作为设计之工具而加以利用。因而，为或近或远之未来的建筑提出一些规则的问题并没有出现：可实施性的水平已经变得完全衰落了。现在的问题是要按照历史决定论哲学对过去的所有事件进行一次再评估，这一评估预言了在未来会有一种完全不确定，但却理想化的形式出现，这一形式反过来会产生出一种同样是不确定，但却是非意识形态化的建筑。同时，建筑师的任务是在以历史批评为基础的建筑批评的辅助下，为这一未来的发展铺平道路。塔夫里这种贬抑性态度所批判的不仅是现代建筑，而且也包括了一般意义上的所有建筑。

　　巴纳姆、柯林斯和塔夫里三人都陷入了与现代建筑运动之鲜活的历史传统的冲突之中了。如我们已经看到的，两次世界大战之间那一时期的那些谱系（考夫曼、佩夫斯纳、杰迪恩，在一定意义上是希区柯克的谱系），是建立在未来的现代建筑运动的基础上的，就仿佛它才刚刚萌芽。第一次世界大战之后那一代人的历史——泽维、贝内沃洛，甚至也再一次包括希区柯克，虽然是从一个不同的角度观察的，也将现代建筑运动重新创造为某种全新的，但却是已经被确立起来的东西，或是某种为了防止其衰落之肇始，而不得不到处去加以索求的东西。这些历史系列伴随着巴纳姆、柯林斯和塔夫里的著作而臻于完成，他们的著作在 20 世纪 60 年代时终止了现代建筑运动的意义，并且引入了新的术语和新的方向，将现代建筑的遗产加以激发，并且最终开辟出了一片新的天地。在柯林斯或塔夫里之后，他们的著作被看作是早期建筑理论作者们之知识累积的结果，这种积累是不可能返回到我们已经面对的各种谱系和不同历史之中了。当这种返回的情形发生之时，就将会表现为另外一种历史特征，一种站在任何与其目标有关的可实施性兴趣有着一定距离的角度上所观察到的历史特征。这将是一种为了从一种客观化的和调停性的距离上——也就是从另外一个观点出发，对其目标进行解释而将其自身放置在主题性事物的循环之外的历史。从这一意义上说，按照某种建筑考古学而"发掘"出来的现代建筑运动已经开始了。

　　巴纳姆、柯林斯和塔夫里的建筑史撕破了仍然活跃着的现代建筑运动之历史的面纱。在更为最近的研究中，如塔夫里的《当代建筑》（*Architettura contemporanea*），以及接踵而至的（Dal Co），肯尼思·弗兰普顿（Kenneth Frampton）的《现代建筑：一部批判的历史》（*the Modern Architecture： A Critical History*[4]）和威廉·柯蒂斯（William Curtis）的《1900年以来的现代建筑》（*the Modern Architecture since 1900*[5]），或是推断出了我们在这里已经讨论过的某种倾向，或是使之符合于一种全然不同的标准，即一种更多地与知识之交流，而不是与和当代建筑之最近过去的历史相关联的不同话语之表述联系在一起的标准。

现代建筑的历史有多种写法

The History of Modern Architecture is Written in the Plural

    现代建筑历史学家们是在一个由名字、事实与设计案例所建构的现代建筑的框架——现代建筑的谱系、事实，及其影响效果——来组织他们的话语。这一框架是由建筑师和艺术家所组成的，也是由建筑物与艺术作品，或由工业产品、世界大战和世界交易会所组成的；它是由经济状况、哲学思想、科学成就、政治形势和社会关系等所组成的混合体。可是，当我们像我们在这本书的前面章节中那样阅读这些文本的时候，我们注意到，尽管有着同样的事实，或同样的设计案例，却有着与建筑史学家们所述说的话语数那么多的现代建筑运动。从考夫曼到佩夫斯纳和杰迪恩，从泽维到贝内沃洛，从巴纳姆到塔夫里，这些讨论总是在一个不同的名字之下在谈论一些别的什么东西。

    这些不同带来了一种主要的历史成分，一种与这一学科自身的特点有着密切联系的成分，即人是一种历史性的动物这一事实。如我们已经看到的，过去的每一个新的发现都是从当前事物的状态中开始的。但是，用马丁·海德格尔（Martin Heidegger★1）的哲学术语学说："这些活动预示了历史存在是走向了此在（Dasein），它就在那里——那就是说，这些活动预示了历史学家存在的历史性。"[6] 那么，历史的基础就存在于历史学家的历史性上。或者，换言之，用纯历史学家

★1　马丁·海德格尔（1889—1976），德国哲学家，认为只有意识到人存在的暂时性才能领悟存在的真谛。主要著作有《存在与时间》（1927），他对萨特及其他存在主义哲学家都有很大的影响。——译者注

亨利–伊雷内·马罗（Henri-Irénée Marrou★¹）的话说："历史是……
由历史学家那处在人性的两个层面之间，即处在其他时代的人所生
活之过去与努力想重新捕捉那些为了现在生活着的人，以及追随他们
之后的人的利益而创造之历史两者之间的首创精神所构建的关系与联
系。"[7] 但是，当"在两个具有适当真实性之术语的数学关系之间，
在历史中，这两个层面只有在将这两者联系在一起的知识之中才能够
被感觉得到"[8]。历史是作为过去与现在的一种关系，其中蕴含着对过
去意义的构想尝试。这种关系并不一定需要包括，如海德格尔所相信
的，那种投射到人们为自身所选择之未来的过去。然而，这样一个投
射（或多或少是明显的）正是我们所研究的那些现代建筑运动的历史
学家们的态度。他们的文本（特别是那些其本身就是建筑师的人所写
的文本）是对一种存在主义状态的表达，在这种存在状态中，如我们
将要看到的，他们向自己提出了一个额外的和决定性的问题；在即将
到来的这些年，建筑应该是个什么样子？以这种方式，现在变成了未
来与过去之虚幻相遇的所在之地。

　　这种不同性的基本年代学特征，在另外一个不同性中找到了某种
支撑点：那就是存在于主观（历史学家）与客观（真实现实）之间的不同。
任何希望创建一部客观的或正面的历史，一部叙述了真实发生之事实的
历史的尝试 ["因为它实际上是（wie es eigentlich gewesen ist）"，
引自利奥波德·冯·兰克（Leopold von Ranke★²）][9]，当然预示了一
位能够在其完整性上重新建构了历史真实的历史学家的冷静观察。自

<hr>

★1　亨利–伊雷内·马罗，20 世纪中叶法国历史学家，生于 1904 年 11 月，卒于 1977 年 4 月，
曾著有《古代教育史》《圣奥古斯丁及其在历史上的影响》等著作。——译者注
★2　利奥波德·冯·兰克（1795—1886），德国历史学家，是强调认真研究第一手材料的先驱。
他的著作包括《教皇史》（1834—1836）等书。——译者注

现今之前的几个十年以来，这样一种理想状态之不可能一直是一种平常之事。"40 年以前"，米歇尔·德·塞尔托（Michel de Certeau）在 1974 年写道，"对于'科学至上主义'的第一次批评为'客观'历史揭示了一个位置，即主题所在的位置。在有关雷蒙德·阿隆（Raymond Aron）为一个'客观对象的分解'所用术语的分析中，这个从历史中汲取批评的优势，在这一批评中，当这一学科宣称它重构了事件的'真实'之时，是多么令人引以为骄傲……这种实证主义的愉快时光，已经一去不复返了"[10]。对于这样一种缺陷的接受，并不意味着历史是一种任意的或主观的东西，而是因为历史同时包含了心灵的活力和人类知识之断断续续的特征。

当然，我们所努力要去理解的是，在今日之前的 20 个年头的或 20 个世纪的真实世界，是一个具有特殊复杂性的整体，这个世界的结构不是简单而原始的机械式结构。与之相反，那些为书写之历史而提出的主要证据的真实的史实，并不是作为一些孤立的元素而存在的，尽管由这些证据所构筑的虚幻景象，在我们看来似乎就是在自然之中萌发出来的空中楼阁一样。它们实际上是漂浮在一个由物质性的原因、种种不同的意向，以及正如我们所生活的今日所经常出现却无法理解的偶然性事件所构成的大海之中。换句话说，它们存在于一种力量的网络之中，这种力量之可信的真实性，人类的心灵是不可能想象得到的。从这个意义上说，证据在重构真实性（客观）方面是绝不会成功的；事实上，它揭示了历史学家投射向这个世界之总和的解释学框架（主观）。换句话说，这样的历史学家是被局限在了从过去的复杂性中所选择的唯一的生活碎片中的琐碎事物的剖析之上。此外，他那解剖学式的研究，所遵循的程序，在很大程度上是依赖于他自己的历史性上，以及他自己当前的生活现实之上的。他建构了对于这些问题的答案，他是为了面对过去而从这些问题出发的：他的历史被一种理论所主导，而在他所有历史活动的出发点上，都是一种世界观（Weltanschauung）。

这些不同是植根于我们已经讨论的实际发生之事件与有关实际发生之事件的叙述（Veyne）之间的差别与不同的根源之上的。同样，它们也植根于这些关系之上，通过这种关系，在现代建筑的每一位历史学家那里，我们所看到的都是客观的历史与主观的历史之间，历史的真实与历史的知识之间，以及历史与历史事件之间，或历史与历史编纂之间的对立与矛盾。在这些二元关系后面的一般性思考点，有可能被作为我们正在撰写的任何历史中的有效的文本性特征一样，被综合在了一起。历史只是一种叙述，是一个以某种"科学"方式积累经验的文本，这种经验是历史学家在对于过去的寻找与接收中获得的。

此外，历史文本也是一种将我们的注意力吸引到这些基本不同之点的不可见的关系方面的双重文本[11]。这两种文本中的第一种文本，是在一个，以及唯一的一个在某种习惯性的阅读中被看到的文本，是为了意义、理性、真实而写作的。这第二种文本与第一种文本稍微有一些不同。这是一种潜在的文本，一种"我的意思是说"这样的文本，这是一种不能够被习惯性阅读所看到的文本。这种文本被环绕在其自身之主题的全部历史性之中，这种主题关于社会、历史和建筑的本质，采取了一种宣言式的形式。

根据这种具有决定性的不同来观察，希区柯克的客观历史，是一种与习惯性阅读（即第一种文本）有着同样密切联系的客观性，应该被打上双引号，并且，当其被从第二种文本的角度观察，以及从两个文本中的一个非习惯性的角度观察的时候，也就变成了"客观的"。同样的情况是，现代建筑运动历史中明显的聚合力，也总是为了意义、理性和真实而写作的，而实际上隐藏的却是一种不同的、不确定的和潜在的聚合力，在这种聚合力之上建立的是历史话语的结构及其三个主要维度。必然地，第二种文本是在第一种文本之前撰写的，它指导并描写了建筑历史学家的论著：他将要在他的"旅程"中所选择的路线，和他将告知他自己所要遵循的思路，以及他对现代建筑的事实与案例所进行的分类。因此，历史文本的这种二元性特征，以及将历史文本的潜在方面彼此分离开来的相当大的隔阂（这可能是文化的、年代学的、政治的，或者甚至是个性方面的隔阂）解释了，在同时也确认了它们那些公开方面的基本不同，同时又使其合法化。

因此，我们能够将历史看作是一种智力活动，这一活动按照由建筑史学家所采用的程序，将秩序引入到了过去的真实事件之中——或者，更精确地说，是按照预先确定的视角来观察的，建筑史学家正是从这个视角来确定其选择的。然而，这一活动并不足以使事实变得可以理解，或是对事实进行解释。历史学家的解释实际上是他给予书写的史实以意义。此外，他在他那精心描述的分类中所提出的事实与案例，总是会提供给我们以有关他所正在检验的按照时期发展之建筑的本质方面的一些不完全的信息。作为现代建筑实践性综合的建筑并不总是建筑师们真实意向的可信之转译，也不是他所主张之客观性的真实而准确的实现：

究竟发生了什么，客观对象 [保罗·维纳（Paul Veyne）的说法，解释了福柯思想中的一个观点]，被历史上每一时刻正在所做之事加以解释。想象做过了什么是一个错误——那就是说，实践——被所发生之事加以了解释……这一错误是从在一个自然客体中客观目标的"具体化"的幻象中滋生出来的：我们将结束作为目标，子弹所击中之点即是目标。而不是去感知问题的真正中心所在，这问题即是实践，我们是从它的末端出发的，问题也是客观对象，因此，连续的实践类似于对某种同一性"材料"或事先给定的理性目标的一种反应。[12]

我相信，正是这些理由，就如有许多方式贯穿了真实世界的复杂性一样，在我们的这个文集中也有着同样多的历史文本；以及同样还有许多的论文是在做着漫无边际不得要领的实践，这些实践最终通过书写它们的历史来赋予其客体以形式——通过书写一种历史的话语，它们的统一：

穿越了时间，而且也充分超越了个人的全部作品、著作和文本……当然，这并不能令我们说……是谁告诉了人们真理的所在，谁做了严格的详细论述，谁与他自己所设定的基本原则最相符合；也不能令我们说，这全部作品是最接近其原初的，或是最终的、目标的，或它是有可能从最根本上来建构一种科学的一般性计划的。但是，它所揭露的的确是那样一个范围，在其中（那些作者们）正在通过将其自身放置在一个"相同的层面"中或是放置在一个"等距离"的环境中，通过调动与部署"同一概念性领域"，或通过对另外一个也是在"同一领域中的战斗"，而讨论着"相同的事情"……它定义了一个有限的交流空间。[13]

接下来，在检验了所有这些被称为现代建筑历史的文本之后，这些文本从如此多不同的观点，或者通过如此多的不同选项，向我们显示了如此多的事件，我们终于到达这一点，在这一点上，我们能够讨论有关现实的消解。既没有事实，也没有建筑：我们只是在讨论述说。包豪斯的原初纯粹状态，如许多作者所描述的那样；包豪斯的毁灭，如莱昂纳多·贝内沃洛（Leonardo Benevolo）所认为的；包豪斯的复苏，如我们今日所能够看到的——其中没有一种情况使包豪斯作为一座建筑物而拥有意义性价值。同样的情况在萨伏伊别墅中也是真实的；很少有哪位来访者会步久远的普瓦西（Poissy）的后尘，去对这一历史事实投去敬仰的目光——那就是，对于在历史文本中已经确立起来，以及在现代建筑的官方集邮册中被作为例证而附以插图，并且被一直记录至今的事实。这就像是，来访者们仍然在观察，在观察其建造基址，或是观察这一设计作品的第一张照片，就像它们在勒·柯布西耶的作品《全集》（*Oeuvre complète*）中所记录的那样被识别了出来，并且像是在历史中又被重新加以了塑造似的——正如他们在卢浮宫画廊中寻找或赏识蒙娜丽莎（Mona Lisa）或米洛的维纳斯（Venus de Milo）那久已熟识的形象一样。当你真的站立在那里时，却没有感觉到任何发现或启示。其本身的真实性完全被吸收到文本之中去了。现代建筑历史学家们的话语将其所论述的客观对象变为了现实。

那么，重要的并不在于一个或另一个建筑史的名称、事实和案例之架构与真实、完全之事实间的不同。重要的在于那些历史文本本身的经纱与纬纱（woofs）之间的不同——正是这一点真正发展了（在照相术的意义上）设计案例的情节或将之切入继之而来的历史之中。因此，它也发展了由建筑史学家们所阐释之话语之间的不同，并且将对过去的解释投射到当前的建筑之中——或者更进一步，投射到在即将到来的年月中应该出现的建筑之中。存在有许多现代建筑的历史，但是其中没有一部历史——甚至包括亨利 – 鲁塞尔·希区柯克（Henry–Russell Hitchcock）那"客观的"历史——描述了其全部的真实情况。它们中没有一部是真实的，它们中没有一部是现代建筑的历史，它们中也没有一部能够做到这一点。就塔夫里的全部信心而言，根本就没有单一的历史（history）这回事情，塔夫里特立独行地甚至在他的著作的标题中，主张了这一观点。只有各种各样的历史（histories），以其复数的形式，在所有这些历史中隐藏的是它们的作者们所从未接受之未来的某种图景。

建筑学的历史 · 理论 · 设计
The History / Theory / Project of Architecture

一般来说，现代建筑的历史依赖于建筑本质的命题，依赖于某种或多或少具有一种应该是什么样子之清晰形式的理论，这样一种理论通常会转译成某种应该如何去做的指南。历史文本投射进了一种即将到来的建筑的未来术语之中，在一定程度上将其研究与有关过去的某种理论思考和有关将来的建筑创作保持了一致。因此，它包括一个潜在的建筑计划，这一计划在很大程度上是对一个更为广泛的社会计划的某种反映。

在《建筑的理论与历史》（*Teorie e storia dell'architettura*）一书中，塔夫里投身于一种现代建筑操作性维度的分析性批判。对于他来说，"历史与理论的再结合意味着，实际上，就是将历史本身变成可以提升为某种计划编制指南式的理论推导工具"[14]。换句话说，他相信"像杰迪恩的《空间、时间与建筑》（*Space, Time and Architecture*）或泽维的《现代建筑史》（*Storia dell'architettura moderna*），既可以纳入历史编纂的贡献之中，也可以算作是一种实际的建筑计划"[15]。

在第一次从其中移除任何含蓄的正面或负面批评之后，我将接受这一解释。试图通过重建谱系次序来理解当前的历史状态，在这一谱系次序中，之前的种种情况都已发生，以其彻底的客观性，在即将到来的未来，为你们自己的作品和你们同时代人的作品提供了一种方向，这样一种理解，无疑是对我们这本文集中所有建筑史学家——甚至包括塔夫里，尽管他采取的是一种相当不同的方式——所共有的一种历史概念的反映。对于使他宣称他能够为他同时代之设计项目的建构提供某种指南的一种建筑理论，塔夫里拒绝从过去寻找任何积极的或消极的因素，无论这看起来有多么荒谬——这实际上反映了一种积极的和决定性的历史概念。

对于"什么是历史的目的？"这一问题的任何回答，都预示了有关自然与社会进化的，即一种历史哲学的立场。从这样一种公开的立场出发，塔夫里——他是站在了当时社会的对立面上的——也对社会内部实施的那些应该有待改进之所有实用事物，所有的建筑设计项目持批判的态度。反之，他赞同历史批评，这种历史批评将其自身置于建筑批评的情境之中：换句话说，他支持将建筑史（作为一门独特的科学）置于一种（激进的）建筑对抗方案的服务之中。在这个意义上，他正是以与杰迪恩或泽维一样的可实施性的和强硬的方式而建构其历史的，但是，是在一个相反的方向上。他将过去玩弄于股掌之上，因为他只是将历史看作一种工具，对于理论来说，这绝对是一个基本条件，但是，现在却成了与其相对立之计划的一个指南。从这一点来看，塔夫里的历史与其他现代建筑史学家们的历史是正相对立的，即使他将其放在了"相同的水平上"，并且两者处在"同样的概念领域内"。

如我们已经看到的，历史学家们对于这些问题建构了答案，这些问题是他们为了开始对过去加以研究，而向他们自己提出来的。20世纪30年代的艺术史学家，试图在他们的谱系中，使一种新建筑的出现变得合理化，有关新建筑之合理化的这一尝试，是在为了它的被复制与再现而赋予其以特殊的术语之前开始的；第一次世界大战之后那一时期的建筑师／艺术史学家们更多的兴趣是放在现代建筑的直接再复制上了；而 20 世纪 60 年代的建筑师 / 批评家们则对过去的建筑提出了质疑，关于这一过去之建筑，他们试图将那些或多或少是相似的东西结合在一起，以期为在即将到来之未来就要出现的另外一件事物铺平道路。但是虽然如此，这些建筑史学家们不同的研究路径却都是以一种共同的兴趣为基础的，正是在这一基础之上，他们所建构的那些历史中的主要问题得以被支撑，这一问题即是：未来的建筑应该是个什么样子？

任何一位能够对自己提出如此具有决定性意义之问题的人，都会很自然地感觉到，通过为建筑之本质确定一个定义的方式来回答这一问题，将会是一种挑战，而且因此还会通过将其历史的语义学基础加以完全的重新组织来作为一种答案。从这一点出发，他将会在本体论与存在论的层面上来理解历史。在现代建筑史学家出现的很久之前，康拉德·费德勒（Konrad Fiedler）——海因里希·沃尔夫林（Heinrich Wölfflin）和贝内德托·克罗齐（Benedetto Croce）都是出自他的门下——认为，任何建筑史的研究方法都应该依赖于某种对于建筑之特殊和严格的定义。缺乏这样一种定义，就有可能贸然将其兴趣转向使建筑之意义被异化的观点之上，从而不能够观察到建筑之真实特征的风险[16]。到了 19世纪后期，对于建筑的某种纯粹的历史兴趣，渐渐地变成并非那么重要的事情，人们对于有关建筑之存在与创作的理解变得越来越有兴趣。某种理论，也就是说，一种先于每一历史实践，并且为建筑确定了所有基本原则的理论——自动地变成历史创造的基础。一种含蓄的理论 A，在采取理论 B 的形式之前，就已经被纳入历史研究的检验性过程之中了，而理论 B 恰是我们从历史文本的字里行间中所阅读到的。在这之后，关于理论这个词，我们就赋予其以第二重的意义，在这层意义上，理论决定了现代建筑应该是个什么样子，以及建筑师们应该如何去做。

这一理论并没有将其自身展现为是一种理论,只有泽维与柯林斯是个例外,对于他们两位,我们还会做一些专门的讨论。人们不得不得出一个推论,这里面临一个包括将历史话语加以解构在内的任务。即使是这样,现代建筑历史的特征是,其建筑之特性或构成元素,从来都不是纯粹描述性的,而是在很大程度上保持了一种约定俗成性。这使得建筑应该是什么的那些术语被以一种每一位建筑史学家都曾经阐明的方式所感知或认识。

在我们随后的阅读中,我们试图"拆除"这些历史,然后我们得到一个结论,作为同一领域不同方法的一个结果,存在有许多的现代建筑。我们不想回到这个扇状的模式之中去了,这种模式覆盖了一个相当宽泛领域中的当务之急;作为一种替代,我们将尝试在理论的架构之上花费一些精力——用一种或另外一种方式——这一架构弥漫于所有这些历史文本之中。

结构的必要性 [必需(necessitas)], 功能的便利性 [适用(commoditas)] 和审美的愉悦性 [愉悦(voluptas)] 是我们这个文集中那些历史文本的具有决定性建筑意义的三个基本的原则。然而,这些原则,这些至迟也可以追溯到阿尔伯蒂《建筑论》(De re aedificatoria,理论建构的基础性文本)中的原则上去 [17],这些原则一般倾向于被与文艺复兴传统之间存在的裂痕所掩盖,这一裂痕可能或多或少有一点激烈,但却总是十分深刻的。历史学家们的主要关注点是要去证明现代建筑真的是某种特殊的东西,因此,他们将他们的研究聚焦在现代与过去的建筑间所存在之不同的决定性网格。因此,这种预示了一种白板(tabula rasa)的,并且要系统消除可能表现为一种古典传统之继续的任何元素的现代建筑,是为了迫使历史本身中断而付出努力的历史的一个必要条件（sine qua non）。

艺术史学家们（佩夫斯纳、考夫曼、杰迪恩）所奠立于一组形态学元素基础之上的现代建筑之特点，反过来也是以一种社会的，伦理的和文化的动力学为基础的。希区柯克也将现代建筑的基础放在了一种形式网格之中，当然，尽管他对功能与结构等问题赋予了更大的重要性。以这种方式，艺术史学家们能够在没有引入阿尔伯蒂那些原则性问题的前提下，建立起现代建筑与之前时期那些建筑之间的不同。同时，他们将自己限定在愉悦的领域之内，而没有引发任何有关建筑原则的问题，作为一个整体，这些原则不同于这些原则之层级化的重新排列。然而，如果这一重新排列的问题将要出现，它所能够带来的不是与阿尔伯蒂所宣称的层级（三个原则应该是被平等地实施的）中的第一个有所关联，而是与它在刚刚过去的那一个时期的衰落联系在一起的，这一时期对于因为将愉悦放置在首位而造成的对必需与适用的损害采取了承认的态度。因而，这些历史学家们的主要目标是，要努力修复这几项原则之间最初的平衡。

当然，这并不是说，他们的"建筑"是阿尔伯蒂《建筑论》的一个纯粹的反映。毫无疑问的是，20世纪20年代有关审美的决定性因素与文艺复兴时期审美的决定性因素是不同的。虽然，一些现代建筑师是在回到使用调节线的状态中去，优雅（concinnitas）的内容 [数量（numerus），定义（finitio），安排（collocation）] 已经变得面目全非。鲁道夫·威特考沃（Rudolf Wittkower）证明了，在文艺复兴时期的比例的意义与20世纪对于这一比例之应用之间存在着多么大的裂隙，而且我们不需要将这一问题再做任何深入的探索了 [18]。从其他方面看，《建筑论》中的这6条基本元素，对于阿尔伯蒂来说，它们定义了阿尔伯蒂三条基本原则的应用范围——房屋选址（regio，地点），房屋覆盖范围，房间分隔（楼层平面的分划），隔断（paries，墙体），顶盖（tectum，屋顶）和孔洞（apertiones，门窗洞口）[19]——这些元素必然从属于变化中的社会关系、城市结构与建筑技术。我正在尝试强调的关系，是不能将文艺复兴时期的建筑与 20 世纪的建筑混在一起的，但是我的观点是，由阿尔伯蒂所建立的原则与规则却在现代建筑史中得以被重新建构，其所建构的建筑基础，将其自身撼动，从所有过去的负担中解脱出来，并且在建筑的基本原则方面，又一次恢复了活力。

　　"白板状态"（tabula rasa）是超越建筑史的新起点，是对建筑本质与第一性原理的回归。当然，那种横扫一切的创新愿望并不是空前的：这也一直是与文艺复兴和启蒙运动相同的一种愿望，文艺复兴和启蒙运动两者都将其自身展示为发自根源上的一种新喷发，无论是黄金时代之根，还是建筑起源之根。人们可以注意到的是，在我们这本文集中的所有建筑史学家们，都将现代建筑的诞生与向这一根源或那一根源的回归联系在一起了。杰迪恩和泽维将现代建筑与建筑的真正根源（永恒的现在）联系在了一起，而杰迪恩则将时间驻留在了文艺复兴和它的"古代性"上了，就像罗马的万神庙所象征的那样。考夫曼、贝内沃洛和柯林斯是将现代建筑与在 18 世纪后期所发生的巨大变化联系在一起了；塔夫里却一直回到了文艺复兴时期；而希区柯克也同时将 18 世纪后半叶与文艺复兴看成是一致的。与之相反，佩夫斯纳和巴纳姆的支撑点却非常的不清晰。这两条路线都涉及那些建筑原则的纯净性问题，但是，他们更多地倾向于将建筑与建筑所赖以产生的社会、技术与文化的条件联系在一起。他们的"建筑"在很大程度上是依赖于一种使其变得正统与合法的伦理与美学：在佩夫斯纳那里，这一伦理与美学是中世纪的符咒，而在巴纳姆那里，这一伦理与美学则是某种对于未来主义自主性的期待。

这并不是暗示说，在我们这本文集中的 9 位建筑史学家都是以相同的方式而建立在以阿尔伯蒂的建筑原则为基础的建筑理论上的。我们已经看到 20 世纪 30 年代的那 3 位艺术史学家将他们的注意力聚焦在形式的王国之中，这也是希区柯克所青睐的领域。泽维最初强调了适用性功能 [适用（commoditas）] 的重要性，因此，建筑三原则的层级系列就发生了根本性的改变。贝内沃洛和柯林斯将更多的强调放在了必需（necessitas）方面，虽然贝内沃洛更多关注的是需求（与人类的特征有所关联），而柯林斯则将更多的强调放在了坚固（一种与建构有关的事物）上。与阿尔伯蒂不同的是，阿尔伯蒂所强调的是三项基本原则的等同性，而我们这几位艺术史学家所宣称的术语则是为了他们自己潜在的建筑目标，即以不同的方式将三个基本原则综合在一起，从而以某种类似的方法，在现代建筑的广泛领域内，建立起一种层级与定义的多样性。

然而，尽管在概念上发生了变化，以及这种在主题断裂，和在现代建筑元素组成上的差异性，我主张所有历史文本都是处在“相同的水平上”，它们的作者是在“相同的概念领域”之内建构历史的，除了在这些文本之中不论有什么可能的不同之外，它们主要的关注点还是将阿尔伯蒂的三个原则融合成一个单一而统一的实体——因此，也证明了现代建筑运动真正具有的革命性本质。在 20 世纪早期，必需、适用和愉悦是一个经过重新综合的问题。这个问题恰好是为什么大多数建筑史学家都努力尝试在他们的谱系中证明 19 世纪建筑是一种处在蜕变与瓦解中的建筑：他们这样做是为了使之与现代建筑运动的凝聚力做一个对比，现代建筑运动以一种新美学为中心，成功地恢复了功能与结构的相关性。

发生在 20 世纪 60 年代现代建筑运动的问题，同样是充分依赖了三个原则的共存性的。巴纳姆、柯林斯和塔夫里的批评在很大程度上是将目标定在了对于已经失去了的现代建筑师内聚力的一种修复上，同时也将目标定在了对于那些基本建筑原则的再综合上了。然而，绝不是因为将三个原则合而为一产生了问题。20 世纪 60 年代的批判所针对的是其前的 3 个 10 年，但是，是在同一个战斗领域中这样做的：他们是在相同的时间和相同的距离上这样做的。所有这 9 位建筑史学家都详细阐释了一种历史话语，这种话语通过对客体本身，以及这一客体所进行交流的空间的建构而定义了现代建筑的特别特征。

艺术史 / 建筑史
The History of Art / The History of Architecture

在 20 世纪第一个 25 年中，一种在理论与分析方向上的艺术史与美学史的发展，是一种杰出的德国现象。自 19 世纪 80 年代以来，艺术史学家一直在精心阐述一条新的建筑之路，在对空间、体量与形式的感觉之路上，将他们的注意力集中在了这三个方面的美学质量上。这一过程的开始，通常是可以追溯到 1886 年，在这一年，海因里希·沃尔夫林（Heinrich Wölfflin）撰写了他的就职演说论文，论文的标题是《建筑心理学导论》（*Prolegomena zu einer Psychologie der Architektur*）[20]，但是，由康拉德·费德勒（Konrad Fiedler）所开始的外表复原，可以一直回溯到 1876 年 [21]。在这个较为开阔的方向上，艺术史学家强调了艺术作品和世界观与人生观的相互依赖性，同时也强调了文化不断进步的进程，如动词"扬弃"（aufheben）所表达的，这个词是从黑格尔的（Hegelian）传统那里沿用来的。这样一些在这种美学与哲学上下文语境中培育出来的艺术史学家，将他们的许多研究贡献给了他们自己时代建筑的发展：现代建筑的发展。但是，他们那些根本性的美学方法的基本理论概念常常是与那些现代建筑师所精心阐释的中心原则相互冲突的。

那些艺术史学家们的兴趣是在形式、空间与体量的视觉感觉上，其研究基础源自决定论历史哲学，试图通过社会、伦理与文化维度解读建筑本质。其结果是，他们低估了维奥莱-勒-迪克（Viollet-le-Duc）、加代（Guadet）和舒瓦西（Choisy）在法国的，或申克尔（Schinkel）和森佩尔（Semper）在德国的教学的影响力；的确，佩夫斯纳在 1969 年承认，"当他为雷诺·巴纳姆的博士论文进行指导的时候"，他已经偶遇了 19 世纪这些重要人物的许多理论著作[22]。其结果是，他们的谱系学倾向于缺少功能的和构造的维度，而这两个方面无疑正是现代建筑的基础。如我们已经看到的，自由平面、底层架空，以及形式、功能、材料和结构技术之间那些最为重要的关系，在他们的文本中普遍都是十分缺乏的，或者是从某种审美的观点上加以处理的。

然而，可能似乎有点荒谬的是，建筑的三个基本原则——必需（necessitas）、适用（commoditas）、愉悦（voluptas）——或多或少地被艺术史学家们包含在这三项原则中的第三个原则之中了。这并不是因为这些艺术史学家们将前两个原则的意义排除在外了，而是因为这一再综合的决定性条件，一般来说，正是隐含在他们的文本之中的。当然，他们赞同建筑师们在废除 19 世纪折中主义的紧箍咒中，对于建筑史中那些无穷无尽意义的批驳，但是，他们又在很大程度上将自己局限在另外一个取而代之的紧箍咒之中了，这是一个他们从现代艺术中借用而来的紧箍咒：用一句简单的话来说，他们要求建筑应该从绝对纯净的感觉出发，而保持某种赤裸的状态。这就是佩夫斯纳在看到由阿道夫·卢斯（Adolf Loos）设计的斯坦纳住宅（Steiner residence）时所应用的一种精神，作为 20 世纪 30 年代建筑中的一个范例，应该是多亏了它那赤裸的外观——而当时，他忽略了这座建筑在楼层的平面布置、体量的设计安排，以及结构模式上的古典主义特征[23]。

当然，这并不是限制那些建筑史学家们在其历史著述中对建筑产品这一特殊领域赋予意义，也不是对他们的影响进行限制。实际上，他们在建构现代建筑运动的历史基础，以及巩固现代建筑运动的审美意义与象征性特征方面，所起的作用是决定性的。在对于形式、空间与体量的分析方面，他们帮助创立了新建筑在外表（appearences）上的词汇，或者说，换句话说，是建构了这些外表（appearences）的生成规则。在将建筑的功能性需求与结构性需求单纯地联系在一起的时候，他们彼此间的不协调感，揭示了他们之间在意向与目标上的相互差别。他们那可实施性的行动方针当然也是指向了他们所提出的建筑的具体落实上，但是，他们潜在的方案却属于一种绘画或雕塑式的，这种绘画与雕塑式的设计方案，与建筑的实践性问题之间还存在有一定的距离。艺术史学家们并不是将建构作为一种目的而为其写作进行构思的。

与之相反，第一次世界大战之后的那一代艺术史学家们，大多数都还是属于那些正在寻求建筑的实践性问题的答案的建筑师们，他们提倡必需、适用与愉悦这三个原则之间的一种融合。毫不夸张地说，他们是将现代建筑的建造史的写作，作为他们的主要目标的。在不对希区柯克（他虽然至迟在1929年就已经是一位建筑师，以及一位再综合主张的鼓吹者，但却将自己献身于建筑史研究之中），巴纳姆（他是一位艺术史学家，但是他的兴趣却在作为一种形态及其组合方式的技术方面）和塔夫里（他是一位建筑师，但是却宣称了建筑之方案计划的终结——因而也宣称了建筑学本身的终结）之间的区别加以低估的前提之下，我认为，在1945年之后，那些历史话语是以一种建筑理论为背景而发展起来的，这种理论预设了一种直线笔、墨汁和透明纸的存在——那就是，将这一理论其自身潜在的建筑设计方案加以实际地实现。

从一种对佩夫斯纳和杰迪恩所描述的现代建筑的批评出发，泽维致力于去昭显功能性便利的重要性，以及（在一个较小的范围上）结构必需性的不可能被取代性。当然，他熟悉新建筑的审美决定性，但是，他拒绝手法主义者那种不顾功能与结构前提的复制与再现。他也认为存在有某种需求——或是责任，去运用他自己的术语学——为了从一种现代建筑的语法与句法中创作出作品，从而用新的和更为当代的规则，以一种与勋伯格（Schoenberg）在和弦领域的作品相似的方法，来取代那些古典的标准与规范。因此，他致力于去创造一种现代建筑语言：一种能够取代学术教条的现代性文献或实践性理论。

这样一种要求从来没有在 20 世纪 30 年代的艺术史学家所撰写的文章中被表达出来，即使他们的描述在其特征上变得约定俗成的时候，并且为其直接的再复制而建构了某种非直接的形态元素网格之后亦是如此。希区柯克已经——在 1930 年左右——在主要考虑功能与结构技术的国际式风格中，详细地描述了一种形态元素的分类方式，因而也为现代建筑的术语词汇建立了一个基础。但是，他那基本上是经验主义的象征式方法，并不等于是这样一种词汇的系统表述，只不过是比一种案例选集或范例编选形式稍稍向前迈进了一步。

贝内沃洛，在 20 世纪 50 年代后期所写的文章中，以必需为基础，而且，在一个较小的程度上，也以适用为基础，并且将审美愉悦放在了第三的位置上，从而对现代建筑运动表示了一种确认的态度。然而，无论是他还是巴纳姆都没有对建筑师可以直接使用或实际应用的规则。塔夫里坚决反对在资本主义的社会条件下对于当代建筑的语法与句法所做的任何明确表述，直到柯林斯《变化中的现代建筑思想》一书问世，某种有关生成规则的要求才又重新浮出了水面。

因此，泽维是一位先驱者，因为他察觉到了在对古典传统提出质疑的背后所留下的空白。尽管他的历史思想有其脆弱性，但是，他意识到了建筑作品需要某种对于生成规则及其体系的——几乎是标准化的——描述。柯林斯也意识到这一要求的意义及其重要性，尽管他并没有为这一生成规则及体系描绘出一种特殊的网格，但是他将其自身投入了为这一规则与体系定义某种先决条件的工作之中——那就是，建筑理论的那些基本原则。他也因而追溯到了阿尔伯蒂最初的理论之上，而他为当代建筑寻求基本概念的做法，使他一直回溯到了维特鲁威。

应该没有什么疑问的是，古典建筑的彻底衰落使得批评家、艺术史学家，甚至建筑师们自身，有可能接受某种现成而实用的态度——用一句塔夫里的话说——来为由最近的过去那些不同的甚至矛盾的历史中所反映出来的不同的甚至矛盾的理论提出某种定义。那么，如果我们假设一种如柯林斯所阐释的现代建筑语言，那么，我们就将涉及一种与布鲁诺·泽维截然不同的建筑语言。这标识出了一种将柯林斯的"建筑"与泽维的"建筑"区别开来的距离性标志。在另外一个方面，他们都从"相同的距离"上谈到了"同样的事情"：他们所面对的是在一个相同的概念领域中发生的事情。他们都是通过建构历史来建立现代建筑的未来的，或者，换句话说，他们两人都在从事历史／理论／设计的研究与工作。

因此，关于刚刚过去的事件与现象的解释，还不能够与即将到来之未来的建筑进程的规划与计划区别开来。尽管人们断言说，现代建筑的历史是从根本上对过去加以反对的，但是，对于在现在与未来的构思过程中，以及在建筑方案设计的过程中，所必需的知识与技能方面，现代建筑史具有基础性的意义。在这里我们不得不承认，那些将被作为久已失去的遥远过去黄金时代的所有那些原则与建筑形式的复兴、变化与重复，已经被作为 19 世纪所使用之建筑历史的基础，而隐现于我们这本文集中的诸种历史之中了。

最后，在艺术史与建筑史之间，存在有某种深刻的差异。一方面，这些差异应该与艺术目标与建筑目标之间的差异联系在一起；另一方面，也要与艺术史与建筑史学家们的目的与意向方面的问题联系在一起——如果，事情本身不具备这种可能的话。因为建筑的目的是创造生活空间，而建筑，在其他的事物中，预示出了功能与结构的针对性，这就显示了在建筑与其他艺术之间存在有某种明显的区别。必然地，建筑是与社会、经济和政治等条件直接联系在一起的。无论我们是否喜欢，建筑都为人类生存确定了某种实际的框架。另外，艺术作品无论是时代精神的表现，还是艺术家个人意识的表现，都并没有被要求来按照与功能或结构相关的方式来确定的，或者，至少没有按照相同的方式来将之联系在一起。艺术作品属于某种持久性的类型，而不属于那种与每日生活之流行相关联的类型。

在 20 世纪 20 年代与 30 年代的时候，艺术史学家们以他们的德国教育背景为基础，将注意力集中在了视觉感觉的探索，以及从某种不同寻常的科学角度对于过去那些设计范例的理解之上——在 15 世纪与 16 世纪意大利的艺术作品或 18 世纪法国的艺术作品及其理论上下文语境之下，他们对从文艺复兴到 1900 年的建筑的发展与进化的各个阶段进行了分析，但却没有将这一进化继续延伸到未来时代之中。例如，在 1914 年，保罗·弗兰克尔（Paul Frankl）是以他对建筑中已经发生的一种新的起点所做的观察，来作为他的论文结论的，然而，他也同时澄清了，他关于过去的解释，并没有为有关未来有可能发生些什么的假设留下任何余地 [24]。并没有在它们本身之中激起些什么浪花，这些艺术史文本为艺术家们提供了基于其自身体验的一种推断，一种极其丰富的知识，以及基于它们自身判断基础上的，并且可以作为意志的某种依赖的一种分析。了解或懂得在遥远的或最近的过去所发生之事，其本身并不具有决定性的意义，而且，对于当代艺术家的创作，也不具有任何可操作性的意义。

现代建筑的建筑史与建筑史学家们，在很大程度上是基于不同的观点而工作的，这可能是一种缺乏科学性的和不带偏见的观点，但是，却与实际的建筑目标非常接近。他们对多少离当前不是很久远的过去的建筑物进行了研究，其目的是从一些潜在的建构者的当代视角上去理解它们。他们的雄心是为建筑师们——而且首先和最重要的是为他们自己——提供对于即将来临的建筑问题的某种解答，同时，还将建筑的功能与结构，以及其形式的视觉感觉等问题牢记在心。因此，他们的文本起了某种直接煽动的作用，其中还包含有以这样或那样的方式而表达的，对于即将到来之未来的建筑物的某种可操作性的东西。

在 20 世纪 30 年代，对于现代建筑现象的历史方法——以其充分的严谨性——被三位在德国受到教育的艺术史学家们加以了应用。佩夫斯纳、考夫曼和杰迪恩，以一种坚实的理论基础和一种高度体系化的方法，而推断出了一种传统，但是，他们的研究是以一种与现代建筑师 /现代建筑史学家的勃勃雄心十分接近的，以清晰的可操作性为基础的。他们探索了一种能够激发他们自己时代的，以及即将到来之未来的建筑，获得某种视觉之感觉的原理——那就是某种空间的、体量的和形式的美学品质——以作为它们的标准。

在他们所感兴趣的意义方面，所出现的从艺术史领域向建筑史领域的转变，乍一看起来，似乎是对他们的"建筑理论"与他们对建筑所特别关注的事物之间出现的距离与割裂的一种解释[25]。同时，如果我们清晰地记得，那些艺术史家的著作对一代又一代建筑师的培养所产生的影响的话，这些影响也造成了现代建筑史上难以抹去的痕迹。如果我们还记得，在他们的谱系中，他们曾试图做出某种综合性的历史解释，那么这种影响就变得特别清晰了，这些解释——不管是正面的还是负面的——都没有被战后那一时期的建筑师 / 艺术史家们所忽略，也不可能被忽略。泽维、贝内沃洛、柯林斯、塔夫里，以及沿着多少有一点不同的路线的，如显得公正无私的历史学家希区柯克，或更像一位艺术史学家的巴纳姆，他们都对由艺术史学家们所详细阐释的诸多谱系的各个方面表示了欢迎或加以了抨击，但是，总体说来，他们对这些艺术史学家是尊敬的，并且将他们看作是他们自己研究的真正基础。其结果是，佩夫斯纳、考夫曼和杰迪恩的文本，对于任何有关现代建筑运动的历史研究方法，都是一个出发点；或者换言之，艺术史是建立在现代建筑历史的基础之上的。

建筑学的过去·现在·未来：差异性对同一性
The Past / Present / Future of Architecture： Difference VS. Identity

历史学家们是在未来与过去之间存在之差异场域中展开自己的工作的，在其中，现在则将那些曾经存在过的与那些我们对于未来所希望或所期待之东西联系与整合在了一起。而且，还是现在，成了介乎未来与过去两者之间之差异的地方，德里达称之为"处女膜"（hymen），但现在却没有一个给定的位置：它是处在一种持续变化的状态之中的，它是一种正在进化之物。我们对当下时间的感知（以现代建筑史的视角），是仍未消逝的过去，有别于已消逝的过去；向另外一个方向上的移动，它也可以是未来，是已经出现的未来，是还没有变成一种实际存在物的当前[26]。"在介乎未来（期望）与现在（实行）之间，介乎过去（记忆）与现在（现场）之间，以及介乎能力与行动之间，等等，在这一"处女膜"中所标记的，仅仅是一连串暂时的没有任何中心性的展示的差异，没有一种使过去和未来只是其变体的现在。"[27] 这种差异强调了多个"当下"无法共存，它正是我们思考历史概念的核心根源——那就是，我们有关过去、现在和将来在现代建筑的历史中共存的那些想法。

许多年以来，人们对于现代建筑的理解是被同一性逻辑所左右着的，这是一种思想形式，它试图通过将过去提升到这个相同的水平（现在）上而对另外的那个（过去）加以重构[28]。在差异性上的这一减少，使得现代建筑的建筑史学家们通过对于设计作品的选择或解释，在某一时间的任何一个点上，去发现那些与现在的设计项目具有"同一性"的设计案例，从而创造与当代生活的直接联系。以这样一种方式，过去的设计案例，能够作为一种现代建筑的预期而被感觉到——以一种佩夫斯纳所言的"年代误判"中所表达的感觉。

这种将历史对象加以挪用的做法，只能够通过把握隐含在这些设计案例可见事实的不透明性后面那些最初的意义来达到——如果我们不在乎将我们与过去隔绝开来的那些距离的话。不透明性 [一个被康拉德·费德勒（Konrad Fiedler）加以详细解释了的概念][29]确保了艺术与建筑作品是可以永恒展示的，同时也将其赋予其主体的当代性。作品的真实性并不是基于产生这一作品的社会性之上的：这是在历史学家们所关注的激励下的一种独特的形式、事物和思想的融合，因而也赋予这一作品以鲜活的体验。从这一点来看，过去不仅仅没有"过去"，而且在历史学家们的当代意识中还在不断地被主题化。过去的在场，这无疑是杰迪恩历史中的主要特征之一，他是在沃尔夫林（Wölfflin）的影响下，甚至更多的是在泽维的影响下，从事其工作的——而泽维则是步了克罗齐（Croce）的后尘——克罗齐认为，一切历史都是当代史。的确，无论是杰迪恩还是泽维都曾阐明了一种方法论或一条思想路线，这一方法和路线是聚焦在事物纯粹的可见性上的 [30]。当然，人们也不会忘记，这两位作者曾经为我们提供了完全不同时期的，以及不同从属关系的作品之间的比较性并置。然而，从更为一般意义上来说，在我们这本书中所有那些用可操作性的话语写作历史的建筑史学家（考夫曼、佩夫斯纳、杰迪恩、泽维和贝内沃洛）都将一个积极而正面的过去看作是一种已经过去了的现在，将所有其他东西，连同那些消极而负面的过去的衰落，都抛在了一边。考夫曼在 20 世纪早期的新建筑中，为一种诞生于 18世纪的新建筑奠定了基础，而贝内沃洛拒绝了对于过去的不公正做法，将现在作为与过去有关的唯一可能性关联。其结果是，他们只能从过去那些与现在如此接近的，甚至几乎表现为一致性的方面，来了解那些可以被作为现代建筑运动的先例性或预兆性的事实和事件。

在这些建筑史学家的著作中，过去的在场，其功能展示出一种可以在各种不同程度上加以实施的方法。先前存在的建筑顺应未来建筑的需求。从这一意义上说，建筑史学家并没有建构历史，而只是搭建了一系列研究计划。当然，他们的兴趣是在过去，但是，如果这样也就仅仅是提供了一个较好的基础，在这个基础之上，新建筑才能够被创造出来。因而，有关过去的知识，"如其实际上那样"，并不具有可以与已经成为现在的未来之知识相比较的真实意义，而从现代人的眼光看来，现在在其自身的想象力中，完全是屈从于过去的。

然而，在这本文集中的建筑史中，我们已经能够在 1960 年以后看到一种具有决定性意义的变化。现在，历史思考落在了差异性方面，这就如同是与逻辑同一性相对立的情形一样：这种批判性路径，是建立在试图发现现代建筑——20 世纪 20 年代与 30 年代那一时期出现的建筑——与过去和未来建筑之间同时存在的不同愿望的基础之上的。建筑史学家通过对那些设计案例之视觉存在的透明性检验，从而获得其中更为深层次的本质，来寻求这些设计案例的最初意义。基于费德勒的信仰所做的分析，透明性是作为一种消极性的负面概念而出现的，而这当然也是对我们刚才所讨论过的不透明性的一种补充。在这里，设计案例的真实性是在创造了这一真实性的这个设计案例的社会中找到的：这是在一个给定的地点与给定的时间中所统一起来的社会与文化条件下的，建筑与艺术诸原则的一种融合，这一给定的时间与地点，是可以通过穿越"透明的"可视表面而进入事物本身的概念内核中去，从而加以识别出来的。因此，其他的人，则将其自身设立为与其他情形相同的情况，并通过将先于其自身的及晚于其自身的情形所进行的比较，而为现代建筑的个性特征奠定一个基础。对于巴纳姆、柯林斯和塔夫里来说，现代建筑已经成了过去。

虽然如此，这些作者们的贬损性的行动方针绝不是负面的或消极的。这一行动方针并没有为了贬损或抹掉现代建筑运动，而将其推回到过去；其其实表现为一种更为深刻的积极与正面性，因为它所强调的是现代建筑运动的实际结构及其局限性，这使得我们能够在真正现代的（巴纳姆、柯林斯），或真正新的（塔夫里）建筑方向上超越它。这些建筑史学家认为，他们已经远离了过去（即使是刚刚流逝的过去：柯林斯是将现代建筑包裹在从 1750 年到 1950 年这 200 年的时期之中的，而他是在 1965 年写作的这本书，很小心地与那一个时期保持了某种距离），以期能够理解它的抽象的真实性，因而将其自身从它的束缚中解脱出来。巴纳姆对 20 世纪 20 年代与 30 年代的现代建筑进行了确认，而只要是这样做了，就将其从它那一整个文化之路上剥离了出来，从而使之能够与技术同步。其结果是，我们有资格去讨论一种历史的意识，这种历史意识的作用现在就如同是净化一样：

一种历史意识，带来了一种真正的净化 [我们被历史学家亨利－艾利略·马若（Henri-Irénée Marrou）告知说]，一种与那些意欲在心理层次上寻求建立一种与心理分析相类似的某种东西，这是对我们社会潜意识的一个释放……在一种情形中，就像在另外一种情形中一样，我们对这种心理状态进行了观察（初看起来有一些惊讶），通过这种观察，“过去的知识造成了对现在之影响的某种修正”。在每一种情形中，人们将其自身从一种过去中解放了出来，这是一个直到最后那一刻还将其蒙在鼓里的过去。他这样做不是为了忘却，而是因为要以某种充分有意识的方式，将其整合到过去之中，而再一次发现这一过去的努力。正是在这种意义上……历史知识将人们从过去的重压下解放了出来。在这里，历史再一次作为一种教育方式，一种训练场所，以及一种可以使我们获得自由的工具，而显现出来。[31]

基于这样一种思想线索，19世纪的历史学家们一直试图努力去精确地感知过去，就像它曾经所是的那个样子在其上下文语境中将复兴，如此也就可能实际地将其加以复兴。20世纪30年代的那些历史学家们试图从他们自己时代的观点上感觉过去，并且再一次将过去向回挤压（以一种压制的方式），却并没有了解它，或者，甚至连希望理解它的愿望也没有。另一方面，20世纪60年代的历史学家，努力去理解现代建筑运动的真实，从而力图从现代建筑运动的重负中将他们自身解放出来。从这一观点出发，现代建筑运动的真实历史仿佛成为一种精神分析，这种精神分析，允许那些深入现代建筑运动历史之中的人们，能够在其中获得某种自由驰骋的空间。

一根最为敦实的支柱支撑着现代建筑历史方向的变化，这根支柱就是德国艺术史学家鲁道夫·威特考沃（Rudolf Wittkower）。他最重要的贡献，被铭记在了他的著作《人文主义时代的建筑原则》（*Architectural Principles in the Age of Humanism*）一书中了[32]，这本书证明了文艺复兴时期的比例的真实意义后面的问题；间接地，威特考沃在现代建筑师所使用的和谐比例中，揭示了其意义，或其空虚。他提出了一种逻辑的同一性，以期能够恢复或重建一种差异，另外一种差异，即建筑历史中的差异。他的研究，在一定程度上是被柯林·罗所继续了的，并且在粗野主义的建筑师圈子中引起了争辩，此外这一研究基本上也是对雷诺·巴纳姆所撰写之历史的一个支持[33]。

当然，威特考沃并不是现代建筑的一位学生。虽然如此，我们仍然能够阅读到一个对于处在诸建筑原则各条线索之间的建筑的间接批评。他所试图要做的是，重建这些建筑设计原则，特别是比例原则最初的意义，就如同这些原则在 15 世纪和 16 世纪时的情形一样。一方面，他证明了形式与产生这一形式的社会这两者之间关系的意义；另一方面，他给出了一条更为接近的解释之路，在这条路上，16 世纪与 20 世纪之间的建筑一直在使用着这些原则——为了显示出这些原则，在剥除了它们最初的意义之后，仍然被应用在建筑方案的创造之中，尽管现在这些原则是作为规范设计构成中各个部分的简单实践规则而应用的。

当然，关于 20 世纪 20 年代在调节线（regulating lines）兴趣方面的复兴可能是没有什么疑问的。勒·柯布西耶将其作为《走向新建筑》（Vers une architecture）的主题之一[34]。即使是这样，在那一时期的调节线也仅仅是被作为一种形式控制的机械"手段"，或是一种"防止任意性的保证"[35] 而加以处理的，而与以社会为基础的符号化特征之间没有任何关联。对于勒·柯布西耶来说，直角"确定了一条对角线，这条对角线的若干平行线及其垂直线，表达了对次一级元素，如门、窗、嵌板等，直至最细微的细部方面，加以调整的深度"[36]，而他几乎是以与罗马主神殿、凡尔赛小特里阿农（Petit Trianon at Versailles）、拉肖德芳别墅（villa at La Chaux-de-Fonds，1916），以及欧特伊（Auteuil★1）的拉洛希别墅（Villa La Roche，1924）几乎完全相同的方式而做到这一点的。柱式的概念在这里是独立于场所、时间、人群，

★1　欧特伊，从前的一座位于塞纳河与布伦园林区之间的城镇，现在是巴黎的一部分。它是许多法国文学名人，包括莫里哀和拉芳登喜爱的聚会地。——译者注

或社会之外的。过去与现在是同一的，就像是彼此相同的，因而能够使即将到来之未来的建筑师的原创性变得合理。

威特考沃正是在这一关键点上介入其中的，以证明过去是另外之物，过去与现在之间有着深刻的不同。他给予柱式以一种社会的和文化的意义，这一意义取决于形式的另外一个方面。对于他来说，建筑不可能是人之自然本能的直接作用的结果，如勒·柯布西耶在描述原始棚屋时所主张的 [37]；正是一种功能，而不是一种概念、一种思想，掩藏在了形式之下。作为一种结果，他的分析可以被看作是对现代建筑，以及在现代建筑中任意使用柱式原则的一种批评。威特考沃的批评所依赖的是另外一个空间，是在 15 世纪的时空之中，这是为了证明它与现在的不同，以强调一种不再显现的过去的某种存在。

威特考沃关于这种差异性的思想方法，被瓦尔堡学派（Warburg School）所创立的形式与符号之象征意义的分析传统所继承 [38]。当然，这并不是深入讨论瓦尔堡学派的适当地方，这将对可视性存在的纯粹视觉感觉导向一个全然不同的方向上去，这一可视性存在，通过沃尔夫林，而弥漫在杰迪恩的历史之中，并且（在一个较小的程度上），渗透到了佩夫斯纳的历史之中。的确，在他于 20 世纪 30 年代离开德国的时候，佩夫斯纳承认他并不知道瓦尔堡学派，特别是埃尔文·帕诺夫斯基（Erwin Panofsky ★ 1）的存在 [39]。然而，我们将花费一点时间来讨论一下帕诺夫斯基，他——在威特考沃之前——也对艺术与建筑中的比例与透视问题感兴趣，他将差异性思想与同一性逻辑加以了对比 [40]。

★ 1　埃尔文·帕诺夫斯基（Erwin Panofsky，1892—1968），德裔美国艺术史学家，他的作品包括《象征主义研究》（1939）和《早期荷兰油画》（1953）。——译者注

帕诺夫斯基反对从历史学家现在的视角上去观察过去的艺术作品。一方面，他对于那种以从我们自己时代的价值体系中衍生出来的标准为基础而对事物进行的"经验主义"的观察提出了严肃的批评。例如，就像是在形式心理学方面发生的情况一样。另一方面，他试图为视觉形象解释方面的某种"科学"体系寻求某种定义，这样一种定义试图将艺术作品创造中的所有因素都纳入考虑的范围之内，其中包括时代精神的、技术的和社会的因素。为了做到这一点，他要求与过去保持一定的距离：而在"经验主义"的观察中，其视点是历史学家的，亦即，是在一个因为主题的出现，以及一种当前的价值体系所决定的特殊的空间与时间中的视角中进行观察的。在帕诺夫斯基的解释体系中，其观点是"如同阿基米德（Archimedes）所要求的一个点，这是一个驻留在生物圈之外的点，这个点允许我们将其作为理解"一个艺术作品"所处位置及其绝对意义的一个支撑点"[41]。这样一种绝对的观点，使其自身既没有地点也没有时间，尽管它赋予它所关注的对象以某种距离感，为了这一观点，我们不得不为了使其引人瞩目，而将我们自身置于过去的艺术作品之中。帕诺夫斯基试图运用康德哲学（Kantian）中有关如何作出一种科学判断的观念来确定它：它的因果关系特征不是从经验中得来的，而是被心灵植入经验之中的。被帕诺夫斯基所阐明的这一话语，是客观而不存偏见的；这是一种"全然不顾言说者个人的心理状态，言说时的历史情境，或文法上的规范性的冷峻的科学话语"[42]。

这一根本性的疏离感——亦即，与自己本身保持了一定的距离感，远离了主题的范围，即某个人自己的精神范围——似乎导致一种与客观对象之间相互联系上的理论距离；这是一个抽象的距离，是一个不能够透过时空来加以丈量的距离。然而，实际上，这一距离是对于过去的一种不诉诸感情的接近，一种将我们，即当下的人们，与久远的过去联系在一起的黏结剂。相反，若没有离开我们自己的圈子范围而去观察同一个过去，实际上则是将我们自己远离了这一过去，从而在现在与过去两者之间造成一个不可逾越的鸿沟。

这样两个彼此相反的距离形式揭示了由沃尔夫林的与将沃尔夫林的方法推断应用的现代建筑运动的历史学家们所采用的关于过去的"主观"方法，以及由帕诺夫斯基与 20 世纪 60 年代的建筑史学家们所做的对于过去的同样是推导演绎式的"客观"的分析之间所存在的重要不同。为了以他们在当前所能够看到的方式为基础来感觉过去的艺术作品，即使这一方法是经过了有系统地组织的，并且对于观察者的时间与空间进行了强调，因而也对那些正在被检验的时期的截然不同的价值加以了强化。另一方面，透过"考古学的"和"科学的"研究对一件艺术作品最初的意义，即这件艺术作品被创作之时所蕴含的意义，或相对于它同时代人的意义，所做的探索，对于将我们与这一被质询的作品分离开来的介乎两者之间的时间与空间是采取了认可的态度的，从而也在其间加入了历史性的概念。

此外，这种由帕诺夫斯基所鼓吹的关于过去的"科学"方法，对于心理生理学或主观判断加以了压制，并将对艺术作品的方法从一种外表化的层面（被认可的或被拒绝的形式）转换到了一种与其内容有关的层面之上（隐含在形式之后的意义）。这种转换揭示了一种在我们这本文集中所收入的那些现代建筑史学家们之间的次一级的不同：作为一种可视对象的过去的视觉感觉和作为对早期历史学家文本特征的重建（亦即，在形式层面上的重建），在最后那些著作者的文本之中，变成了一个对于过去的在意义（亦即，在可理解性的层面上）方面的理解。

这一转换使得有可能重塑处在过去的那些时代的价值——在一种思想的层面上，以及不具可视性的艺术产品的合理性上——先于，并且独立于，我们所质询的接近那些时期之作品形式的任何路径之外；简而言之，它们能够在没有形式的前提下被加以处理。对于 18 世纪理性主义的当代趣味现在被更多地放在了建筑师、艺术家和启蒙运动时代思想家们的著作的基础之上了，而不是在对同一时期艺术与建筑作品的审美再评价上。在所有他那些研究著作，特别是在他有关哥特建筑，以及作为象征形式的透视图的评论中 [43]，帕诺夫斯基在方向的把握上为这一变化作出了贡献，其方向以多种方式，将我们所处的时期与 20 世纪上半叶的那一段时期区别了开来。

然而，在现代建筑领域中占优势的同一性逻辑并非真正的是由帕诺夫斯基或由威特考沃所颠覆的。这两位艺术史学家，特别是威特考沃，无疑是在现代建筑的危机中起到了催化剂的作用，20 世纪 60 年代的艺术史学家，以或多或少还算清晰的方式，提到了他们两人的著作（巴纳姆谈到了威特考沃，塔夫里谈到了帕诺夫斯基）。然而，除了这些涉及的材料之外，有关其差异性的思考，作为有关现代建筑本身之危机的一个结果，落在了建筑师与建筑史学家们之间之争论的焦点上，其结果是关于它的不透明性的批评，以及对同一性逻辑的质疑，更为重要的是，对于被特征化了的过去的某种解释。现代建筑的历史学家们，当他们觉得需要重建形式的透明性，以及随之而来的对于某种诚实性话语的阐释时，他们开始在艺术史学家的文本中寻找某种有关差异性的思想；同样地，当他们开始将他们自己与现代建筑运动之间拉开一段距离的时候，他们开始思考差异性的问题，并且为了能够感觉到现代建筑运动的绝对意义而去思考它的真实存在问题 [44]。

因此，我们能够辨别清楚两个不同的历史概念。第一个，或现代的概念寻求缩短将我们与过去隔离开来的距离，从而能够透过现在人的眼睛来观察过去。第二个，或元现代（metamodern）的[45]概念试图在它自身与过去之间拉开一定的距离，这样它就能够透过那些当然是当代的，但同时也摆脱了用"事物循环周期"的眼睛来观察过去。现代的概念表现为对于过去所有时期的同时接近，但是，它是将其自身远离了这些时期。元现代的概念表现为将其自身与过去之间拉开了距离，但是，却在实际上又接近了过去。因而，元现代的历史——从里克沃特（Rykwert）那里借用了一种表达方式——希望与过去之间保持和平[46]。

正如我们不得不与我们的父母、我们的老师，以及一般来说比我们年长的人们之间保持和平，"像他们看待他们自己那样，同样也要完全像他们向我们所表现的那样，来看待他们"[47]一样，我们也不得不以相同的方式来，以过去本来的面貌，以及过去所展现给我们的面貌，来看待过去的建筑。我们必须承认，过去与我们自己的当下之间存在着差异。一方面，我们应该通过将我们自身从事物的循环周期中摆脱出来，来对过去加以研究（帕诺夫斯基、威特考沃）；而另一方面，我们应该通过重新进入事物的循环之圈中，来观察过去向我们所展现的东西（巴纳姆、柯林斯）。在这一意义上，元现代的历史，使 19 世纪理想的客观性（只不过是真理）与 20 世纪早期的主观性（透过现代人的眼睛观察过去）加以调和。从一种向过去的靠拢和一种与过去拉开一定的距离，元现代的历史学家们描绘出了一种对于历史的"平和"理解：一种自觉的历史真实性。

柯林斯是第一位提出了历史真实性的作者，同时，他也建立了与过去的根本不同，以及有关与过去保持和平的需求。他呼唤一种在城市与建筑中的历史连续性，因而试图消除在建筑发展过程中所引起的历史的现代概念的裂痕。正是柯林斯引入了元现代的历史概念，而关于这一概念，巴纳姆只是部分地触及。当巴纳姆从理想与意向的标准上对形式进行探索时，他理所当然地接受了与过去的根本不同，但是，在他对于未来之坚持不懈的质疑中，除了失败之外，却没有从过去汲取到任何东西。尽管他那清晰的立场有利于一种即刻到来之未来的历史，这一立场将会（以一种富于变化的清晰方式）从曲折的过去推断出进入未来之路，巴纳姆总是支持一种未来主义的建筑，在过去这种建筑只是被看作无法解决建筑与生活基本问题的建筑，这也是一些当代思想者们在将他们的注意力转向未来的过程中再一次提出来的问题。

当然，元现代的历史观既不排除建筑方案透视，也不能将其与历史实证主义相对等。问题的关键并不是在以一种客观的方法来了解过去，也不再有任何有利于实证主义的客观性的争辩方法。问题的关键在于像过去那样了解过去，即使不得不以多少有点主观的方式来做到这一点。此外，通过与过去保持一种和平，我们能够感觉到过去的本质，从而建立起一种"建筑法学"——用柯林斯的话来说——相应地，是为了提高方案的可实施性。"因此，一种关于过去的知识，对于我们自己时代多样化问题的这种有效接近是一个基本的条件。" [48]

按照上面所给出的分析方法，当一些建筑师拒绝现代建筑运动，并寻求恢复他们与过去的关系的时候，他们所表达出来的历史观念，从根本上证明了是现代的。无论我们正在讨论的是通俗的，抑或是 20 世纪 70 年代或 80 年代激进"折中主义"的各种后现代倾向 [49]，或是在欧洲城市好斗的"拟古主义"重建 [50]，我们正在公开地涉及现代方法，这一方法，以一种或另一种方式，在相同的同一性逻辑中被铭记下来了。

这些对于过去的"新"的接近，预示了"从过去发现的特定元素的一种非真实性"，授予"特定的形式——无论它们被称作是典型或是范例——从它们的上下文语境中选取出来，并作为一种构成游戏中的任意性组成成分而被使用"[51]。与那些最卓越的现代建筑史学家——如杰迪恩和泽维——相反，他们通过与过去的片段加以对比的方式而致力于使现代的创造正统化，这些建筑师的作品将过去的碎片与现在的创作混合在了一起。

罗伯特·文丘里——他将我们自己限定在一个有启迪性的例子中——声称过去和现在是同一的，从而将建筑转换进了艾略特（T.S.Eliot★1）在 1917 年所写的那些话语的历史意义之中：

> 历史的感觉包括感知与洞察，不仅包括过去的往事，而且也包括这一往事在眼下的存在；历史的感觉强迫一个人仅仅以他自己之力来书写他自己这一代人，但是，却用了一种感觉，即整个欧洲文学……具有一种共时性的存在，并且构成了一种共时性的秩序。这种历史的感觉，是一种永恒而暂存的感觉，永恒与暂存同在，这是一种使作者及时感受到其场所最敏锐意识的感觉，是他自己同一时代的感觉。[52]

这段引言强调了现代的，或过去的生活景象，正像我们在杰迪恩和泽维的文本中，或是在勒·柯布西耶的文本中所发现的。非常奇怪的是，在文丘里（Venturi）那里，这一强调支持了对现代建筑运动的质疑——的确，在《建筑的复杂性与矛盾》（*Complexity and Contradiction in Architecture*）一书的第 1 页中，他就这样做了。因而，我们能够得出

★1　托马斯·斯特恩斯·艾略特（T.S.Eliot，1888—1965），美裔英籍批评家与作家，其诗作《普鲁弗洛伊克的情歌》（1915）和《荒原》（1922）确立了他在文坛的重要地位。他也写作短剧，如《大教堂谋杀案》（1935）及作品评论文章，并获得了 1948 年诺贝尔文学奖。——译者注

一个结论，文丘里恰与现代建筑师对历史的批评相反，但是，他的历史观与现代建筑师们的历史观却是相同的。换句话说，透过当代的眼睛去观察过去，并非仅仅是一种现代方法——在现代建筑运动的意义上——故而这也是当代建筑其他倾向上的一个特征。这种遍及现代建筑历史中的杂乱无章的形式，并不是与它们所描述之现实唯一的联系：它们可能同时与一种全然不同的话语表述是联系在一起的。

现代建筑与历史真实
Modern Architecture and Historicity

　　术语历史主义（historicism）一词是从德语中的历史（Historismus）一词中衍生而来的，这个词是从 20 世纪 20 年代与 30 年代现代主义时期的建筑与艺术领域中，特别是在现代主义受到质疑（20 世纪 50 年代以后）的时候，获得它那非同寻常的意义的。休伯特·达米施（Hubert Damisch）将这个词定义为："这个新词'历史主义'……表示了，并刻画了，与建筑有关的地方，一个实践性整体的，或是以特别涉及历史风格的建筑为基础的，以及自由地求助于那些来自某种'古代'的，来自或远或近的过去时代的，来自民族传统中的，或者甚至来自外国，如果不是异质文化的，原型、形式或要素。"[53] 然而，直到相当最近一个时期出现的某种"纯粹的现代主义选择，拒绝所有借用来的形式"[54]，如希区柯克所观察的，历史主义的问题并不是真正从建筑学中间出现的。因为从过去建筑风格中借用来的形式的再利用，在 19 世纪总是被认可的，在 19 世纪时还没有什么特别的词汇来描述这件事情。

　　历史主义在它最初的德语意义中表示了一个历史的概念，这一概念将所有社会的和文化的现象都看作是与每一件特别的历史事实非常紧密地联系在一起的。这一定义包含两个不同的，尽管不是对立的，思想。按照一种历史哲学——一方面与 19 世纪早期的德国理想主义相关联；另一方面也与犹太—基督教观念中关于拯救的期待相联系——它决定了对于连续地朝向一个终点的乐观主义历史观点（换句话说，决定论观点）的一种强调[55]。在纯粹的历史术语中，它表示了一种积极的历史，以及通过这一历史的，一种植根于 19 世纪早期德国唯心主义哲学，但是这种哲学却决定了德国的历史概念，这是一种由利奥波德·冯·兰克（Leopold von Ranke）和威廉·冯·洪堡（Wilhelm von Humboldt[★1]）所建立的历史观（换句话说，历史实证主义的历史观）[56]。

相反，在建筑领域中这一术语的最近使用更多的是依赖于用英语发表的批评文章中——而且是在两个非常不同的领域中——主要是在德国受到教育的思想家：哲学家卡尔·波普尔（Karl Popper[★2]）和艺术史学家尼古拉斯·佩夫斯纳（Nikolaus Pevsner）。波普尔将历史主义看作是一种目的论的历史哲学，并将导致某种极权主义的结果，他得出结论说，"出于某种严格的逻辑原因，我们不可能预测历史进程的未来。"[57] 在 1961 年，佩夫斯纳使用了同样的术语来传达对于过去风格的建筑模仿，或从过去风格中获得灵感的意义——亦即，与达米施（Damisch）使用这个术语时相同的意义[58]。当然，佩夫斯纳争辩说，这与他在 1936 年的思想是完全相同的，那一年他拒绝了 19 世纪现代建筑运动先驱者们的折中主义，但是，当他在 20 世纪 60 年代谈到他向历史主义的回归的时候，他这时的目标是对引文的重释，以及对最近的过去之风格的复兴，这些风格还没有人模仿过[59]。这一点使得他将术语历史主义一词引入了关于现代建筑问题的争辩之中，并且使过去存在于当代建筑的进程之中了[60]。

尽管在他们各自的应用领域上有着各种各样的不同，波普尔对于历史主义的批评与佩夫斯纳对于历史主义的拒绝——后来，特别是被大卫·沃特金（David Watkin），并置在了一起[61]。——两个人都涉及

★ 1　威廉·冯·洪堡（1767—1835），德国语言学家、外交官。——译者注
★ 2　卡尔·雷芒德·波普尔（1902—1994），英国著名的哲学家，以其推动人们对科学推理的理解作出的贡献和对历史主义的批判而闻名。他的作品包括《科学发现的逻辑》（1931）和《开放社会及其敌人》（1945）。——译者注

了这个词最初的德语意义。两个人在方法上，都接受（尽管视角不同）了"每一个历史事件的特点是独一无二的，并且是特殊的，它们的被理解，不是透过任何预想的判断系统，而是各自透过他们自己时代的标准"[62]。我将把这一论点看作是理解佩夫斯纳的那些自相矛盾的话的一个出发点，佩夫斯纳是将历史主义（历史理论）看作是拒绝历史主义（对于过去风格的模仿）的一个基础。

那种认为所有社会的和文化的现象都是与任何一个给定时间的特殊的历史实际紧密地联系在一起的思想，在一个方向上，将我们引导到了时代精神的概念方向上。在另一方面，在作为朝向一个终点的不断进步的上升过程之历史的思想，暗示了每一个时期的时代精神的排他性，因此，这是一种在一个给定的时期内，从另外一个或多或少有些疏远的过去的某一时期的范例或形式中借用而来的非真实的（或颠倒的）特征。这两种思想都汇聚在了对以前时代的研究之上，但却不是从当代历史学家的观点出发，而是（尽可能地）从遥远过去人们的观点出发的。在这一意义上，今日有关文艺复兴的历史学家应该从他"人文圈子"中出现，以期透过一个文艺复兴时期人物的眼睛来观察文艺复兴——将其看作"实际的样子"。作必要修正后，那就是兰克的"像它实际的样子（wie es eigentlich gewesen ist）"，雅克布·伯克哈特（Jacob Burckhardt★1）的文化史（Kulturgeschichte），或潘诺夫斯基（Panosfky）的科学的视角，以及甚至柯林伍德（Collingwood）的"重演论"，这一"重演论"是从克罗齐（Croce）的当代史中衍生出来的。

★1 雅克布·伯克哈特（Jacob Burckhardt，1818—1897），瑞典历史学家，是具有文化导向的现代历史作家群体的开拓人之一，他的经典著作是《文艺复兴时期的意大利文化》（1860）。——译者注

然而，在更早一个时期时，我认为 20 世纪 30 年代的艺术史学家们看待过去——在现代建筑运动的诸谱系中——是透过他们自己时代的眼睛观察的。这在德意志的历史传统中可能是会有一些矛盾的？我倾向于一种否定的回答。为了理解他们所正在研究的这一时期的时代精神，历史学家不得不将他们自己从其人文圈子中解脱出来。正如伯克哈特（Jacob Burckhardt）所一直在做的那样，他们努力保持他们的客观性，致力于在不将他们的当代观点掺加进过去的前提下开展工作[63]。当然，方法论上的这种抽象并不意味着由我们自己同时代人对于每一时代的人和历史学家们所做的研究，没有以他们自己时代的眼睛，透过他们自己所处时代的精神，对他们的过去或现在加以观察——如瓦萨里（Vasari）、贝洛利（Bellori）和罗杰·德·皮勒斯（Roger de Piles）在他们的艺术家生涯中所做的那样。这是我们自己时代的历史学家们，为了使一种早已永久逝去的时代精神获得新生，他们在过去时代那些布满灰尘的雪泥鸿爪中搜寻时，所发现的。这就是为什么，尽管他们同时代的人努力做到尽可能的"客观"，但当他们的感觉伴随着时间的流逝，一直以一些全然不同的方式，来研究某一个或同一个客观对象时，他们所感觉到的是一些不同的过去[64]。

　　事实上，当这种在历史主义的德意志传统下的那些历史学家们开始对他们自己的时代进行观察之时——换句话说，一旦正在被研究的那一时期的时代精神与对其进行研究的历史学家们的观点变得一致的时候，问题就出现了。佩夫斯纳和杰迪恩的确是生活在赋予现代建筑的时代精神之中。很自然地，他们对于运用他们自己时代标准之现象的出现进行了研究；因此，他们不需要为了感知他们所研究对象的真实意义而脱离这一"人文圈子"。十分必要的是，他们应该留在这一圈子的中心位置上，以使他们自己能够——从他们所正在研究的那一时期观点上——去研究那一时期的作品及其对待所有既往时期的方式。

这在很大程度上解释了佩夫斯纳身上的矛盾，他以"如其所是的方式"对手法主义、巴洛克和洛可可进行了研究[65]，然而，为了（从他自己同时代的观点上进行）理解与写作一部从现代建筑运动那一时期所观察的建筑历史，他站在了他自己时代的中心位置上。

然而，的确无法回避的一点是，历史学家们转向了（他在 1942 年以一种公正的口吻写道）是否应该选择将其历史引向当前所发生之事件上的主张。但是，这样做却存在着某种巨大的诱惑。历史写作是一个选择的过程，也是一个价值判断的过程。为了避免将事情变得随意化，历史学家一定不要忘记兰克所怀有的以"如其所是的那样"对事件进行记录与撰写的抱负 ["像它实际的样子"（wie es wirklich gewesen ist）]。这一抱负，是以非常严肃的态度提出来的，包括一个人对其所选择时代，而不是其所处之时代的标准的遴选与评判。[66]

佩夫斯纳所认可的这种对于历史研究目标加以割裂的方法，已经在现代建筑运动的先驱者们那里被如此诚实地展现了出来，但是，这一方法在杰迪恩的《空间、时间与建筑》（Space, Time and Architecture）一书中已经变得具有绝对重要性。因而，那些透过当前人的眼睛观察过去的艺术史学家们的诸谱系，将这一方法持续到了从历史主义精神出发的当前时代之中。在这一坚定的信仰中，每一个历史时期的时代精神，就变成了某种游离于那一时代之外的东西，佩夫斯纳与杰迪恩可以满怀信心地宣称：

1. 他们自己的时代不同于以往历史上的任何其他时代。

2. 在当前的作品模仿了较早时期的建筑风格，或者被其所启发了的时候，就可能导致某种非真实的建筑，而这应该是必须避免之事。

3. 基于相信此前的各种风格有可能带来对其社会、文化与政治条件的复兴这一信念，曾经对其以前时代的风格加以复兴的 19 世纪，是一个具有欺骗性和幻想性的世纪。

4. 当前的建筑不得不与 19 世纪——也就是与那种对于过去风格加以模仿的时代——公开决裂，如果它希望真正变成是当前的建筑的话。

5. 当前时代的建筑不得不建立它自己时代的一些基本原则，如果它希望表达 20 世纪 20 年代和 30 年代的那些独一无二的、真正的时代精神的话，这些规则应该完全不同于以往时代的那些原则，因而这也就形成了一种运动的内聚力与亲和力，这一运动除了"现代"之外，再不可能是别的什么东西。

这一立场与我们这本文集中所讨论的其他历史学家截然不同，尽管在这些历史学家与历史主义的原则之间，常常存在着这样或那样的联系——这是一种历史理论意义上的联系。举例来说，泽维就曾受到过克罗齐的历史观（storicismo）的影响。巴纳姆在其思想的形成过程中受到了佩夫斯纳与考陶尔德学院（Courtauld Institute）的德意志传统的影响。柯林斯继续了由柯林伍德所提出的历史概念，这是一种在再论述的思想前提下主张对克罗齐的理论加以复兴的一种概念。而塔夫里孕育了一种决定论的历史哲学，这一哲学受到了严格的马克思主义的指导与影响。然而，他们的路线不能够被看作是对一种能够与德意志历史主义相提并论的整合的历史理论。

作为一种区别，人们可以说，被战后时代的历史学家们所采纳的这一方法，是从相同的历史主义中承袭下来的，无论它是否引出一些方法论方面或历史概念方面的问题，也无论它是否基于建筑的连续性而将过去的形式作为一种必要的条件而加以接纳。而且，我们甚至可以说，现代或现代之后的历史概念是同一种历史话语的两个方面 [67]，在这里它们被投放在了同一个战场之上，并且继续着与刚刚过去那一时期的建筑历史保持有相同距离的类似现象。

当他采纳了其前一个时代风格，并将其作为即将到来之未来的一个范例之时，这位历史学家是与作为一种历史理论的历史主义原则采取了截然相反的立场的。折中主义是以早期风格的象征性力量为基础的，这些风格一直被看作是一种理想的符号，并且是与创造这些风格的文化有着直接的关联的。这样一种荒谬的断言，最早可以追溯到文艺复兴时期，当时，阿尔伯蒂在他所有方向的相关论述中，都象征性地涉及了古代的传统，但是这一做法在 19 世纪时，特别是在西萨·戴利（César Daly）所主张"令现在自由，向过去致敬，对未来相信"[68] 的理念中，得以充分地膨胀。

与这样一种路线相反，现代建筑的历史学家将那种黄金时代的思想取而代之，在这一思想之前，未来的历史现象应该是以一种潜在的理想而屈膝于当前的现代作品的，而这将引导到一个更为遥远的，甚至是远古时代的过去，即使他们不得不象征性地屈膝于这种过去。在将这种一般性的过去有效地转化成一种令人憧憬的过去方面，历史主义是一种理论基础。当然，这样一种倾向，是与兰克的实证主义背道而驰的，兰克批判了他历史实践中任何目的性的思想，但是，这也反映出一种黑格尔的历史决定论与形而上学乐观主义的思想，以及一种历史性的技术哲学。

到了最后，处在现代建筑历史学家与传统之间的断裂成了一种象征性的裂隙。在他们作品中的一个更为深层次的本质中，他们正在试图将这个世界本身的连续性，以及建筑之基本原则的连续性重新恢复起来。这一维度被掩藏在了他们那积极行动方针的容易引起争辩的结构的重压之下：它被遮蔽了起来。一直到20世纪60年代，当现代建筑运动引起人们的质疑之时，它才一点一点地，再一次变得清晰可辨——这在很大程度上是对现代建筑运动的革命性热望的一种质疑——这是通过一种贬损性的行动方针，并令其处在与所谓的裂隙有着必要的距离之外，而使这一点变得可能的，这就在其真实的维度上主张了某种连续性：一方面，将现代建筑运动遗弃在20世纪20年代与30年代；而另一方面，则将人们所期待的一种建筑贯穿于20世纪60年代，这是一种在力求寻找其在当前之象征性本质的建筑，但是，这一本质还没有显现出来——换句话说，这是未来的一种象征性本质。

从这一点上来看，柯林斯的立足点完全不是向过去的回归。它是对建筑基本原则的一种确认，同时也是对某种连续性的一种确认，这种连续性预示了过去、现在和未来，都属于对于各个时期的一种单一安排的不同组成部分：这一安排对未来充满了期待。他们是否提出了现代建筑运动，是否对现代建筑运动提出了再思考，或者是否为了超越这场现代建筑运动，而对其提出了质疑，我们这本文集中的历史学家们都是在一个相同的层面上工作的。他们所表达的话语，与19世纪所表达的话语，是处在相同的距离之上的。

在这个意义上，对于与其所赖以出现之历史条件有关的形式的相关性与重要性的修复，强调了历史主义对现代建筑历史学家们的影响。他们在他们的文本中所凸显的建筑，首先都是现代的，不管其在当前的作品中与过去是协调的还是相悖的。现在，他们只讨论一种建筑，一种完全属于现在的建筑，一种目前还在不断改变与进化的建筑，就如同是一种活的有机体一样；这是一种熟知其历史性的建筑，因而它能够以一种批评性的姿态来面对其过去[69]——一种 20 世纪 60 年代的历史学家引导我们所了解的过去，将我们自己与它拉开了距离，因而我们能够接近它真实的本质，并且，我们能够将其本质应用于建筑方案之中，同时使其在象征意义这一层面上起作用。

以这样一种方式，历史学家们提倡了连续性。他们坚持说，建筑的进步以及整个世界的进步，或多或少都遵循了一种上升的态势，因此，对于过去之碎片（即柯林斯在其文本中所称的先例）的再使用，其作用在很大程度上是作为对于进化的某种证明，以及作为除了某种新的出发点之外的意义连续性的一个支撑点，这一新的出发点事实上就从来没有出现过。从本质上看，那些新的出发点代表了一种表现了对于过去的基本原则加以再发现的象征性方式，并且成了对于仍然处在来临之中的现在的支持，因而它与过去之间将存在某种必要的不同，从而起到朝着未来的方向向前跳跃的作用。

※

在他们的历史文本中，我们这本文集中的历史学家们提出了关于现代建筑的起源、鼎盛到衰落的各种各样的解释。为了理解这一跨越了 4 个十年的历史时期中的建筑实践与历史知识之间的关系，我们对其加以了比较——这是从一个主要的裂隙上开始的历史时期，然而，却是以其与过去之间关系的更新与接续而结束的。

在我们的连续阅读中，我们已经看到了，尽管现代建筑历史在其意义与目标上有着明显的变化，它们还是共享了一种相同的要素，这一要素编织出了一种与众不同的建筑话语结构。那些被称为历史的文本，是处在"相同的层面上的"，并且被配置在"相同的概念领域"，从而如同其在即将到来之现在的建筑应该呈现的那样，阐释了当前这一时刻建筑应该呈现的样子。因此，历史和理论变成了某种单一的实体，其中包括：①关于建筑本质的一种立场；②一种历史概念（哲学），透过这一概念（或哲学）而得到的有关一整个建筑历史的观点；③一种范例性元素网格，这些元素也同样编织出了一种历史解释的结构和一种有关即将到来之建筑所赖以产生的规则；④一种社会进程。这4个方面的维度将会创造一种文本化的建筑计划，这一计划的作用是成为建筑师们的一种理论指南。

这种容易引起争论的结构所强调的是现代建筑运动的"创新性"问题，以及处在现代建筑运动与过去之间的深刻的"裂隙"，及其依托一种符号性消解的背景所做的配置，这一配置（超越任何风格的历史）提倡某种对于建筑基本原则的再发现，以及对建筑之历史性的再认知——这一认知，现在属于一种预示了过去/现在/将来之间所存在之不可逆转之关系意义的认知。

这一问题现在不再是透过过去的眼睛观察世界了。这是一个将其自身建立在现在的基础之上，并且与过去保持协调与和平，从而了解过去，并运用过去的知识来提升即将到来之未来的建筑的水平。我们应该将建筑放置在对其起源（亦即，其历史）有所了解的基础之上，但是，我们应该使那些盯着未来建筑的眼睛盯在还没有出现的现在之上，然而，除非它首先对其过去有所了解，否则，它将永远不可能成为现在。

人们不可能将现代建筑与对于历史变化的一种认知区别开来，或是将其与它所赖以作为基础的历史性区别开来，从而为现代建筑和新建筑的存在确立起某种意义。现代建筑运动的历史学家和批评家，属于那些对于这个世界的历史存在，以及这个世界的真实性，最早加以阐释的人物之列——同样的历史存在，以这种或那种方式，支配或影响了当代建筑的所有趋势。

注释

前言

[1] 见 *The Shorter Oxford English Dictionary*，第 3 版，参见 "Historiography" 词条。

[2] 引自 *Le Grand Robert de la langue française*，第 2 版，参见 "Historiographe" 词条。

[3] 查尔斯·詹克斯，*The Language of Post–Modern Architecture*（伦敦，学术出版社，1977 年），第 9 页。

导言

[1] 关于用词选择，我受惠于弗朗索瓦·乔伊（Francoise Choay），见 *The Rule and the Model: On the Theory of Architecture and Urbanism*（剑桥，麻省理工学院出版社，1997 年），第 1~14 页。初版标题 *La règle et le modèle: Sur la théorie de l'architecture et de l'urbanisme*（巴黎，du Seuil 出版社，1980 年）。我是在 "事物所说" 的层面上进行分析的，我的 "话语" 描述也涉及了米歇尔·福柯，*The Order of Things: The Archaeology of Human Sciences*（纽约，Pantheon Books，1970 年）；初版名称 *Les mots et les choses; Une archéologie des sciences humaines*（巴黎，Gallimard 出版社，1966 年）；以及同上作者，*The Archaeology of Knowledge; and, The Discourse on Language*，翻译，谢里丹·史密斯（A.M.Sheridan Smith，纽约，Pantheon Books，1972 年）；初版名称 *L'archéologie du savoir*（巴黎，Gallimard，1969 年）。

[2] 见福柯，*The Archaeology of Knowledge*，第 49 页。

[3] 沃尔特·格罗皮乌斯，*Internationale Architektur*（慕尼黑，Albert Langen，1925 年）。

[4] 路德维希·希布尔斯莫（Ludwig Hilberseimer），*International neue Baukunst*（斯图加特，Julius Hoffmann，1927 年）。

[5] 阿道夫·贝内（Adolf Behne），*The Modern Functional Building*，翻译，麦克·罗伯逊（Michael Robinson，圣莫尼卡，盖蒂艺术史与人类学研究所，1966 年）；初版名称 *Der moderne Zweckbau*（慕尼黑，Drei Masken Verlag，1926 年），该书于 1964 年在德国重新发行，意大利语版本（1968 年）和西班牙语版本（1994 年）也有出现。我所阅读的是其美国版本。

[6] 阿道夫·贝内（1885—1948）从事建筑与艺术史研究。他也工作在技术教育与建筑批评领域，发表过若干本书籍，也对当时最重要的杂志作出过贡献。1933 年他被迫停止了教学，但是，他仍然留在德国，并且继续出版书籍，并将其兴趣引向了一些无关痛痒的历史性话题。

[7] 贝内，*The Modern Functional Building*，第 91 页。

[8] 古斯塔夫·阿道夫·普拉茨（Gustav Adolf Platz），*Die Baukunst der neuesten Zeit*（柏林，Propyläen Verlag，1927 年），一本经过二次修订的，并加以扩展的版本出现于 1930 年。我所涉及的是第二个版本。

[9] 古斯塔夫·阿道夫·普拉茨（1881—1947）曾经在柏林和德累斯顿学习建筑学，后来主要在曼海姆工作，1913 年之后是作为建筑师，1923 年是作为 Stadtbaudirektor（城市规划指导者）。1934 年他被迫离开德国，但是，不像其他著名的现代建筑流亡者们那样，战后不久他就立刻返回到了公共部门的位置上。

[10] 布鲁诺·陶特（Bruno Taut），*Modern Architecture*（伦敦、纽约，A.& C.Boni，1929 年）。另有德国版本，*Die neue Baukunst in Europa and Amerika*（斯图加特，Julius Hoffmann，1929 年），在同一年出版，并且在 1979 年再版。我所涉及的是一个英国版本。

[11] 布鲁诺·陶特（1880—1939）是在斯图加特学习的建筑学，他设计了相当多较大的建筑物——其中大多数是住宅建筑——但是他也在乌托邦主义及评论文章写作方面花费了相当的心血。为了对他的作品做一个概括的了解，请看库尔特·荣（Kurt Junghanns）的 *Bruno Taut, 1880—1938*（柏林，Elefanten Press，1983 年），以及伊爱恩·博伊德·怀特（Iain Boyd Whyte）的 *Bruno Taut and the Architecture of Activism*（剑桥，剑桥大学出版社，1982 年）。

[12] 陶特，*Modern Architecture*，第 2 页。

[13] 同上书，第 5 页。

[14] 同上书，第 8~9 页。

[15] 同上书，第 5 页。

[16] 同上书，第 3 页。

[17] 同上书，第 4 页。

[18] 同上书，第 5 页。

[19] 沃尔特·柯特·贝伦特（Walter Curt Behrendt），*Modern Building: Its Nature, Problems, and Forms*（纽约，Harcourt Brace；伦敦，Martin Hopkinson，1937 年；再版，韦斯特波特，康涅狄格州，Hyperion Press，1979 年）。贝伦特（1884—1945）出生于德国，曾作为一名公共部门的建筑师工作——在他于 1934 年离开家乡去新大陆寻求新的事业之时——他还同时出版了大量书籍。他与路易斯·芒福德（Lewis Mumford）的友谊及相互尊重，使他于 1934—1935 年受邀在达特默思学院做过一系列讲演。贝伦特在他的答谢中特别提到，这些演讲形成了他著作中的核心内容，这本书后来被芒福德描述为是"整个现代建筑运动中最好的一个文本，简洁而易懂，对于我们时代的特征，其社会，及其建筑学问题，并向我们的时代特征中赋予了历史的视角和丰富的洞识力"。

（路易斯·芒福德，*Roots of Contemporary American Architecture*，纽约，Reinhold，1952年，第 422 页。）在他离开德国之前所出版的最重要书籍，*Der Sieg des neuen Baustils*（斯图加特，Fr.Wedekind，1927 年），现已被翻译成英语，并将由盖蒂艺术史与人类研究所出版，并见大卫·萨姆森（M.David Samson），"'Unser Newyorker Mitarbeiter'：路易斯·芒福德、沃尔特·柯特·贝伦特与德国的现代建筑运动，"《建筑史学报》（*Journal of the Society of Architectural Historians*），第 55 期，第 2 卷（1996 年 6 月），第 126~139 页。

[20] 贝伦特，*Modern Building*，第 31 页。

[21] 同上书，第 32 页。

[22] 同上书，第 v 页。

[23] 见于尔根·约迪克（Jurgen Joedicke），*A History of Modern Architecture*，詹姆斯·帕姆斯（James C. Palmes）译（伦敦，建筑出版社；纽约，Praeger，1959 年）；最初是作为 *Geschichte der modernen Architektur: Synthese aus Form, Funktion und Konstruktion* 而出版的（Teufen，A.Niggli；斯图加特，Gerd Hadje，1958 年）。

[24] 见文森特·斯库里（Vincent Scully），*Modern Architecture: The Architecture of Democracy*（纽约，George Braziller，1961 年）。

[25] 见皮埃尔·弗朗塞斯特尔（Pierre Francastel），*Art et technique aux XIXe et XXe siècles*（巴黎，Editions de Minuit，1956 年）。

[26] 对于流派的分类，或者从更一般意义上说，在认知话语上的行动方针的类型学，在很大程度上归功于阿尔戈达斯·朱利安·格雷马斯（Algirdas Julien Greimas）的分析工作。见格雷马斯等（Greimas et al.），*Introduction à l'analyse du discours en sciences sociales*（巴黎，Hachette，1979 年）。

[27] 见大卫·沃特金（David Watkin），*The Rise of Architectural History*[伦敦，建筑出版社；威斯菲尔德（Westfield，N.J.），Eastview Editions，1980 年]。

[28] 见玛利亚·卢萨·斯卡维尼（Maria Luisa Scalvini）和玛莉亚·格拉齐亚·萨恩德里（Maria Grazia Sandri），*L'immagine storiografica dell'architettura contemporanca da Platz a Giedion*[罗马，乌菲斯纳（Officina），1984 年]。斯卡维尼和萨恩德里首先集中在于 1927--1941 年分别由古斯塔夫·阿道夫·普拉齐（Gustav Adolf Platz）、亨利–鲁塞尔·希区柯克（Henry–Russell Hitchcock）、菲利普·约翰逊（Philip Johnson）、尼古劳斯·佩夫斯纳（Nikolaus Pevsner）、沃尔特·柯特·贝伦特（Walter Curt Behrendt）和西格弗里德·杰迪恩（Sigfried Giedion）所出版的 6 本书，以表达并且批评地分析历史文本，"这些文本是学生们很难见到的"（第 9 页），而关于他两人书中的一些假设的分析与我的分析，加以了考虑（见其导言，第 13~23 页），这本书从整体上研究了那些正在被讨论

的历史的叙述结构，并且对这些历史被撰写的过程投注了精力。这就是将他们的著作与我所提出的现代建筑的历史编纂的思想区别开来的最为明显的不同。另见乔其奥·皮加菲塔（Giorgio Pigafetta），*Architettura moderna e ragione storica: La storiografia italiana sull'architettura moderna 1928—1976*（米兰，Guerini Studio，1993 年），其关注点集中在了意大利，由罗斯梅尔耶·哈吉·布莱特（Rosemarie Haag Bletter）对贝内（Behne）的 *The Modern Functional Building*（第 1~83 页）所做的拓展性介绍，也是将其兴趣清晰地放在了这本书写作的语境性背景之上了。

[29] 见柯林·罗（Colin Rowe），*The Mathematics of the Idea Villa and Other Essays*（剑桥，麻省工学院出版社，1976 年）。

[30] 见 艾 伦· 柯 尔 贡（Alan Colquhoun），*Essays in Architectural Criticism: Modern Architecture and Historical Change*（剑桥，麻省理工学院出版社，1981 年）。

[31] 见约瑟夫·里克沃特（Joseph Rykwert），*On Adam's House in Paradise: The Idea of the Primitive Hut in Architectural History*（纽约，现代艺术博物馆，1972 年）；大卫·沃特金（David Watkin），*Morality and Architecture: The Development of a Theme in Architectural History and Theory from the Gothic Revival to the Modern Movement*（牛津，Clarendon Press，1977 年）。

[32] 见休伯特·达米斯奇（Hubert Damisch），*Théorie du nuage*（巴黎，Editions du Seuil，1972 年）；同上，*The Origin of Perspective*，翻译，约翰·古德曼（John Goodman）（剑桥，麻省理工学院出版社，1994 年），最初是以 *L'origine de la perspective* 的题目发表的（巴黎，Flammarion，1988 年）。

[33] 见 乔 伊（Choay），*The Rule and the Model*；同上，*L'allégorie du patrimoine*（巴黎，Editions du Seuil，1992 年）。

第一章

[1] 西格弗里德·杰迪恩（Sigfried Giedion），*Space, Time and Architecture: The Growth of a New Tradition*（剑桥，哈佛大学出版社，1941 年），第 17 页，摘录部分得到了哈佛大学出版社的许可，版权合同，1941 年，1949 年由佛学院奖学金主席提供，关于这本书的资料可以从下面（本章注释 22）找到。

[2] 杰迪恩，*Space, Time and Architecture*，第 17 页。

[3] 同上书，第 8 页。

[4] 见肯尼思·弗兰普敦（Kenneth Frampton），《杰迪恩在美国：一种镜像的映射》，*Architectural Design* 51，第 6~7（1981 年），第 46 页。

[5] 见斯皮罗·考斯塔夫（Spiro Kostof），《建筑学，你与他：西格弗里德·杰迪恩的记号》，*Daedalus* 105，第 1 期（1976 年冬季），第 192~196 页。

[6] 按照法兰克（Frankl），其根源在于一个类似的传统，"建筑历史是与艺术的发展分离开来的，并且变成了一种历史性的学科。它不再为了找到新的原型或为了推介特别的类型而去努力了。它现在拥有了其作为人类知识的重要性（*Geistwissenschaft*）；在其局限性与发展方面，它导致了对于所有风格的理解。此外，这也显示出了在文学意义上的文艺复兴的重要性"。保罗・法兰克，*Principles of Architectural History： The Four Phases of Architectural Style，1420—1900*，翻译，詹姆斯・戈尔曼（James F.O'Gorman）（剑桥，麻省理工学院出版社，1968 年），第 194 页；最初发表的书名是：*Die Entwicklungsphasen der neueren Baukunst*（莱比锡，Verlag B.G.Teubner，1914 年）。

[7] 尼古劳斯・佩夫斯纳，"（旧约）士师记（或译民长记）第四卷，第 34 页；但是，上帝的灵降临到了（犹太勇士）基甸（Gideon）的身上，他吹响了号角"，*Architectural Review* 106（1949 年 8 月），第 77 页。

[8] 同上书，第 78 页。

[9] 尼古劳斯・佩夫斯纳，*Pioneers of the Modern Movement from William Morris to Walter Gropius*（伦敦，Faber & Faber，1936 年）。这本书在战后也曾在美国出版（纽约，现代艺术博物馆，1949 年）；后来做过一次重要的修改与再版，其标题是 *Pioneers of Modern Design from William Morris to Walter Gropius*（哈尔蒙德沃斯，Penguin Books，1960 年）。以此形式，它成了真正的畅销书，并且反复地再发行（在 1964 年、1966 年、1968 年、1970 年、1972 年、1975 年，经过修改后的再版，如 1976 年、1977 年、1978 年等），而且从来没有绝版。关于这本书的出版与修订的各个阶段，佩夫斯纳自己在 *The Anti-Rationalists* 一书的导言中提供了相当多的资料，该书的编辑是尼古劳斯・佩夫斯纳与 J.M. 理查德斯（J.M.Richards）（伦敦，建筑出版社，1973 年），第 1~8 页。我引用自它最初的版本。

[10] 尼古劳斯・佩夫斯纳（Nikolaus Pevsner，1902—1983），出生于莱比锡，并在那里学习艺术史。他曾在德累斯顿美术馆工作，在他于 1933 年离开德国去英国之前，他曾经在哥廷根大学从事教育工作。在他的第二家乡，他在研究、出版与教育领域显得极其活跃。从 1949 年到 1955 年，他是剑桥大学美术史领域的斯拉德（Slade）教授，自 1959 年到 1967 年他是伦敦大学伯贝克学院（Birkbeck College）的艺术史教授。在 1969 年他因其所做的艺术史方面的贡献而被授予爵位。关于佩夫斯纳，以及他在移民到英格兰之后在英国的影响，若需要更多的资料，请见亚力克・克利夫顿 – 泰勒（Alec Clifton-Taylor），"尼古劳斯・佩夫斯纳"，*Architectural History* 28（1985 年），第 1~6 页。在佩夫斯纳的许多出版物中值得注意的是如下一些：*An Outline of European Architecture*（哈尔蒙德沃斯，Penguin Books，1942 年）；*The Sources of Modern Architecture and Design*（伦敦，泰晤士与哈德逊出版社，1968 年）；*Some Architectural Writers of the*

Nineteenth Century（牛津，Clarendon Press，1972 年）；以及 *A History of Building Types*（伦敦，泰晤士与哈德逊出版社，1976 年）。关于佩夫斯纳生平更为详细的资料，见威廉姆·欧尼尔（William B.O'Neal），编辑，*Sir Nikolaus Pevsner: A Bibliography*，由约翰·巴尔汇编（John R.Barr），美国建筑学出版物编纂者协会（The American Association of Architectural Bibliographers），论文，第 7 辑（夏洛茨维尔，弗吉尼亚大学出版社，1970 年）。另见约翰·巴尔，"尼古劳斯·佩夫斯纳出版书目选编"，在 *Comcerning Architecture: Essays on Architectural Writers and Writing Presented to Nikolaus Pevsner*，编辑，约翰·撒默森（John Summerson）（伦敦，Allen Lane，1968 年），第 275~285 页，及弗尔维奥·艾瑞斯（Fulvio Irace），编辑，*Nikolaus Pevsner: La trama della storia*（米兰，Guerini，1992 年）。

[11] 埃米尔·考夫曼（Emil Kaufmann），*Vom Ledoux bis Le Corbusier, Ursprung und Entwicklung der autonomen Architektur*[《从冯·勒杜到勒·柯布西耶：自主建筑的起源与发展》（*From Ledoux to Le Corbusier: Origins and Evolution of Autonomous Architecture*），维也纳，Rolf Passer，1933 年]。这本书在相当后来的时候，曾经重新发行（斯图加特，Verlag Gerd Hatje，1985 年），并且仍然在重印中。在 1973 年这本书被翻译成了意大利文，并于 1981 年被翻译成了法文。我的引文来自最初的版本。所引的摘要，得到了 Verlag Gerd Hatje 出版社的同意。

[12] 埃米尔·考夫曼（Emil Kaufmann，1891—1953）出生于维也纳，并在那里追随一些杰出的教师学习历史 [马柯斯·戴维尔亚克（Max Dvořak）和约瑟夫·斯特拉兹戈斯基（Joseph Strzygowski）]，在阿洛斯·里格尔（Alois Riegl）与弗兰兹·威克霍夫（Franz Wickhoff）的精神影响之下。在纳粹德国吞并奥地利之后，他移民到了美国，在那里的一些不同大学中教授艺术史。关于考夫曼，见吉伯特·欧瓦特（Gilbert Erouart），"埃米尔·考夫曼的情势"（Situation d'Emil Kaufmann），是 *Trois architectes révolutionnaires: Boullte, Ledoux, Lequeu* 一书的导言，埃米尔·考夫曼著（巴黎，Les editions de la SADG，1978 年），第 5~11 页（法国译本的名称是 *Three Revolutionary Architects*，费城，美国费城学会，1952 年）。另见梅耶·斯卡皮罗（Meyer Schapiro），新维也纳学派，*Art Bulletin* 18，第 2 期（1936 年 6 月），第 258~266 页；朱利叶斯·冯·斯柯洛瑟（Julius von Schlosser），"Die Wiener Schule der Kunstgeschichte，" *Mitteilungen des Österreichischen Instituts für Geschichtsforschungen* 13，第 2 期，（1934 年），第 145~228 页。也请注意由埃米尔·考夫曼（Emil Kaufmann）逝世后出版的极其重要的著作：*Architecture in the Age of Reason: Baroque and Post-Baroque in England, Iraly, and France*（剑桥，哈佛大学出版社，1955 年）。

[13] 括号中插入的数字涉及了 *Pioneers of the Modern Movement* 一书中的页码数，在这本书中

特殊的限定条件至少被使用过一次。

[14] 佩夫斯纳，*Pioneers of the Modern Movement*，第 20~23 页。

[15] 在 *Morality and Architecture: The Development of a Theme in Architectural History and Theory from the Gothic Revival to the Modern Movement*（牛津，Clarendon Press，1977 年）中，大卫·沃特金严肃地批评了这本 *Pioneers of the Modern Movement* 书中"政治与宗教性"观点，这一观点是由卡尔·波普尔（Karl Popper）为了他关于历史决定论的批评而使用过的，并在这本书的框架中起作用。是从一种将普金（Pugin）的 *Contrasts*（1836 年）与佩夫斯纳的 *Pioneers* 两篇文字所做的关键性比较出发的，这两本书"将建筑解释为是某种别的什么东西的结果或表现"（第 1 页），沃特金得出结论说，"一种完全被时代精神所左右着的艺术史信仰，并与一种对于进步与创新的必要优越性的强调结合在一起，这一方面造成了使我们更接近破坏了我们对个人想象力之欣赏的危险；另一方面，也带来对艺术传统之重要性破坏的危险"（第 115 页）。

[16] 在他后来的作品中，根据他对此前一个时期的研究（见 *Architecture in the Age of Reason*），考夫曼转向了对那些导致 1800 年左右所出现的建筑学危机之因果要素的探索上。同时，他放弃了任何有关 19 世纪与 20 世纪的讨论。

[17] 见考夫曼，*Von Ledoux bis Le Corbusier*，第 5~12 页。另见休伯特·达米施奇（Hubert Damisch），"Ledoux avec Kant"，为埃米尔·考夫曼的 *De Ledoux à Le Corbusier: Origine et développement de l'architecture autonome*（巴黎，L'Equerre，1981 年）所写的前言，第 11~21 页（*Von Ledoux bis Le Corbusier* 的法文译本）。按照达米施奇的说法，考夫曼谈到了康的语言，康曾写到是数学打开了走向科学之路，"而这一点却被一个人的巧妙思想改变了，他全部时间都摆脱了，并且也确定了这一科学所必须遵循的道路，而这导致了某种不确定的进步。"（*Critique of Pure Reason*，伊曼纽尔·康伊曼努尔·康德 著，伦敦，亨利·G. 伯恩，1855 年），第 26 页。

[18] 考夫曼，*Von Ledoux bis Le Corbusier*，第 62 页。

[19] 见埃米尔·考夫曼，"克劳德－尼古拉斯·勒杜：新建筑体系的开创者"，*Journal of the American Society of Architectural Historians 3*，第 3 辑（1943 年 7 月），第 17~20 页。

[20] 见考夫曼，*Von Ledoux bis Le Corbusier*，第 62~63 页。

[21] 同上书，第 48 页，

[22] 西格弗雷德·杰迪恩，*Space，Time and Architecture：The Growth of a New Tradition*（剑桥，哈佛大学出版社，1941 年）。这本书是由一个系列演讲的内容形成的 [查尔斯·艾略特·诺顿（Charles Eliot Norton）系列讲座]，这是于 1938—1939 年在哈佛大学举办的一个系列讲座。在后来的四个版本（即 1949 年、1954 年、1962 年和 1967 年）中，杰迪恩对这本书加以了修订和扩展。到这样的程度以致远离了最初的出发点。例如，密斯·凡

德·罗在第一版中就没有，但是，在后来（与格罗皮乌斯和勒·柯布西耶）被作为现代建筑的三位大师而为人所熟知。阿尔瓦·阿尔托（Alvar Aalto）、约翰·伍重（Jorn Utzon）、丹下健三（Kenzo Tange），和城镇规划问题也通过各种版本而逐一表达了他们的面目。这些修订有它们自己的一个历史，这一历史并没有落在这本书的范围之内。

Space，Time and Architecture 一书是一本真正的畅销书，这本书仍然处在销售之中——并且仍然被人们所阅读——而且是在整个世界的范围之内。这本书被翻译成了 8 种语言（法语、德语、意大利语、韩语、塞尔维亚语、波兰语、日语和中文）。我将从最初的版本征引其中的内容，在特殊的情形下，我也会从第五版和最后一版中征引。

[23] 西格弗雷德·杰迪恩（Sigfried Giedion，1888—1965），生于瑞士。他是在维也纳科技大学（Technische Hochschule）学习的工程与机械，后来又到慕尼黑追随海因里希·沃尔夫林（Heinrich Wölfflin）学习艺术史。从 1928 年到 1956 年，他曾任国际建筑协会（CIAM）的秘书长。1938 年以后，当格罗皮乌斯邀请他在哈佛大学的查尔斯·艾略特·诺顿讲席上做演讲时，杰迪恩已经在美国从事研究与教学多年，只是在他去苏黎世的综合技术大学（idgenossische Technische Hochschule）工作时偶有中断。关于他个人及其工作，见保罗·霍夫尔（Paul Hofer）和乌尔里奇·斯塔克基（Ulrich Stucky）编辑出版的 *Hommage à Giedion：Profile seiner Persönlichkeit*（巴塞尔，Institut fur Geschichte und Theorie der Architektur and Birkhauser，1971 年）；索克拉蒂斯·乔治亚迪斯（Sokratis Georgiadis），*Sigfried Giedion：An Intellectual Biography*，翻译，柯林·霍尔（Colin Hall）（爱丁堡，爱丁堡大学出版社，1993 年）；最初发表的书名为 *Sigfricd Giedion：Eine intellektuelle Biographie*（苏黎世，Institut fur Geschichte und Theorie der Architektur and Amman，1989 年）；斯坦尼斯洛斯·冯·摩斯（Stanislaus von Moos），"Giedion e il suo tempo"，*Rassegna* 25（1986 年），第 6~17 页。在杰迪恩自己的著作中，除了 *Space，Time and Architecture* 之外，人们可以挑选出来的还有 *Building in France，Building in Iron，Building in Ferroconcrete*，翻译，邓肯·贝里（Duncan Berry）（圣莫尼卡，盖蒂艺术史与人类研究中心，1995 年）；最初是以 *Bauen in Frankreich，Bauen in Eisen，Bauen in Eisenbeton*（莱比锡，Klinkhardt & Biermann，1928 年）和 *Mechanization Takes Command：A Contribution to Anonymous History* 书名出版的（纽约：牛津大学出版社，1948 年）；*Walter Gropius：Work and Teamwork*（纽约，Reinhold，1954 年），最初出版的书名是 *Walter Gropius：Mensch und Werk*（苏黎世，Max E. Neuenschwander，1954 年）；*The Eternal Present：A Contribution on Constancy and Change*，第一册，*The Beginnings of Art*（纽约，Bollingen Foundation，1962 年），和第二册，*The Beginnings of Architecture*（纽约，Bollingen Foundation，1964 年）；*Architecture and the Phenomena of Transition：The Three Space Conceptions in Architecture*（剑桥，哈佛大学出版社，1971 年）。

[24] 杰迪恩，*Space，Time and Architecture*，第 3 页。

[25] 同上书，第 98 页。

[26] 同上书，第 99 页。

[27] 同上书，第 213 页；这是这本书的第四部分的标题，这本书所研究的是 19 世纪的最后 10 年，其目标是寻找现代建筑的先驱者。

[28] 胡安·帕布鲁·伯恩塔（Juan Pablo Bonta），*Architecture and Its Interpretation：A Study of Expressive Systems in Architecture*（伦敦，Lund Humphries，1979 年），第 238 页。

[29] 杰迪恩，*Space，Time and Architecture*，第五版，1967 年，第 7 页。

[30] 西格弗雷德·杰迪恩，"历史与建筑师（History and the Architect）"，黄道，第一辑（*Zodiac 1*，1957 年），第 56 页。

[31] 见杰迪恩，*Bauen in Frankreich*，第 1 页。

[32] 见杰迪恩，*Space，Time and Architecture*，第 6 页。

[33] 同上书，第 18 页；注意其在构成事实上的缺失，在 19 世纪，这取决于对形式或空间组织的抽象原则的选择。

[34] 见考斯托夫（Kostof），"建筑，你和他（Architecture，You and Him）"，第 191 页。

[35] 见保罗·祖克尔（Paul Zucker），"现代建筑运动开始时期建筑理论的自相矛盾（The Paradox of Architectural Theories at the Beginning of the Modern Movement）"，*Journal of the American Society of Architectural Historians*，第 10 辑，第 3 册，（1951 年 9 月），第 8~14 页。

[36] 同上书，第 13 页。

[37] 见柯林·艾斯勒尔（Colin Eisler），"Kunstgeschichte American Style：A Study in Migration"，见 *The Intellectual Migration：Europe and America*，1930—1960，编辑，唐纳德·弗莱明（Donald Fleming）和伯纳德·柏利恩（Bernard Bailyn），（剑桥，哈佛大学出版社，1969 年），第 544~629 页；埃尔文·帕诺夫斯基（Erwin Panofsky），"艺术史（The History of Art）"，见 *The Cultural Migration：The European Scholars in America*，由弗兰兹·L. 纽曼及其他人（Franz L. Neumann et al.），（费城，宾夕法尼亚大学出版社，1953 年），第 82~111 页；埃尔文·帕诺夫斯基，"美国艺术史三十年：一种移植自欧洲艺术史的印象（Three Decades of Art History in the United States：Impressions of a Transplanted European）"，见 *Meaning in the Visual Arts：Papers in and on Art History*（纽约，Garden City，1957 年），第 321~346 页，最初发表在 *College Art Journal* 14（1953 年），第 7~27 页；和大卫·沃特金（David Watkin），*The Rise of Architectural History*（伦敦，建筑出版社；韦斯特菲尔德，美国新泽西州，Eastview Editions，1980 年）。

第二章

[1]　布鲁诺·泽维（Bruno Zevi）生于1918年，是一个受到尊敬的犹太人家庭的孩子，而且对于他作为一个犹太人的认同感上总是十分强烈。他于1936年开始学习建筑学，而这时也正是墨索里尼统治的盛期。不久以后，泽维因其反法西斯活动而不得不流亡海外，最初是到伦敦，在那里他在建筑协会学院继续他的学习，然后，他到了美国，并于1941年，在哈佛大学研究生院获得了建筑学方面的科学硕士学位。在战争结束的时候，他回到了意大利。从1948年到1963年，他在威尼斯建筑学院（Istituto Universitario di Architettura in Venice）教授建筑历史，他于1960年在那里建立了建筑历史研究所（stituto di Storia dell'Architettura）。1963年之后，他在罗马大学建筑学院教授建筑历史。关于他进一步的资料，见其自传 *Zevi su Zevi*（米兰，Editrice Magma，1977年），关于这本书，我所使用的是其修订本 *Zevi su Zevi：Architettura come profezia*（威尼斯，Marsilio，1993年）；和安德鲁·奥本海姆·迪恩（Andrea Oppenheimer Dean），*Bruno Zevi on Modern Architecture*（纽约，Rizzoli，1983年）。

[2]　更为特别的是，泽维谈到了佩夫斯纳的 *Pioneers of the Modern Movement from William Morris to Walter Gropius*（伦敦，Faber & Faber，1936年），贝伦特（Behrendt）的 *Modern Building*（纽约，Harcourt Brace，1937年），和杰迪恩的 *Space，Time and Architecture*（剑桥，哈佛大学出版社，1941年）。见布鲁诺·泽维，*Towards an Organic Architecture*（伦敦，Faber & Faber，1950年），第9~10页；关于这本书更多的资料（最初发表于1945年），见本章注释6。在他所用资料后来的修订版中，他增加了由古斯塔夫·阿道夫·普拉兹（Gustav Adolf Platz）撰写的 *Die Baukunst der neuesten Zeit*（柏林，Propylaen，1930年）。见布鲁诺·泽维，*Storia dell'architettura moderna*（托里诺，Einaudi，1950年），第13页和561页。

[3]　他没有掩藏自己对杰迪恩的偏爱（"我认为这是它所讨论的这一个时期的最好著作，我从这本书中摘引了一些不同的引言和事实"，泽维，*Towards an Organic Architecture*，第34页），泽维始终对他的一些观点表示了质疑。在他于1948年在国际建筑协会上以"关于某种历史更正的需要"（The Need for a Historical Revision）为标题所做的讲演中，泽维罗列出了7点有关他对《空间，时间与建筑》一书的批评意见，见布鲁诺·泽维，"国际现代建筑协会上的演讲（A Message to the International Congress of Modern Architecture）"，见迪恩，*Bruno Zevi on Modern Architecture*，第126~134页；最初是以"Della cultura architettonica： Messaggio al Congres International d'Architecture Moderne"，的标题发表的，见 *Metron* 31~32（1949年）。泽维对于艺术史上的古典与生物学概念，按照这一概念，每一个历史时期都被划分为三个阶段，即①不成熟的幼年阶段；②辉煌与活跃的成熟期；③颓废与衰落的时期（同上书，第128页），而在其意义上，杰迪

恩将技术进步与形态组织对道德世界与艺术家之内在灵感的损害附加于其上。

[4] 泽维，*Towards an Organic Architecture*，第 10 页。

[5] 在这一章中，这些术语是在由布鲁诺·泽维所赋予它们的意义上被使用。

[6] 布鲁诺·泽维，*Towards an Organic Architecture*（伦敦，Faber & Faber，1950 年）；最初是以 *Verso un'architettura organica: Saggio sullo sviluppo del pensiero architettonico negli ultimi cinquant'anni* 的标目发表的（都灵，Einaudi，1945 年）。没有哪一个版本被重印过，而我所以加以征引的英文版本，是在 1967 年售罄的。

[7] 这种 V–1s 飞机每天晚上都从我们的头上飞过，有时候每 5 分钟至 10 分钟一次。这造成了极大的噪声，就像悬挂在一起的巨大铁链子发出的撞击声。然后，突然，当它就像那些自我推进的机械从你头顶上越过的时候，你感觉到了一种奇怪的寂静感，几乎是完全的沉寂。几秒钟之后，发出了一种剧烈的爆裂声，整座建筑物倒塌了。每天晚上你都不得不加以选择，或是钻入地下避难，或是待在奥斯陆庭院（Oslo Court）公寓顶层我的房间中写作（引自迪恩，*Bruno Zevi on Modern Architecture*，第 17 页）。

[8] 布鲁诺·泽维，*Architecture as Space: How to Look at Architecture*，米尔顿·吉恩德尔（Milton Gendel）译（纽约，Horizon Press，1957 年）；最初发表时所用书名是 *Saper vedere l'architettura: Saggio sull'interpretazione spaziale dell'architettura*（都灵，Einaudi，1948 年）。意大利文版本在 1956 年曾做过修订，到 1986 年时已经重印了 15 次，而且，至今仍然有售。英文译本是以 1956 年的修订本为基础翻译的，现在也仍然能够买得到（纽约，Da Capo Press，1993 年）。这本书于 1951 年被译成了西班牙语，在 1957 年被译成了希伯来语，在 1959 年被译成了斯洛维尼亚语与法语，在 1964 年被译成了匈牙利语，1966 年被译成了克罗地亚语、捷克语和日语，1969 年译成了罗马尼亚语。我是从美国的版本中加以摘引的。

[9] 布鲁诺·泽维，*Storia dell'architettura moderna*（都灵，Einaudi，1950 年）。这同一家出版社还于 1975 年出版了经过修订的第五个版本。像布鲁诺·泽维一样，书中的插图现在是分别出版的，*Spaz dell'architettura moderna*（都灵，Einaudi，1973 年）。1996 年出版的第十版，被扩展成了两册，并且覆盖了弗兰克·盖里（Frank O.Gehry）的作品。这本书于 1954 年被译成了西班牙文，1970 年被译成了葡萄牙文。我是从其最初的版本中加以征引的。

[10] 这两本书具有相同的结构，我们只要对其内容加以比较就可以看出这一点。第一本书中一些长段落被逐字逐句地包括在了第二本书中。例如，在历史（*Storia*）一书中第七章的前两节 "Poetica dell'architettura organica"，第 330~339 页，和 "Equivoci naturalistici e biologici"，第 340~343 页，在 1945 年的书中重复了 *intermedio*，第 66~76 页。

[11] 布鲁诺·泽维，*Architettura e storiografa*（米兰，Tamburini，1950 年）。一个修订过的

版本发表于 1974 年（都灵，Einaudi）。这篇论文在 1978 年被翻译成英语，并作为《现代建筑语言》（*The Modern Language of Architecture*）（本章注释 14）。1958 年译成了西班牙文，1976 年译成了日文。

[12] 布鲁诺·泽维，*Il linguaggio moderno dell'architettura: Guida al codice anticlassico*（都灵，Einaudi，1973 年）。一个修订的版本发表于 1974 年，1978 年出现了一个英文译本（本章注释 14）。

[13] 见迪恩，*Bruno Zevi on Modern Architecture*，第 50~51 页。

[14] 布鲁诺·泽维，*The Modern Language of Architecture*，罗纳德·斯特洛姆（Ronald Strom）和威廉·帕克（William A.Packer）译（西雅图，华盛顿大学出版社，1978 年）。这本书经过了多次重印，至今仍然有售（纽约，Da Capo Press，1994 年）。这一经过综合的版本 *Il linguaggio moderno dell'architettura* and *Architettura e storiografia* 后来于 1981 年被译成了法语，并于 1986 年被译成了希腊语和希伯来语。我是从第一个美国的版本中加以索引的。

[15] 见泽维，*Architecture as Space*，第 138 页。

[16] 转引自迪恩，*Bruno Zevi on Modern Architecture*，第 92 页。

[17] *Zevi su Zevi*，第 57 页。

[18] 见泽维，*Towards an Organic Architecture*，第 143 页。

[19] 泽维，*Architecture as Space*，第 113~114 页。

[20] 见布鲁诺·泽维，"Ebraismo e concezione spaziotemporale nell'arte"，在 *Zevi su Zevi* 一书中，第 120~131 页；最初出版的书名是 *La Rassegna Mensile di Israel*（1974 年 6 月）。

[21] 见泽维，"Ebraismo e concezione spazio-temporale nell'arte"，第 130 页。

[22] 同上。

[23] 同上书，第 127 页。

[24] 同上书，第 130 页。

[25] 见迪恩，*Bruno Zevi on Modern Architecture*，第 94 页。

[26] 泽维，*The Modern Language of Architecture*，第 52 页。

[27] 同上书，第 226 页。

[28] 同上。

[29] 同上书，第 230 页。

[30] 当然，这种对其根源的召唤，令我们想起了约瑟夫·里克沃特（Joseph Rykwert）的论著 *On Adam's House in Paradise*。然而，在这两种方法中存在有一种重要的不同。为了达到在现实中的净化，泽维回到了过去，并且指出了通向将来之路，已经知道了他的模式（弗兰克·劳埃德·赖特），以及现代语言的基本架构。他主要是从意识形态方

面回到了其源头。另一方面，里克沃特是从希望发现未来建筑的企图下撰写了亚当棚屋的历史。他并没有提议什么，他只是沉迷于研究之中，以寻求一种语言。

[31] 泽维，*The Modern Language of Architecture*，第 61 页。

[32] 同上书，第 8 页。

[33] 泽维，*Towards an Organic Architecture*，第 88 页。

[34] 同上书，第 86 页。

[35] 泽维，*Architecture as Space*，第 82 页。

[36] 泽维，*The Modern Language of Architecture*，第 57 页。

[37] 同上书，第 57~59 页；增加了一些重点。

[38] 见弗兰克·劳埃德·赖特，*The Living City*（纽约，Horizon Press，1958 年），和罗伯特·菲斯曼（Robert Fishmann），*Urban Utopias in the Twentieth Century*（纽约，Basic Books，1977 年）。

[39] 见泽维，*Storia dell'architettura moderna*，第 542~543 页，第 552 页。

[40] 转引自迪恩，*Bruno Zevi on Modern Architecture*，第 42 页。

[41] 见布鲁诺·泽维，"Benedetto Croce e la riforma della storiografia architettonica"，在 *Zevi su Zevi* 一书第 23~31 页；最初发表的书名是 *Metron* 47（1952 年 12 月）。

[42] 见本尼迪托·克罗齐（Benedetto Croce），*The Philosophy of Giambattista Vico*，翻译，罗宾·柯林伍德（Robin G.Collingwood）（纽约，Macmillan，1913 年）；最初发表时的书名是 *La filosofia di Giambattista Vico*（巴里，Laterza，1911 年）。

[43] 见迪恩，*Bruno Zevi on Modern Architecture*，第 20 页。

[44] 见泽维，*Architecture as Space*，第 227 页。

[45] 见里奥内罗·文丘里（Lionello Venturi），*History of Art Criticism*，翻译，查尔斯·马里奥特（Charles Marriott）（纽约，Dutton，1936 年）。

[46] 泽维，*Architecture as Space*，第 227~228 页。

[47] 泽维，*The Modern Language of Architecture*，第 47 页。

[48] 同上书，第 92~96 页。

[49] 泽维，*Architecture as Space*，第 228 页。

[50] 同上书，第 241 页。

[51] 泽维，*The Modern Language of Architecture*，第 116 页。

[52] 见布鲁诺·泽维，"历史作为建筑教学的一种方法"，在 *The History, Theory, and Criticism of Architecture*，从 1964 AIA–ASCA 教学研讨会上发表的论文，Cranbrook，编辑，马库斯·威芬（Marcus Whiffen）（剑桥，麻省理工学院出版社，1965 年），第 11~21 页。

[53] 泽维，"历史作为建筑教学的一种方法"，第 17 页。

[54] 见泽维，*Storia dell'architettura moderna*，第 19 页。

[55] 泽维，*Towards an Organic Architecture*，第 100 页。

[56] 同上书，第 76 页；亦见泽维，*Storia dell'architettura moderna*，第 343 页。

[57] 按照泽维的说法，理性主义的危机在德国、意大利和苏联主要是与 1933 年至 1940 年那一时期的政治条件联系在一起的，他用了一整个章节来讨论这一危机，特别强调了苏联的"寓言"，尽管没有将其作为一个案例来研究（见泽维，*Towards an Organic Architecture*，第 35~45 页，和 *Storia dell'architettura moderna*，第 174~193 页）。与之相反，在理性主义危机在法国被以民主的方式加以控制，使他看到建筑作为一种由理性主义本身的所造成内在的衰落现象，因而他将之作为一个典型的例子。

[58] 见泽维，*Towards an Organic Architecture*，第 46~50 页，及 *Storia dell'architettura moderna*，第 196~201 页。

[59] 泽维，*Towards an Organic Architecture*，第 105~111 页。

[60] 见泽维，*Architecture as Space*，第 160~224 页

[61] 同上书，第 222 页。

[62] 同上书，第 223 页。

[63] 同上书，第 73~159 页。

[64] 见泽维，*The Modern Language of Architecture*，第 5 页

[65] 同上书，第 73 页。

[66] 同上书，第 7 页；增加了强调。

[67] 同上书，第 15 页。

[68] 见艾尔温·潘诺夫斯基，*Perspective as Symbolic Form*，翻译，克里斯托夫·伍德（Christopher Wood）（纽约，Zone Books，1991 年）；最初发表的标题是"Die Perspektive als 'Symbolische Form'"，*Vorträge der Bibliothek Warburg*（1924—1925 年），第 258~330 页。

[69] 泽维，*The Modern Language of Architecture*，第 33 页。

[70] 同上书，第 43 页。

[71] 同上书，第 52~53 页。

[72] 同上书，第 57 页。

[73] 同上书，第 63 页。

[74] 同上书，第 73 页。

[75] 同上书，第 46 页。

[76] 同上书，第 67 页。

[77] 同上书，第 20 页。

[78] 同上书，第 15 页。

[79] 见泽维，*Architecture as Space*，第 22~23 页。

[80] 泽维，*The Modern Language of Architecture*，第 35 页。

[81] 见泽维，*Towards an Organic Architecture*，第 11 页。

[82] 同上书，第 144 页。

[83] 泽维，*Architecture as Space*，第 28 页。

[84] 同上书，第 32 页。

[85] 见泽维，*Towards an Organic Architecture*，第 72~76 页；同前，*Storia dell'architetura moderna*，第 340~343 页。

[86] 莱昂·巴蒂斯塔·阿尔伯蒂（Leon Battista Alberti），*On the Art of Building in Ten Books*，翻译，约瑟夫·里克沃特（Joseph Rykwert），尼尔·里奇（Neil Leach）和罗伯特·塔沃诺（Robert Tavernor）（剑桥，麻省理工学院出版社，1988 年），第 156 页；最初发表的题目为 *De re aedificatoria*（佛罗伦萨，1485 年）。

[87] 泽维，*The Language of Modern Architecture*，第 75 页。泽维曾涉及西奥多罗·安多诺（Theodor W.Adorno）和马科斯·霍克海默尔（Max Horkheimer），*Dialectic of Enlightenment*，约翰·卡明（John Cumming）译（纽约，Continuum，1972 年）；最初发表的标题为 *Philosophische Fragmente*（纽约，Institute of Social Research，1944 年）。

[88] 见弗朗索瓦·乔伊（Francoise Choay），*The Rule and the Model: On the Theory of Architecture and Urbanism*（剑桥，麻省理工学院出版社，1997 年），第 99~101 页，第 112~113 页。

第三章

[1] 莱昂纳多·贝内沃洛（Leonardo Benevolo）生于 1923 年，在罗马受到的建筑教育，毕业于 1946 年，那是在战争结束后不久。他曾在罗马、佛罗伦萨、威尼斯和巴勒莫教授建筑历史，而同时他也作为一位实践建筑师，尝试着使他作品的技术与历史方面能够相与协调。

[2] 莱昂纳多·贝内沃洛，*Storia dell'architettura moderna*（巴里，Laterza，1960 年）。到 1996 年，这本书已经被重印了 18 次。这本书于 1971 年被译成了英语，1974 年译成了西班牙语，1978 年译成了葡萄牙语，1979 年译成了日语、法语和德语。*History of Modern Architecture*，英文译本的译者是兰德里（H.J.Landry）（伦敦，Routledge & Kegan Paul；剑桥，麻省理工学院出版社，1971 年），是以经过修订的意大利文第三版为基础翻译的，只是没有包括其结论部分，这一部分很显然还在进一步的修订之中。我所引的部分来自美国的版本。

[3] 此外，莱昂纳多·贝内沃洛还发表了如下著作：*Introduzione all' architettura*（巴里，

Laterza，1960 年）；*The Origins of Modern Town Planning*（伦敦，Routledge & Kegan Paul；剑桥，麻省理工学院出版社，1967 年），朱迪思·兰德里（Judith Landry）译，最初发表时的书名为 *Le origini dell'urbanistica moderna*（巴里，Laterza，1963 年）；*The Architecture of the Renaissance*（伦敦，Routledge & Kegan Paul；Boulder，Colo.Westview Press，1978 年），朱迪思·兰德里译，最初发表时的书名为 *La storia dell'architettura del Rinascimento*（巴里，Laterza，1968 年）；*La città italiana del Rinascimento*（米兰，Il Polifilo，1969 年，麻省理工学院出版社，1980 年），最初发表的书名为 *Storia della città*（巴里，Laterza，1975 年）；*L'ultimo capitolo dell'architettura moderna*（巴里，Laterza，1985 年）。

[4] 贝内沃洛，*History of Modern Architecture*，第 x 页。

[5] 同上书，第 ix 页。

[6] 同上书，第 xii 项。

[7] 历史主义与温克尔曼引入的"客观"或公正看待过去的方式相关联，温克尔曼指出："古典的古代，在这里被看作是一个黄金时代，理想化地落在了历史的分界线上，并且适时地以其客观地位而为人们所知。……第一次，（温克尔曼）开始如其所是的那样对古代艺术加以研究，而不是将它们看作是某种时髦的东西，正是因为这一点，使他当之无愧地成了艺术史的奠基人；同时，他还将古代作品看作是可以被模仿的范例，或是变成一种新的运动——新古典主义的理论基础。……但是，这种新的态度很快就突破了古典形式的限制，同样的处理方式也可以应用于从过去沿用而来的几乎所有类型与形式之上，也包括中世纪或异国情调之类的东西，从而产生了各种不同的'复兴式'建筑。"（同上书，第 xxiv~xxvii 页）。

[8] 同上书，第 271 页。

[9] 这一倾向可以从其前言的字里行间，并确实可从这一整本书中读出来，同时，这一点也在贝内沃洛为其法文版导言 *Histoire de l'architecture moderne*（巴黎，Dunod，1978 年）的注释中被清晰地加以了说明。

[10] 贝内沃洛很清楚地表明了他在盎格鲁—撒克逊的历史学家们所使用的意义上，感觉到并接受了术语"历史决定论"——那就是，对于一种成功的复兴的描述——而不是从哲学史的角度上所赋予这个词的意义（见贝内沃洛，*History of Modern Architecture*，第 xxvii 页）。在最后一章我们将会回到这一问题上。

[11] 贝内沃洛，*History of Modern Architecture*，第 xxvii~xxix 页。

[12] 同上书，第 330~331 页。

[13] 同上书，第 xi 页。

[14] 同上。

[15] 同上书，第 493 页。

[16] 同上书，第 493~494 页。

[17] 第一种二元论的例子包括：演绎对归纳（494）；理性对感觉（122）；深思熟虑对热情冲动(435)；规划中的客观元素对主观元素(309)；客观性方法论对主观性选择(309)；眼睛对大脑（257）。第二种二元论的例子包括：个人优势对集体优势（122）；主观美对客观美（436）；部分责任对一般责任（445）；艺术性介入（玩世不恭）对道德性介入（社会改革）（435）。括号内的数字所涉及的是贝内沃洛的 *History of Modern Architecture* 一书中的页码。

[18] 我关注了 *Storia dell'architettura moderna* 一书中的第 9、第 10、第 12、第 13 和 14 章，其中涉及的是现代建筑运动的先驱者，以及现代建筑运动在 20 世纪后期的影响，以确定其主要的视觉元素，以及对于这些元素加以描述的方法。在这里以及后面的注释中，括号中的数字所涉及的是贝内沃洛的 *History of Modern Architecture* 一书中的页码，在这些页中至少有这些元素中的一个例子被发现。如 *Rejection of the past as a whole* 中的"对传统的拒绝"（285）；"驱散从前建筑习惯中的所有重复的和残存的东西，空间再一次变得洁净、统一和空白，就像是一块纯净的画布一样"（490）；"所有与传统的关联都被废除了"（460）。*Rejection of morphological and compositional components from plane A* 中的"古典规则"（327）；"构图的传统规则"（326）；"穿上新古典主义的外衣"（477）；"对称的平面"（285）；"对称"（327）；"有关建筑秩序的意见"（327）；"其建构要素毫无疑问地保留了与传统要素中全部内容相似的东西"（326）；"古典主义与现代主义之间令人气馁的妥协"（288）。

[19] "只是在将建筑作为对城市生活的一个贡献时建筑才是重要的"（341）；"卫生要素的关键重要性（阳光、空气、植被）"（335）；"开放的街区"（481）；"空间优雅的建筑物"（335）。

[20] "按照分布性的需求而清晰地表达了的"（502）；"这是一座复杂的建筑，正如生活于其中的生命体是复杂的一样"（424）；"功能有机主义"（477）。

[21] "将现代技术条件考虑进来"（285）；"每一个非结构元素的抽象消除"（301）；"在钢构架、竖向支撑和楼板之间的结构加强体"（329）；"其构件是真实而非显示性的统一"（328）；"细部是杰出的"（386）。

[22] "纯粹的材料"（490）；"耐久性材料"（460）；"墙面上使用的白色灰浆"（425，446，460）；"架构在金属上的玻璃"（425）；"黄色的砖……红色的砖……灰色的混凝土"（460）；"易受损害的节点被更为耐久的材料所解决"（460）；"细部的设计出于激情"（461）。

[23] "形式上的简化"（326）；"形成一个抽象的强调几何价值的设计组合"（446）；

"简单的几何棱柱"（490）；"隐现的柱子，装饰精美泰然自若的房屋顶板"（490）；"体积是闭合的和完整的"（424）；"形式的严肃性"（424）；"由细长而规则布置着的柱子所承载"（445）；"立面的组织并没有包括在墙体范围的边界上"（425）；"上层楼板被处理成为一条带子，而连续的窗框带延伸到了屋檐下"（461）；"两部螺旋形楼梯，从其玻璃外壳外完全可以看得到"（386）。

[24] "一种从未有过的新鲜的处理"（306）；"原创性概念的新鲜感"（456）；"一种新的词汇，一种新的句法"（265）。

[25] "一种全新的建筑，从与过去的任何关联中解脱出来，但在每一个细节上却都是被加以完美控制了的"（265）；"在判断性、坚持性与严格性上的一个非同寻常的落实"（268）；"这座建筑物获得了一种绝对而严谨的特征"（386）；"信任感"（386）；"一种紧张而连贯的方式"（386）。

[26] "优雅的平衡"（386）；"'平衡'与'静止'"（424）。

[27] 贝内沃洛，*History of Modern Architecture*，第 x 页。

[28] 同上书，第 29 页。

[29] 同上书，第 xiii 页。

[30] 莱昂纳多·贝内沃洛，"Leonardo Benevolo intervistato da Fulvio Irace"（面谈），*Domus*，第 668 期（1986 年 1 月），第 13 页。然而，关于这些历史学家，在后来所编辑的 *Storia dell'architettura* 中没有特别的资料被发现。

[31] 见费尔南德·布劳戴尔（Fernand Braudel），*Ecrits sur l'histoire*（巴黎，Flammarion，1979 年），特别是在标题为"Positions de l'histoire en 1950"的那一章节，这一章是布劳戴尔在法兰西学院所做的公开演讲。

[32] 贝内沃洛，*History of Modern Architecture*，第 xii 页。

[33] 关于尼古劳斯·佩夫斯纳（Nikolaus Pevsner）的重要性，见贝内沃洛，*History of Modern Architecture*，第 591 页和 856 页。贝内沃洛将佩夫斯纳的 *Pioneers of the Modern Movement from William Morris to Walter Gropius*，看作是"透过现代建筑的起源而追求其线索的最早尝试，然而，迄今对 19 世纪工程师的作品或画家们那些内容丰富的研究，是将其看作了现代建筑的先驱者了，佩夫斯纳是将由莫里斯所最早建构的知识与道德概念显示为一个出发点。在这方面，工程师们的技术性经验、画家们的造型经验和 1890 年至 1914 年间的那些前卫建筑师的贡献，都被成功地嫁接在了一起"（贝内沃洛，*History of Modern Architecture*，第 591 页）。

[34] 参见汀托里（S.Tintori）所撰，"Benevolo tra la storia e il manifesto"一文出自 *Casabella-Continuità* 第 247 期（1961 年 1 月），第 21~22 页。

[35] 贝内沃洛，*History of Modern Architecture*，第 xvi~xvii 页；引自加菲（G.M.Jaffé，*Le*

mouvement ouvrier à Paris pendant la Révolution française 1789—1791，巴黎，Felix Alcan，1924 年），第 170 页。

[36] 贝内沃洛，*History of Modern Architecture*，第 xxxiv 页。

[37] 同上。

[38] 同上。

[39] 弗雷德里希·恩格斯（Friedrich Engels），*Die Lage der arbeitenden Klassen in England*（莱比锡，Otto Wigand，1845 年）。

[40] 参见贝内沃洛，*History of Modern Architecture*，第 156 页。

[41] "在英国，阶级之间的不同总是被标志出来的，但是，在统治阶级的在竖向意义上异乎寻常的开放态度下之相当的灵活性下，可以将这种矛盾与抵触达到一个微妙的平衡；维多利亚时代的文化优势，是由一个相当小的精英阶层所赢得（其中，莫里斯是一位典型的代表）的，但却受到了优雅与贵族思想的激发。然而，现在这种社会的不平等，已经被阶级之间的冲突加以强化……而统治阶级，紧紧地被其利益诉求所挤压，在其接纳事物方面，始终如一地坚持了僵化的保守立场，排除了他们对于由其自身所产生出来的进步的知识阶层的支持"（贝内沃洛，*History of Modern Architecture*，第 283 页）。

[42] 参见贝内沃洛，*History of Modern Architecture*，第 284 页及之后。

[43] "为了理解勒·柯布西耶的作品，必须考虑法国在第一次世界大战前后那些年中经济与文化的情势。其人口的平衡，给予法国经济以某种特别的稳定性；没有严重的数量性问题，甚至没有从农业人口向工业人口迁移的问题，而从农村向城市迁移的压力比起别的一些国家与地区来说也不那么严重；在法兰西，主要的问题是质量性问题：生产设备的改进，居住条件与服务条件的改善等。在经过了这样一系列冲突之后，政治模式在 1871 年达到了一个明显有利于社会进步的情势上，并且在一种有序的状态下，渐渐地将劳动阶级引入到了有产者的状态之下。因此，法国文化作为一个整体，不具备容易受到暴力颠覆的影响性"（同上书，第 435 页）。

[44] 同上书，第 380 页及以下，第 398 页及以下。

[45] 同上书，第 576 页及以下。这种解释也代表了对布鲁诺·泽维所主张的一种立场的反映，特别是在"这一危机是因'理性主义'主题在本质上的衰弱"所产生的效果下（同上书，第 576 页）。

[46] 同上书，第 171 页；加上了重点号。

[47] 同上书，第 171 页。

[48] 同上书，第 555 页。

[49] 同上书，第 265 页。

[50] 同上书，第 181 页。

[51] 同上书，第 255 页；贝内沃洛从康拉德·费德勒（Kon rad Fiedler）的 *Der Ursprung der künstlerischen Tätigkeit* 一书中所引（莱比锡，S.Hirzel，1887 年）。

[52] 贝内沃洛，*History of Modern Architecture*，第 255 页。

[53] 同上书，第 258~259 页。

[54] 同上书，第 377 页。

[55] 同上书，第 429 页。

[56] 同上书，第 440 页。

[57] 同上书，第 445~449 页。

[58] 同上书，第 502 页。

[59] 同上书，第 789 页。

[60] 同上书，第 440~444，530~535 页。

[61] 同上书，第 728~733 页。

[62] 同上书，第 789 页。

[63] 同上。

[64] 同上书，第 399 页。

[65] 同上书，第 538 页；加了重点号。

[66] 同上书，第 xi 页；引用威廉·莫里斯（William Morris），"人民的艺术"是他于 1879 年 2 月 19 日在伯明翰艺术协会与设计学院所做的讲演，见 *On Art and Socialism: Essays and Lectures*（伦敦，J.Lehmann，1947 年），第 47~48 页；最初发表在 *Humane Review*（1900 年）上。

[67] 贝内沃洛，*History of Modern Architecture*，第 498 页。

[68] 同上书，第 268、338、385 页。

[69] 同上书，第 428 页。

[70] 同上书，第 426 页，图 473。

[71] 同上书，第 791~792，796 页。

[72] 同上书，第 500~501 页。

[73] 同上书，第 530~535 页，图 640。

[74] 同上书，第 611~613 页，图 756。

[75] 同上书，第 x 页；引自莫里斯，"文明社会的建筑展望"，于 1881 年 3 月 10 日在伦敦协会所做的讲演，见 *On Art and Socialism*，第 245 页。关于这一思想对包豪斯的影响，见贝内沃洛的 *History of Modern Architecture*，第 431 页及之后。

[76] 贝内沃洛，*History of Modern Architecture*，第 xi 页。

[77] 同上书，第 490 页，

[78] 同上书，第 434 页。

[79] 我们已经讨论了贝内沃洛对于考夫曼的批评；关于杰迪恩，见贝内沃洛，*History of Modern Architecture*，第 258 页。

[80] 同上书，第 27 页。

[81] "莫里斯是建筑领域的第一位……在理论与实践之间架起了一座桥梁的思想者"（同上书，第 181 页）。"[加尼耶的（Garnier）]建筑，以其结果，或以其在理论与实践上的桥梁作用，而使得那些理论先驱者们变得合理，他对于现代建筑运动作出了自己的贡献。"（同上书，第 336 页）。

[82] 同上书，第 494 页。

[83] 同上书，第 435 页。

[84] 参见约瑟夫·里克沃特（Joseph Rykwert），*The First Moderns： The Architects of the Eighteenth Century*（剑桥，麻省理工学院出版社，1980 年），特别是第二章，"确定性与任意性"，第 23~53 页。

第四章

[1] 亨 利 – 鲁 塞 尔·希 区 柯 克（Henry–Russell Hitchcock），*Modern Architecture： Romanticism and Reintegration*（纽约，Payson & Clarke，1929 年）。本书被重印过三次（纽约，Hacker Art Books，1970 年；纽约，AMS Press，1972 年；纽约，Da Capo Press，1993 年）；第二次重印时，加了一篇由文森特·斯库里（Vincent Scully）所写的前言。我是从最初的版本中征引的。

[2] 亨利 – 鲁塞尔·希区柯克和菲利普·约翰逊（Philip Johnson），*The International Style： Architecture since 1922*（纽约，W.W.Norton，1932 年）。这本书曾经在 1966 年重印，用了一个由亨利 – 鲁塞尔·希区柯克所加的前言与附录；1995 年再一次重印，加了一个由菲利普·约翰逊所写的前言。这本书于 1982 年被译成了意大利文，1984 年被译成了西班牙文，1985 年被译成了德文。

[3] 亨利 – 鲁塞尔·希区柯克，*Architecture： Nineteenth and Twentieth Centuries*（哈尔蒙德沃斯，Penguin Books，1958 年）。在年代学术语上讲，这本书是在 "The Pelican History of Art" 系列丛书的总标题之下，展开其系列的。其主要编辑者是尼古拉斯·希区柯克。该书被多次重印，特别是其在 1963 年、1968 年和 1977 年的经过扩展了的修订版本。耶鲁大学出版社在 1992 年再版了这本书。并于 1981 年被译成了法文，1989 年译成了意大利文。我是从最初的版本中加以征引的，在一些特别的情况下，也从 1963 年的第二版中和 1977 年的第四版中征引。所引的摘录部分，得到了耶鲁大学出版社的允许。

[4] 亨利－鲁塞尔·希区柯克（Henry–Russell Hitchcock，1903—1987）毕业于哈佛大学，并于 1927 年在哈佛研究生院获得他的硕士学位。他是一位杰出的建筑历史学家，曾先后在麻省理工学院、耶鲁大学和剑桥大学（英国）、纽约美术学院，以及纽约大学美术学院和哈佛大学教书。他也是史密斯学院（Smith College）的索菲娅·史密斯艺术讲席教授。他是一位多产的作家。除了上面提到的三本书外，他最重要的著作是：*The Architecture of Henry Hobson Richardson and His Time*（纽约，现代艺术博物馆，1936 年）；*In the Nature of Materials，1887—1941：The Buildings of Frank Lloyd Wright*（纽约，Duell，Sloan and Pearce，1942 年）；*Painting toward Architecture*（纽约，Duell，Sloan and Pearce，1948 年）；*Early Victorian Architecture in Britain*（纽黑文，耶鲁大学出版社，1954 年）和 *German Renaisance Architecture*（普林斯顿，普林斯顿大学出版社，1981 年）。关于一个更为详细的书目，参见詹姆斯·格拉迪(James H.Grady)和亨利－鲁塞尔，"亨利－鲁塞尔·希区柯克：前三十年"，在 *Hitchcock Gropius，Johnson，Early Virginia*，编辑，威廉·奥尼尔（William B.O'Neal），《美国建筑书目与论文协会期刊》，第一辑（夏洛茨维尔，弗吉尼亚大学出版社，1965 年），第 1~22 页；威廉·奥尼尔，"亨利－鲁塞尔·希区柯克：第四个十年"，见于 *Hitchcock，Magazines，Adam，Vaux，Aalto*，美国建筑书目与论文协会期刊，第五辑（夏洛茨维尔，弗吉尼亚大学出版社，1968 年）；以及威廉·福柯斯（William Foulks），"亨利－鲁塞尔·希区柯克：1967—1981 年间的出版物"见于 *In Search of Modern Architecture：A Tribute to Henry–Rusell Hitchcock*，编辑，海伦·西尔文（Helen Searing）（纽约，建筑历史基金会；剑桥，麻省理工学院出版社，1982 年），第 361~362 页。

[5] 参见格雷马斯（A.J.Greimas）和兰多斯基（E.Landowski），"Les parcours du savoir，"见格雷马斯等，*Introduction ǎ l'analyse du discours en sciences sociales*，（巴黎，Hachette，1979 年），第 24 页。

[6] 希区柯克，*Architecture：Nineteenth and Twentieth Centuries*，第 380 页。

[7] 同上。

[8] 同上。

[9] 希区柯克，*Architecture：Nineteenth and Twentieth Centuries*，第四版（1977 年），第 624，第 1a 页。

[10] 希区柯克，*Architecture：Nineteenth and Twentieth Centuries*，第 380 页。亦请参见亨利－鲁塞尔·希区柯克，"在现代建筑解释方面的一些问题"，*Journal of the American Association of Architectural Historians* 2，第二辑（1942 年 4 月），第 29 页。

[11] 参见威廉·佐迪（William H.Jordy），*American Buildings and Their Architects：The Impact of European Modernism in the Mid–Twentieth Century*（花园城，纽约州,Doubleday，

1972 年），第 87 页。

[12] 希区柯克，*Modern Architecture*，第 xv 页。

[13] 勒·柯布西耶，*Towards a New Architecture*，翻译，弗里德里希·艾特奇尔斯（Frederick Etchells）（伦敦，建筑学出版社；纽约，Praeger，1927 年）；最初出版时所用书名为 *Vers une architecture*（巴黎，G. Cres，1923 年）。

[14] *The Architectural Record*（January 1928），第 90~91 页。

[15] 后来，希区柯克将现代建筑的范围限定在了从 18 世纪末到 20 世纪上半叶这一段时期，同时修订了有关这一时期的定义（见希区柯克，"关于现代建筑解释方面的一些问题"，第 29 页）。这是在 1958 年的著作中流行的第二种研究路径，在这种路径中，19 世纪与 20 世纪被处理成了一个单一的时期。

[16] 参见希区柯克，*Modern Architecture*，第 19 页及之后，第 31 页及之后。

[17] 同上书，第 5~6 页。

[18] 同上书，第 208~209 页。

[19] 同上书，第 185 页。

[20] 同上书，第 204 页，

[21] 同上书，第 219 页，

[22] 同上书，第 14 页，

[23] 希区柯克，*Architecture: Nineteenth and Twentieth Centuries*，第 205 页。作为在一个经过选择的标准下对于建筑所做的不同的解释，希区柯克引了杰迪恩的 *Space, Time and Architecture* 一书中的话（同上书，第 453，第 26 页）。

[24] 同上书，第 392~410 页。

[25] 同上书，第 391 页。

[26] 同上。

[27] 同上书，第 410 页。

[28] 参见大卫·沃特金（David Watkin），*The Rise of Architectural History*[伦敦，建筑学出版社；威斯菲尔德（Westfield），新泽西州，Eastview Editions，1980 年]，以及，特别是第二章，"美洲"，第 34~48 页。

[29] 例如，参见希区柯克，*Painting toward Architecture*。

[30] 希区柯克，*Modern Architecture*，第 11 页。

[31] 现代建筑运动的国际化特征，主要是在包豪斯，以及由两本重要的著作培育起来的，这两本著作是沃尔特·格罗皮乌斯（Walter Gropius），*Internationale Architektur*，和路德维希·希尔伯西姆（Ludwig Hilberseimer），*Internationale neue Baukunst*。希区柯克熟知这几本书，他还曾讨论过格罗皮乌斯所写著作的第二版（1928 年），将之称为"或

许是现代建筑中最好的摘要"。他还利用这个机会，对新建筑的国际化特征加以了更进一步的解释："就如同哥特式、巴洛克式和文艺复兴式曾经在整个欧洲流行一样，这种在我们这个技术时代国际化技术的严格标准下开始的建筑新精神，已经越来越多地覆盖了整个文明世界"（《建筑实录》*Architectural Record*，1929 年 8 月，第 191 页）。

[32] 希区柯克，*Modern Architecture*，第 181 页。

[33] 同上书，第 183 页。

[34] 同上书，第 189 页。

[35] 同上书，第 184 页。

[36] 这一个网格是在以"新先锋派：法国""新先锋派：荷兰"和"新先锋派：德国"为标题的那一章节的一个结果。见 *Modern Architecture*（第 163~196 页）。数字代表的是其所特别引注之处的页码。

[37] 希区柯克是密斯·凡·德·罗内部分隔方式的一位特别崇拜者，"他使用了从楼板到天花板的嵌在金属框架中的大型木嵌板。这种分类和处理的原创性是非同寻常的在斯图加特的另外一个室内设计博览会上，他使用了一个类似的透明的、半透明的和不透明的玻璃嵌板"（同上书，第 191 页）。

[38] 希区柯克要求"积极的简单性类比于流线型的汽车和飞机形体"，而非像"之前的新传统中通过减少一些元素而达到的消极的简单性"（同上书，第 165 页）。换句话说，他将现代风格结束之时的极简做法与新先锋派中的基本上还是新的和不同的简单性做了区分。

[39] 希区柯克对于各种色彩组合感到着迷，他所特别喜欢的色彩是蛋壳白色、蓝色、赭石色和黑褐红色。然而，他还十分崇拜乌德（J.J.P.Oud）在荷兰的胡克（Hook of Holland）的住宅中所使用的色彩方案："黄砖做的基座，在蓝色门的侧面使用的黑灰色带饰，电灯开关上仅仅点了一点红色的黑色铁制件，未经过粉刷的墙体略加减弱的白色，恰到好处地提供了一点适当的相反和变化的色彩"（同上书，第 181 页）。

[40] 表 1 中所显示的属性也是来自本章注释 36 中所引的三章中的分析；括号中所涉及的是所引之形容词的页码。

[41] 参见同上书，第 167~168 页，第 172、193、195 页。

[42] 同上书，第 214~215 页。

[43] 参见亨利－鲁塞尔·希区柯克，"寻求新的纪念性"，*Architectural Review* 104，第 621 页（1948 年 9 月），第 123~125 页。

[44] 参见希区柯克，*Modern Architecture*，第 228 页。

[45] 同上书，第 16 页。

[46] 同上书，第 236 页。

[47] 同上。

[48] 参见杰弗里·斯柯特（Geoffrey Scott），*The Architecture of Humanism: A Study in the History of Taste*（伦敦，Constable，1914 年；一个经过修订页的版本中加了一个前言，1924 年），第 1 页及之后。斯科特相信，从这 3 个术语出发，任何建筑理论的源头都已经确立，这 3 个术语来自维特鲁威，并且在阿尔伯蒂的《建筑论》（*De re aedificatoria*）中得到了很好的延续。

[49] 希区柯克，*Modern Architecture*，第 236 页。

[50] 关于对这本书的接受情况，参见布鲁诺 – 里奇林（Bruno Reichlin），"'The International Style': Rezeption eines Essay als Spiegelbild architektonischen Verstandnisses"，*Werk, Bauen + Wohnen* 5（1984 年 12 月），第 48~53 页。亦请参见约瑟夫·里克沃特（Joseph Rykwert），"Una celebrazione ad Harvard: Icinquant' anni di un libro pericoloso"，*Casabella* 481（1982 年 6 月），第 39 页。

[51] 参见亨利 – 鲁塞尔·希区柯克，"20 年以后的国际式风格"，这是 *The International Style: Architecture since 1922* 一书再版时所加的后记（纽约，W.W.Norton，1966 年），第 255 页；最初是在 *Architectural Record*（1951 年 8 月）上发表的。

[52] 参见爱德华·塞克勒（Eduard Sekler），关于亨利 – 鲁塞尔·希区柯克所著 *Architecture: Nineteenth and Twentieth Centuries* 一书的讨论，*Journal of the Society of Architectural Historians* 19，第 3 辑（1960 年 10 月），第 125~127 页。

[53] 参见乔其斯·特伊索特（Georges Teyssot），"Henry-Russell Hitchcock, *Architecture: Nineteenth and Twentieth Centuries*"，见让 – 路易·柯恩（Jean-Louis Cohen）等，*Histoire de l'architecture: Analyses d'ouvrages*（巴黎，Institut de l'Environment，1974 年），第 37~38 页；伊沃 – 阿兰·波艾斯（Yve-Alain Bois）、弗朗索瓦·沃里（Francoise Very）和克里斯蒂安·薄内弗艾（Christian Bonnefoi），"La traver 参见 des histoires"，见哈伯特·达米斯奇（Hubert Damisch）等，*Modern'Signe: Recherches sur le travail du signe dans l'architecture moderne*，第 1 册（巴黎，CORDA and CEHTA，1977 年），第 91~97 页。

[54] 希区柯克，*Architecture: Nineteenth and Twentieth Centuries*，第二版（1963 年），第 427 页。

[55] 同上书，第 426 页。

[56] 同上。

[57] 同上书，第 427 页。

[58] 同上。

[59] 希区柯克，*Architecture: Nineteenth and Twentieth Centuries*，第四版（1977 年），第 578 页。

[60] 同上书，第 578~579 页。

[61] 同上书，第 582 页。

[62] 后面的注释覆盖了法国的版本，发表于 1981 年，这一注释对于这本书的翻译的"延后"做了如下的解释："由希区柯克教授对现代建筑运动所做的解释，在经过了部分地被肯定，部分地被辩解性地看待了之后，现在已经被更为广泛地接受了。在那个现代建筑运动如洪水一般的时期，希区柯克以一位积极参与者而短兵相接地亲身体验了这一切，但却从来没有克服那种灾难性的正统性。其结果是，作为一位历史学家，他继续将这一运动放置在其一般性的框架之中，从而将之与其自己的历史联系在了一起"（亨利·鲁塞尔·希区柯克 k, *Architecture: Dix-neuvième et vingtième siècles* 鲁塞尔，Pierre Mardaga，1981 年）。

第五章

[1] 巴纳姆关于菲利班体（立方体、圆锥体、球体、圆柱体、三角方锥体）在现代建筑话语中或隐或显的外观做了系统的记录，强调了其象征性的特征，并附加上了过去汇聚在基本几何形式上的，机械产品的物体形式上，以及柏拉图主义美学中的抽象美中一些神秘的东西。参见雷诺·巴纳姆（Reyner Banham），*Theory and Design in the First Machine Age*（London: Architectural Press；纽约，Praeger，1960 年），第 152、205、225、282、328 页。

[2] 巴纳姆将人们的注意力吸引到有关阿尔伯蒂的清晰表达上（"增一分嫌多，减一分嫌少"），见乌德（J.J.P.Oud）的开创性论文 "Uber die zukünftige Baukunst und ihre architektonischen Möglichkeiten"，这篇论文写作于 1921 年，但是发表于他后来所写书籍 *Holländische Architektur*（慕尼黑，Albert Langen，1926 年）。巴纳姆关于阿尔伯蒂一致性的论述将注意力再一次集中在学术性的审美上，尽管这缺乏任何学术传统上的细节。详见巴纳姆，*Theory and Design*，第 159~160 页。

[3] "在将数学作为他们自己精神作用之技术优势的源泉方面，人们喜欢勒·柯布西耶和蒙德里安所做的仅仅挑选科学与技术方法中重要的部分，这些部分未必是新的，而是一些在前机械时代曾经一直流行着的东西。"（巴纳姆，*Theory and Design*，第 328 页）。关于在乔伊西（Choisy）那里比例的作用，及其在现代建筑运动中的影响（也包括在勒·柯布西耶那里）控制线（*tracés régulateurs*）所起的作用，见巴纳姆，*Theory and Design*，第 27~28，261~262 页。

[4] 阿兰·柯尔贡（Alan Colquhoun），*inter alios*，*Theory and Design* 一书就是题献给他的，加入了巴纳姆所特别热情地鼓吹的一点："然而，同样的'不纯净'品质也存在于未来主义者本身那里，很难否定的是，对于圣埃利亚（Sant'Elia）中央火车站的重建将会揭示出一个彻头彻尾的巴黎美术学院式的构图原则（*Beaux Arts parti*）。如果未来主

义者手中持着建筑革命的水龙头，那么这种学术性特征的表达，似乎应该是一种革命性建筑的必要元素之一。从勒·柯布西耶那里摘录学术性，并且从一位未来主义者那里提炼出某种动态的方面，以显示前者是 *retard à terre* 而第二种改革论者将会产生一种不确定的历史合法性。"见阿兰·柯尔贡就《建筑学领域的现代运动》，*Essays in Architectural Criticism： Modern Architecture and Historical Change*（剑桥，麻省理工学院出版社，1981 年），第 23 页；最初发表在 *British Journal of Aesthetics* 2，第一辑（1962年 1 月）。

[5]　"[贝伦斯] 对于所有这些工厂大厅的标准外壳保持了某种信任——这是一种古典神殿式的外壳……[他] 在一种可接受的形式训练中带来了一种新的功能程式。"（巴纳姆，*Theory and Design*，第 83~84 页）。

[6]　佩雷（Perret）为引进钢筋混凝土这种新的建筑材料，作出了贡献，他将这种材料用在了已经建构起来的建筑思想框架之中："他的成就是为钢筋混凝土结构施加上了一种折中性的美学——这是一种来自加德特（Guadet）同样也来自乔伊西（Choisy）的美学——那些与他同一时代的人，也包括那些随后时代的人，都相信钢筋混凝土的建构是一种自然的形式。事实上，他留给钢筋混凝土结构的没有比他发现这一结构时有更多的优势，更为最近的时候，批评者一直认为他将发展加以滞后了"（同上书，第 38 页）。

[7]　"无论如何，这的确是在新事物之中对于旧有之物所做的重新发现，这样一个通过熟悉之事对于其革命性所做的判断，确保了这本书拥有十分广泛的读者群和影响力，尽管不可避免地有一些肤浅，在这一点上，应是超越了这个世纪所发表的任何其他建筑学著作的。"（同上书，第 246 页），另见第 17 章的整个文本。"*Vers une Architecture*"（同上书，第 220~246 页）。

[8]　同上书，第 85~87 页。

[9]　雷诺·巴纳姆（Reyner Banham，1922—1988）曾在伦敦考特奥尔德艺术学院（the Courtauld Institute of Art in London）学习。在他来到圣克鲁斯的加利福尼亚大学与纽约美术学院之前，他在伦敦的大学学院讲授了 15 年的建筑历史。关于他个人的情况，见潘尼·斯帕克（Penny Sparke）由雷诺·巴纳姆为其所做导言的 *Design by Choice*（伦敦 Academy Editions，1981 年）和罗伯特·麦克斯韦（Robert Maxwell），"Il profeta irriverente： Reyner Banham（1922—1988）"，*Casabella* 548（1988 年 7~8 月）， 第38~41 页。

[10]　参见雷诺·巴纳姆（Reyner Banham），"即将到来之未来的历史"，*Journal of the Royal Institute of British Architects* 68，第七卷（1961 年 5 月），第 252~260，269 页。

[11]　参见罗伯特·麦克斯韦（Robert Maxwell），"雷诺·巴纳姆：存在的满足"，*Architectural Design* 6/7（1981 年），第 52~57 页。

[12] 雷诺·巴纳姆，*The New Brutalism: Ethic or Aesthetic?*（伦敦，Architectural Press；纽约，Reinhold，1966 年）。

[13] 雷诺·巴纳姆，*Los Angeles: The Architecture of Four Ecologies*（哈尔蒙德沃斯，Allen Lane；纽约，Harper & Row，1971 年）。

[14] 雷诺·巴纳姆，*Megastructures: Urban Futures of the Recent Past*（伦敦，Thames & Hudson；纽约，Harper & Row，1977 年）。

[15] 这些是作为巴纳姆所发表论文中一个选集中的文章，*Design by Choice* 和 *A Critic Writes: Essays by Reyner Banham*，由玛丽·巴纳姆等人所编选（伯克力，加利福尼亚大学出版社，1996 年）。

[16] 伦敦，Architectural Press，1960 年，以及 1980 年的加了一个新导言的版本。两个版本都被重印了若干次。我是从最初的版本中加以征引的。摘选部分得到 Butterworth-Heineman 的允许，*Theory and Design* 在 1969 年被翻译成了日文，1973 年译成了葡萄牙文，1985 年译成了西班牙文。雷诺·巴纳姆也发表了 *Guide to Modern Architecture*（伦敦，建筑学出版社；纽约，Reinhold，1962 年），经过修订的版本发表为 *Age of the Masters: A Personal View of Modern Architecture*（伦敦，建筑学出版社；纽约，Harper & Row，1975 年）；*The Architecture of the Well-Tempered Environment*（伦敦，建筑学出版社；芝加哥，芝加哥大学出版社，1969 年），一种对于西格弗里德·杰迪恩（Sigfried Giedion）的 *Mechanization Takes Command; Scenes in America Deserta*（伦敦，Thames & Hudson；盐湖城，Gibbs M.Smith，1982 年）；*A Concrete Atlantis: U.S. Industrial Building and European Modern Architecture*，1900—1925（剑桥，麻省理工学院出版社，1986 年）。一个更容易理解的有关雷诺·巴纳姆的传记，请参见 *A Critic Writes: Essays by Reyner Banham*，第 301~339 页。

[17] 关于对巴纳姆著作的"当代"阅读，参见阿兰·柯尔贡，"Reyner Banham: Una lettura per gli anni ottanta"，*Domus* 第 698 期（1988 年 10 月），第 17~24 页。

[18] 参见雷诺·巴纳姆，"历史与精神病学（History and Psychiatry）"，见 *Design by Choice*，第 20~22 页；最初发表在 *Architectural Review*（1960 年 5 月）。

[19] 关于杰迪恩的著作，见上面的第一章注释 23。

[20] 巴纳姆，*Theory and Design*，第 310 页。巴纳姆清晰地分享了从佩夫斯纳和杰迪恩那里带来的思想和感觉，见尼古劳斯·佩夫斯纳，"判断四，第 34：但是，上帝的精神降临在了杰迪恩的身上，他吹响了喇叭。"*Architectural Review* 第 106 辑（1949 年 8 月），第 77~79 页。

[21] 参见巴纳姆，*Theory and Design*，第 309~311 页。

[22] 同上书，第 12 页。

[23] 同上书，第 79 页。

[24] 拉兹罗·莫霍里 – 纳吉（Laszlo Moholy–Nagy），*The New Vision: From Material to Architecture*，翻译，达芬·霍夫曼（Daphne M.Hoffman）（纽约，Brewer，Warren & Putnam，1932 年）；最初发表的题目是 *Von Material zu Architektur*（慕尼黑，Albert Langen，1929 年）。

[25] 见巴纳姆，*Theory and Design*，第 314 页。

[26] 尽管巴纳姆所关注的主要是这 3 位作者，但他也谈到了布鲁诺·陶特（Bruno Taut），古斯塔夫·普拉兹（Gustav Platz），阿尔伯托·萨托里（Alberto Sartoris）和布鲁诺·泽维（Bruno Zevi），以及其他一些人（同上书，第 79、306、308 页）。

[27] "[佩夫斯纳] 无疑为两代，如果不是三代的话，建筑师、建筑历史学家和批评家的思想塑造产生了影响，因而所有这些都倾向于使他的预言变得真实。而且，至少有一个原因能够说明他为什么具有如此的影响力，即他的广义历史观在那个时代看起来是真实的。而且在许多方面看起来也是不错的。"——巴纳姆，《佩夫斯纳的进步》（*Pevsner's Progress*），见 *A Critic Writes: Essays by Reyner Banham*，第 221 页；最初发表于 *Times Literary Supplement*，第 17 期（1978 年 2 月）。西贝尔·莫霍里 – 纳吉（Sibyl Moholy–Nagy），拉兹罗（Laszlo）的第二任妻子，对于他关于巴纳姆的观点表示极大的不赞同，认为他"像所有的东方传统艺术史学家一样，在实际的建筑与艺术创作中受到了那种总体上来看是被过誉了的著作和理论的影响"[西贝尔·莫霍里 – 纳吉，"对一种理论的过高评价（An Overestimation of Theory），"关于 *Theory and Design in the First Machine Age*，by Reyner Banham，*Progressive Architecture* 一书的讨论，1961 年 4 月，第 200 页]。

[28] 巴纳姆，*Age of the Masters*，第 6 页。

[29] 参见巴纳姆，*Theory and Design*，第 87 页。

[30] 同上书，第 81 页。

[31] 同上书，第 257 页。

[32] 同上书，第 325 页。

[33] 同上书，第 326~327 页。有一种相当有趣的方法，在这种关系中被表达了出来——如我们将要看到的——见于 1965 的 *Environment Bubble* 一文，由雷诺·巴纳姆和弗朗索瓦·达尔格雷特（Francois Dallegret）所撰写。

[34] 见巴纳姆，*The Well – Tempered Environment*；亦见马塞尔·安格里萨尼（Marcello Angrisani），"Reyner Banham e l'environmentalism: La componente tecnologica nell'architettura"，*Casabella* 第 350~351 页（1970 年 7~8 月），第 67~74 页；作者同上，"Architettura: Forma o finzione? Reyner Banham e l'environmentalism"，*Casabella* 第 353（1970 年 10 月），第 41~46 页。

[35] 巴纳姆，*Theory and Design*，第 12 页。

[36] 同上；也见 1980 年版本的新导言，第 12 页。

[37] 见巴纳姆，*Theory and Design*，第 10~11 页。

[38] 同上书，第 11~12 页。

[39] 同上书，第 329~330 页。

[40] 参见巴纳姆，*Megastructures*，第 84~97 页。

[41] 参见雷诺·巴纳姆，"家并非住宅（A Home Is Not a House）"，见 *Design by Choice*，第 56~60 页；最初发表于 *Art in America*，1965 年 4 月。

[42] 巴纳姆，"家并非住宅"，第 58~59 页。

[43] 参见巴纳姆，*Theory and Design*，第二版导言，1980 年，第 10 页。

[44] *Theory and Design* 一书第一次也是最终题献"给尼古劳斯·佩夫斯纳，为他最初的推动，也为他不断而持续地给予的指导"。巴纳姆将佩夫斯纳看作一直在支持他的一位权威。例如，参见巴纳姆"佩夫斯纳的进步"，是对于大卫·沃特金（David Watkin）的有些"触犯"性的书籍 *Morality and Architecture*

[45] 巴纳姆，*Theory and Design*，第 97 页。

[46] 同上书，第 198 页。

[47] "历史对于我们而言仅仅是未来的一个指南"巴纳姆，《即将到来之未来的历史》（*The History of the Immediate Future*），第 252 页。

[48] 巴纳姆，"即将到来之未来的历史"，第 252 页。

[49] 巴纳姆，*Theory and Design*，第 132 页。

[50] 同上书，第 162 页。

[51] 同上书，第 30 页。

[52] "多立克，对于乔伊西（Choisy）来说，是一种改革性的风格，是一场反对之前时代实用性装饰的革命。'……是一种总体来说其目标是在严格的线条之美上的建筑……新的类型，更为抽象也更为简单的类型'"（同上书，第 32 页）。

[53] "哥特……是乔伊西的两个完美风格中的一个，因为，在他的眼中，哥特式风格继续了结构上的逻辑方法的积累过程。'……建筑物变成了一种最初的存在，其中的每一个部分都形成了一个活着的成员，它的形式不是被传统的范例所把握着的，而是被它的功能，而且仅仅是被它的功能所把握着的'。"（同上书，第 30 页）。

[54] 同上书，第 20 页。

[55] 同上书，第 21 页，

[56] 同上书，第 328~329 页。

[57] 同上书，第 314，319 页。

第六章

[1] 彼得·柯林斯（Peter Collin，1920—1981）在里兹艺术学院（Leeds College of Art）学习的建筑。他在法国工作了一段时间，主要从事钢筋混凝土结构方面的设计工作，大部分时间参加的是奥古斯特·佩雷（Auguste Perret）所承担的勒阿弗尔市（Le Havre）的重建工作。从 1956 年到他去世之前这一段时间，他一直在蒙特利尔（Montreal）的麦克吉尔大学（McGill University）讲授建筑历史与理论课程。关于他生活与工作的更多资料，参见 约翰·布兰德（John Bland）的"彼得·柯林斯（Peter Collins）"一文，见 *Society of Architectural Historians Newsletter* 26，第 2 辑（1982 年 4 月），第 4~5 页。

[2] 彼 得·柯 林 斯，*Changing Ideals in Modern Architecture*，*1750—1950*（伦 敦，Faber & Faber，1965 年）。两次重印先后是在 1967 年和 1971 年。在 1967 年，这本书在加拿大出版，那时柯林斯正在那里教书（蒙特利尔，McGill–Queen's University Press）。后来又有一些次数的重印，而最近，在 1998 年，一个有肯纳斯·弗兰普顿（Kenneth Frampton）所写前言的第二版出版了。一个意大利译本发表于 1972 年，西班牙译本发表于 1973 年，而一个中文译本发表于 1987。我是从其最初的版本中加以索引的。柯林斯完成了两本重要的著作。第一本是：*Concrete, the Vision of a New Architecture：A Study of Auguste Perret and His Precursors*（伦敦，Faber & Faber，1959 年），同时有一个有关在建筑中使用钢筋混凝土的谱系，以及一个有关奥古斯特·佩雷的专论性研究；而另外一本 *Architectural Judgement*（伦敦，Faber & Faber；蒙特利尔，Mc-Gill–Queen's University Press，1971 年）是一个建筑比较性研究，以及一个集中在决定建筑实践之思想的判断性过程的研究。亦可参见："彼得·柯林斯论文摘选（Peter Collins：Selected Writings）"，*Fifth Column* 4，第 3~4 辑（1984 年夏季），第 3~96 页——这是一个由柯林斯所写的 26 篇杂志文章与论文的选集，并附有一个更容易理解的参考书目（第 95~96 页）。

[3] 柯林斯，*Changing Ideals in Modern Architecture*，第 16 页。

[4] 同上。

[5] 参见彼得·柯林斯，"形式赋予者（The Form-Givers）"，见 *Perspecta* 第 7 期（1961 年），第 91~96 页。

[6] 柯林斯，*Changing Ideals in Modern Architecture*，第 28 页。

[7] 同上书，第 21~24 页。

[8] 同上书，第 263 页。

[9] 柯林斯的古典主义是一种定义了建筑各个组成成分（即建筑的词汇）及将这些组成分组合在一起的规则（建筑句法）的假设；同上书，第 28、141、256、295 页。

[10] 参见同上书，第 29~30 页。

[11] 同上书，第 30 页。

[12] 同上书，第 29、30、43、57 页。

[13] 同上书，第 52~53 页。

[14] 同上书，第 52 页。

[15] 同上书，第 106~110 页。

[16] 同上书，第 110 页。

[17] 参见彼得·柯林斯，"Oecodomics"，*Architectural Review* 第 841 期（1967 年 3 月），第 175~177 页。

[18] 英国考古学家和哲学家罗宾·乔治·柯林伍德（Robin George Collingwood, 1889—1943）致力于在他自己的哲学与历史研究基础上的哲学与历史的研究的相互协调；他的著作在战后的英国有很大的影响。这里，在我们所感兴趣领域中，他最重要的思想是 *The Idea of History*（牛津，Clarendon Press，1946 年；重印版，牛津，牛津大学出版社，1986 年）。

[19] 柯林伍德负责了对克罗齐（Croce）的有关维柯（Vico）哲学的著述的英文翻译工作，即贝内德托·克罗齐，*The Philosophy of Giambattista Vico*，R.G. 柯林伍德译（伦敦，Macmillan，1913 年）。

[20] 参见柯林伍德，*The Idea of History*，第 214 页。

[21] 同上书，第 214 页。

[22] 柯林斯，*Changing Ideals in Modern Architecture*，第 16 页。

[23] 同上。

[24] 同上，图版第 XXXV-b。

[25] 柯林斯对于他在一篇标题为"关于建筑教育的思想（Thoughts about Architectural Education）"的论文中所建构的概念加以了解释，*AIA Journal* 第 68 期，第 12 册（1979 年 10 月），第 60 页。

[26] 柯林斯，"Oecodomics"，第 177 页。

[27] 参见柯林斯，*Changing Ideals in Modern Architecture*，第 296~298 页。亦见尼古劳斯·佩夫斯纳（Nikolaus Pevsner），"现代建筑与历史学家，或回归历史主义（Modern Architecture and the Historian, or the Return of Historicism）"，见 *Studies in Art, Architecture and Design*，第 2 册（伦敦，Thames and Hudson，1968 年）；最初发表在 *Journal of the Royal Institute of British Architects* 第 68 期上（1961 年 4 月）。

[28] 参见柯林斯，*Changing Ideals in Modern Architecture*，第 248~253 页。

[29] 同上书，第 249 页。

[30] 同上书，第 253 页。

[31] 同上书，第 22 页。

[32] 奥古斯特·佩雷（Auguste Perret），*Contribution à une théorie de l'architecture*（巴黎，Andre Wahl，1952 年），引自柯林斯，*Changing Ideals in Modern Architecture*，第 178 页。关于创作和理性的关联，或艺术与科学的关联，亦参见柯林斯，*Changing Ideals in Modern Architecture*，第 134 页。

[33] 柯林斯，"Oecodomics，"第 176 页。这一定义区别了维特鲁威所导致之理论与实践之间不同的第二部分。

[34] 同上。

[35] "建筑是建造的艺术的概念是由阿尔伯蒂在他所发表的第一部有关建筑理论的论著《建筑论》（*De re aedificatoria*）所暗示出来的。"[彼得·柯林斯，"建筑理论（Theory of Architecture）"，*Encyclopedia Britannica*，第 15 版（1974 年），参见"建筑学（Architecture）"，第 1 册，第 1112 页]。

[36] 参见柯林斯，"Oecodomics"，第 175 页。

[37] "实用、坚固和愉悦"（Commodity, Firmness and Delight）对于杰弗里·斯科特（Geoffrey Scott）来说，也是，如我们已经看到的，"好建筑"的三个必要条件——他将之与 R.G. 柯林伍德、约翰·撒姆逊（John Summerson）和奥古斯特·佩雷一样——都看作是他的"大师"中的一位。参见杰弗里·斯科特，*The Architecture of Humanism：A Study in the History of Taste*（伦敦，Constable，1914 年；加了一个前言的修订版，1924 年）。

[38] 在这里我使用了柯林斯在其"建筑理论（Theory of Architecture）"一文中所使用过的术语（第 1112~1114 页）。关于 *amoenitas* 一词在柯林斯那里的特殊意义，亦参见他的 *Architectural Judgement*，第 192~193 页。他充分地渲染了阿尔伯蒂的原则，因而使它们能够更适合于他自己的建筑理论的建构。关于阿尔伯蒂几个原则的最初意义，参见弗朗索瓦·乔伊（Francoise Choay），*The Rule and the Model：On the Theory of Architecture and Urbanism*（剑桥，麻省理工学院出版社，1997 年）。

[39] 参见柯林斯，*Changing Ideals in Modern Architecture*，第 151、155、227 页及之后，第 298 页。

[40] 参见约翰·撒姆逊（John Summerson），"关于现代建筑理论（The Case for a Theory of Modern Architecture）"，*Journal of the Royal Institute of British Architects*，第 64 期（1957 年 6 月），第 307~313 页，及柯林斯，*Changing Ideals in Modern architecture*，第 298 页。

[41] 参见柯林斯，*Changing Ideals in Modern Architecture*，第 298 页。

[42] 同上书，第 199 页。

[43] 同上书，第 16 页。

[44] 同上书，第 272 页。

[45] 同上书，第 278 页。

[46] 同上书，第 284 页。

[47] 同上书，第 270 页。

[48] 同上书，第 284 页。

[49] 同上书，第 166 页。

[50] 同上书，第 118 页："起源时代的希腊（Greek in the original）"。

[51] 同上书，第 117 页。

[52] 同上书，第 117~120 页。

[53] 同上书，第 141，295~296 页。

[54] 柯林斯花了一个学期在耶鲁学习法律，他提交的法律硕士论文，所研究的是阿尔伯蒂的 amoenitas 与这座城市中之建筑的关联性：*Amenity: A Study of Jurisprudential Concepts Which Affect the Legal Control of Urban Environments, and Their Relevance to Canadian Constitutional Law*（金斯敦，安大略省，n.p.，1971 年），缩微胶片。在同一年，他发表了他的 *Architectural Judgement*，在这篇文章中，他提出了一个有关建筑法律判断的比较性研究。参见布兰德（Bland），"彼得·柯林斯（Peter Collins）"，第 4 页。

[55] 柯林斯，*Architectural Judgement*，第 18 页。

[56] 参见柯林斯，*Changing Ideals in Modern Architecture*，第 297~298 页。

[57] 参见柯林斯，*Architectural Judgement*，第 24 页。

[58] 同上书，第 25 页。

[59] 见柯林斯，*Changing Ideals in Modern Architecture*，第 118 页；见柯林斯，*Architectural Judgement*，第 133 页。

[60] 柯林斯，*Changing Ideals in Modern Architecture*，第 17 页。引言来自《大百科全书》（*Encyclopédie*）中"折中主义（eclectisme）"条目。

[61] 关于柯林斯的经验的折中主义的解释，参见帕特里克·考克特尔（Patrice Cocatre），*Histoire de l'architecture: Problèmes et méthodes*（巴黎，Institut de l'Environnement，1975 年）。

[62] 参见彼得·柯林斯，"地方守护神：城市的历史连续性（Genius Loci: The Historic Continuity of Cities）"，*Progressive Architecture* 第 44 期（1963 年 7 月），第 100~106 页。

[63] 例如，阿尔多·罗西（Aldo Rossi）的 *L'architettura della città*（帕多瓦，Marsilio Editori，1966 年），这本书一直被看作是有关城市建筑学的一部宣言，直到多年以后才得以发表，由戴安·吉拉尔多（Diane Ghirardo）和琼·奥克曼（Joan Ockman）翻译的英文版本 *The Architecture of the City*（剑桥，麻省理工学院出版社）直到 1982 年才问世。

[64] 参见西贝尔·莫霍里 – 纳吉（Sibyl Moholy-Nagy），关于彼得·柯林斯的 *Changing Ideals in Modern Architecture, 1750—1950* 一书的讨论，见 *Journal of the Society of Architectural Historians* 第 26 辑，第 4 册（1967 年 12 月），第 316~318 页。伊芙 – 阿莱恩·波

伊斯（Yve-Alain Bois）关于"柯林斯对城市问题的冷漠（Collins' complete indifference to the urban question）"［波伊斯，与弗朗索瓦·维利（Francoise Very）和克里斯蒂安·薄纳弗伊（Christian Bonnefoi）合作，"La traver seedes histoires"，见哈伯特·达米斯奇（Hubert Damisch）等，*Modern' Signe: Recherches sur le travail du signe dans l'architecture moderne*，第 1 辑，巴黎，CORDA and CEHTA，1977 年，第 138 页］。

[65] 柯林斯，*Changing Ideals in Modern Architecture*，第 234~235 页。

[66] 同上书，第 298 页。

[67] 同上，柯林斯，"Genius Loci"，第 102 页。

[68] 柯林斯，*Changing Ideals in Modern Architecture*，第 298~299 页。

[69] 同上书，第 299~300 页。短语"就像佩雷曾经说过的"（as Perret once remarked）似乎意指了这是一个回忆——是一个揭示了柯林斯与其理想中的"大师"的一致性的回忆。

第七章

[1] 曼弗里多·塔夫里（Manfredo Tafuri），*Teorie e storia dell'architettura*（巴里，Laterza，1968 年）。第二版是在不久之后的 1970 年出版的，包括了一个非常有趣的作者的注释。随之而来的更多版本包括：1973 年版，1976 年版（用了一个新的注释），1980 年版，1986 年版和 1988 年版。这本书在 1973 年被译成了西班牙文，1976 年被译成了法文，包含了一个由霍伯特·达米斯奇（Hubert Damisch）所写的一个序言和塔夫里所写的一个前言，1979 年被译成了葡萄牙文，1985 年译成了日文，1991 年译成了中文。英文版译本 *Theories and History of Architecture*（纽约，Harper & Row，1979 年；伦敦，Granada，1980 年）是由乔治奥·沃里奇亚（Giorgio Verrecchia）翻译的。这个译本使用的是意大利 1976 年的版本，其中包括了一个由丹尼斯·夏普（Dennis Sharp）所写的前言，以及 1970 年和 1976 年意大利版本中的注释。我所注引的来自美国的版本，在一些特别情况下，对一些概念加以了反复的确认，依赖的是 1968 年的意大利版本，我也涉及了法文版的前言部分。

[2] 塔夫里（1935—1994）于 1960 年毕业于罗马大学。1968 年以后，他在威尼斯建筑学院（Istituto Universitario di Architettura di Venezia）教授建筑历史，在那里他成功地建立并领导了建筑历史与建筑批评系（Dipartimento di Analisi Critica e Storica dell'Architettura）及建筑历史学院（Istituto di Storia dell'Architettura）。关于塔夫里及其作品更多的资料，参见乔治奥·西乌希（Giorgio Ciucci），"Gli anni della formazione/ The Formative Years"，*Casabella* 第 619~620 期（1995 年 1~2 月），第 12~25 页；安德鲁·古耶拉（Andrea Guerra）和克里斯蒂亚诺·特萨里（Cristiano Tessari），"L'insegnamento/ The Teaching"，同上书，第 124~129 页；琼·奥克曼（Joan Ockman），"Venezia e New York/Venice and New York，"

同上书，第 56~71 页；以及让－路易·柯恩（Jean-Louis Cohen），"La coupure entre architectes et intellectuels, ou les enseignements de l'italophilie", *In Extenso* 第 1 期（1984 年），第 182~223 页。

[3] 参见曼弗里多·塔夫里，"文化市场（The Culture Markets）"，由弗朗索瓦·沃里（Francoise Very）加以了评述，*Casabella* 第 619~620 期（1995 年 1~2 月），第 43 页；最初是以"Entretien avec Manfredo Tafuri"的标题发表的，*Architecture, Mouvement, Continuité* 第 39 辑（1976 年 6 月）。这一评述涉及了法文版 *Teorie e storia* 的出版，下面，我将涉及英语（和意大利语）翻译的讨论。"Profession" 是法语词 *métier* 或意大利语词 *mestiere* 的对应词，塔夫里使用这个词，是倾向于用来描述他的著作的。

[4] 塔夫里的其他重要著作是：*L'architettura dell'umanesimo*（巴里，Laterza，1969 年）；*Architecture and Utopia: Design and Capitalist Development*，翻译，巴巴拉·路吉亚·拉·潘塔（Barbara Luigia La Penta）（剑桥，麻省理工学院出版社，1976 年），最初出版时使用的名称是 *Progetto e utopia: Architettura e sviluppo capitalitico*（巴里，Laterza，1973 年）；*Modern Architecure*，与弗朗西斯科·戴尔·柯（Francesco Dal Co），翻译，罗伯特·艾里奇·沃尔夫（Robert Erich Wolf）（纽约，Harry Abrams，1979 年），最初发表时的书名是 *Architettura contemporanea*（米兰，Electa，1976 年）；*The Sphere and the Labyrinth: Avant-Gardes and Architecture from Piranesi to the 1970s*，翻译，彼乐格里诺·德·阿西尔诺（Pellegrino d'Acierno）和罗伯特·科诺里（Robert Connolly）（剑桥，麻省理工学院出版社，1987 年），最初发表时的书名是 *La sfera e il labirinto: Avanguardia e architettura da Piranesi agli anni'70*（都灵，Einaudi，1980 年）；*Venice and the Renaissance*，翻译，杰西卡·勒维纳（Jessica Levine）（剑桥，麻省理工学院出版社，1989 年），最初发表时的书名是 *Venezia e il rinascimento: Religione, scienza, architettura*（都灵，Einaudi，1985 年）；*History of Iralian Architecture, 1944—1985*，翻译，杰西卡·勒维纳（剑桥，麻省理工学院出版社，1989 年），最初发表时的书名是 *Storia dell'architettura italiana, 1944—1985*（都灵，Einaudi，1986 年）。关于曼弗里多·塔夫里的一个更容易理解的传记（Manfredo Tafuri），参见安纳·贝顿（Anna Bedon），古伊多·贝尔特拉米尼（Guido Beltramini）和皮埃尔－阿莱恩·格罗塞特（Pierre-Alain Croset），"Una prima bibliografia"，*Casabella* 第 619~620 期（1995 年 1~2 月），第 170~175 页。

[5] "*Teorie e storia* 一书在西班牙语国家也卖得很好，如：阿根廷、阿兰德的智利……我一直不理解为什么，也不理解他们是怎样看这本书的……有可能十分糟糕地误用这本书，例如将之用作一种资料的用途……或集中在结构主义和符号学的话语上……而这一分析的范围是相当不同的……我可能要多说一句的是，这本书的结构是相当曲折的"（塔夫里，"The Culture Markets，"第 39 页）。

[6]　塔夫里，"The Culture Markets"，第 39 页。

[7]　同上书，第 37 页。

[8]　参见为法文版所写的前言，塔夫里，*Théories et histoire de l'architecture*（巴黎，Editions SADG, 1976 年），及塔夫里，"The Culture Markets,"第 37 页。亦参见阿尔伯托·阿索·罗萨（Alberto Asor Rosa），"Critica dell'ideologia ed esercizio storico/Critique of Ideology and Historical Practice"，*Casabella* 第 619~620 辑（1995 年 1~2 月），第 28~33 页。

[9]　塔夫里，*Théories et histoire de l'architecture*，法文版前言，第 xi 页。

[10]　塔夫里，*Theories and History of Architecture*，第 237 页。

[11]　同上书，第二（意大利）版的注释，第 xvii 页。

[12]　塔夫里，*Théories et histoire de l'architecture*，法文版前言，第 xii 页。

[13]　塔夫里，*Theories and History of Architecture*，第二（意大利）版的注释，第 xv 页；斜体字是最初就有的。这条线索对于理解塔夫里的立场具有关键性意义，但是从马克思主义的观点来看，它对于批评是持开放态度的——也就是说，我们是否接受这一被政治经济学所批评的唯一认识论立场问题（因为塔夫里涉及在每一个社会层面与文化现实中，以一种类似于政治经济学中的阶级批评方式，建构起一种阶级批评的可能性）。亦参见托马斯·劳伦斯（Tomas Llorens），"曼弗里多·塔夫里：新先锋派与历史"，*Architectural Design* 第 51 辑，第 6/7 册（1981 年），第 85 页。

[14]　塔夫里，*Theories and History of Architecture*，note to the second（Italian）edition，第 xvi 页。

[15]　同上书，第 236 页；斜体字是原有的。

[16]　同上书，第二（意大利）版的注释，第 xvii~xix 页。

[17]　同上书，第 236 页。

[18]　同上书，第 237 页。

[19]　同上书，第 1 页。

[20]　同上书，第 233 页。

[21]　Here, the term *avant-garde* is used to define the "revolutionary" movements in art and architecture from 1910 to 1930. 塔夫里 in fact distinguishes between the *artistic avant-gardes*（Italian futurism, Dada, Russian constructivism）and the *architectural avantgardes*（Gropius, Le Corbusier, Mies van der Rohe），resorting, in order to do so, to Walter Benjamin's distinction between the *magician* and the *surgeon*（同上书，第 31~32 页）。

[22]　同上书，第 11~14 页。塔夫里谈到了在 20 世纪 60 年代初发表的那些文章，特别是尼古劳斯·佩夫斯纳的文章，"现代建筑与历史学家，或回归历史主义（Modern Architecture and the Historian, or the Return of Historicism）"，见 *Studies in Art, Architecture and Design*，第 2 辑（伦敦，Thames and Hudson, 1968 年），最初发表

于在 *Journal of the Royal Institute of British Architects* 第 68 辑（1961 年 4 月）；及西贝尔·莫霍里 – 纳吉，"建筑历史的规则（The Canon of Architectural History）"，见 *The History，Theory and Criticism of Architecture*，1964 年 的 文 章，AIA–ACSA Teacher Seminar，Cranbrook，编辑，马库斯·维芬（Marcus Whiffen）（剑桥，麻省理工学院出版社，1965 年）。

[23] 塔夫里，*Theories and History of Architecture*，第 14 页。

[24] 塔夫里是按照瓦尔特·本杰明（Walter Benjamin）所给定的意义来使用"氛围（aura）"一词的（同上书，第 45 页）。

[25] 同上书，第 16，26，57~60，64 页。

[26] 同上书，第 52 页。

[27] 斜体字是由塔夫里自己所使用的形容词，并且属于历史唯物主义（*historical materialism*）的词汇范畴，他的思想是以之为主要基础的.。

[28] 同上书，第 16 页。

[29] 同上书，第 26、27、30 页。

[30] 同上书，第 19 页。

[31] 同上书，第 20 页。

[32] 塔夫里引证了马克思的 *The Eighteenth Brumaire of Louis Napoleon*（同上书，第 26 页）。

[33] 同上书，第 30 页。

[34] 同上。

[35] 同上。

[36] 同上书，第 30~31 页；斜体字是原有的。

[37] 同上书，第 64 页。

[38] "新自由主义并没有能够拯救历史，仅仅是恣其所欲地戏弄了历史，而且是在它所'熟悉的词典'中最为隐秘的角落中……对资源的抢救……是比较容易被认可的：它所抢救的不是历史，而是某种情绪，是怀旧之感，伴随有某种自传式的兴趣，这种自传，将一种模糊的结构赋予了它们的语言选择……以一种 Fellinian 的记忆路径。"（同上书，第 51~52 页）。

[39] "格里高迪（Gregotti）的作品是以一种典型的当代建筑师的条件为前提的可以信赖的镜子：并不确定这就是现代建筑运动的传统……令人失望地面对过去，而没有任何有关如何去使用它的思想——因为，仍然是在这样一种文化中，这种文化将会强迫他去使用各种文化上的收获，——从而赋予这种模仿式的混成品以一种折中主义，但却没有更多的戏剧成分，几乎就像是命中注定一样。"（同上书，第 54 页）。

[40] "康（Kahn）的复杂的文化运作传播了并且粗俗化了一个问题——即当代建筑与其历

史渊源之间不确定的关系——这一点比产生某种确定的、有活力的，以及在价值分析上对于建筑体系有所污染的东西要好一些……对于康来说，历史也同样仅仅是一种可以被玩味与处理的元素。"（同上书，第 55~56 页）。

[41] 同上书，第 55 页。

[42] 同上书，第 59 页；斜体字是原有的。

[43] 同上书，第 55 页。

[44] 同上书，第 62 页。

[45] 吉乌斯彼・撒莫纳（Giuseppe Samona），*L'urbanistica e l'avvenire della città negli stati europei*（巴里，Laterza，1959 年）。

[46] 参见塔夫里，*Theories and History of Architecture*，第 62~63 页。

[47] 塔夫里深深地被他有关罗兰・巴特（Roland Barthes）的分析所吸引，特别是在 *Critique et vérité* 上（巴黎，Editions du Seuil，1965 年）。他也使用了巴特所主张的对于建筑的语言分析方式，因为——如我们将要看到的——他相信建筑也是一种语言：一种使用形式来作为其符号单位的语言（参见塔夫里，*Theories and History of Architecture*，第 107~109 页）。

[48] 塔夫里，*Theories and History of Architecture*，第 132 页。

[49] 同上书，第 110~111 页。

[50] 同上书，第 129 页。

[51] 同上书，第 149 页。

[52] 同上书，第 151 页。

[53] 同上书，第 172 页。

[54] 当然，塔夫里也谈及了罗兰・巴特的神话学（*Mythologies*）（巴黎，Editions du Seuil，1957 年）："'神话是以历史为背景的'，巴特告诉我们说，神话通过在一种虚假的'自然主义'的假面后面的隐含的和人为的（以及意识形态性的人为化）的东西来负载它们的那些神秘的东西。"（塔夫里，*Theoris and History of Architecture*，第 7 页）。

[55] 塔夫里，*Theories and History of Architecture*，第 171 页。

[56] 其主要关注的是瓦尔特・本杰明的 "Das Kunstwerk im Zeitalter seiner technischen Reproduzierbarkeit"，见 *Schriften*（法兰克福，Suhrkamp，1955 年），这篇文章最初发表在 *Zeitschrift für Sozialforschung*（1936 年）；乌姆伯托・艾克（Umberto Eco）的 *Opera aperta*（米兰，Bompiani，1962 年）；罗兰・巴特的 *Critique et vérité* 和 *Mythologies*。在这里我没有记录历史学家和建筑艺术理论家们的著作——如吉乌里奥・卡罗・阿尔甘（Giulio Carlo Argan），西萨里・布兰迪（Cesare Brandi），艾尔温・潘诺斯基（Erwin Panofsky）等——他们是以他们自己的方式，谈到了塔夫里的批评方法的

形成过程的。

[57] 塔夫里，*Theories and History of Architecture*，第 213 页。

[58] 同上书，第 229 页。

[59] 同上书，第 173 页。

[60] 同上书，第 235 页。

[61] 罗兰·巴特在 *Critique et vérité* 所提出的文学批评的结构，可以直接应用于建筑之中（参见塔夫里，*Theories and History of Architecture*，第 107~109 页）。由米歇尔·福柯（Michel Foucault）所提炼出来的 *archaeology of the human sciences* "能够……被建筑历史所检验"（塔夫里，*Theories and History of Architecture*，第 80 页）。

[62] 塔夫里，*Theories and History of Architecture*，第 132、213 页。

[63] 见法文版前言的最后几句话，塔夫里，*Théories et histoire de l'architecture*，第 xiii 页。

[64] 塔夫里，*Theories and History of Architecture*，第 234 页。

[65] 参见弗朗西斯科·莫斯奇尼（Francesco Moschini），编辑，*Massimo Scolari：Watercolors and Drawings，1965—1980*（纽约，Rizzoli，1980 年），第 12 页。

[66] For the implicit relations between 关于塔夫里和莱昂·柯里尔（Leon Krier）之间固有的关系，参见罗伯特·马科斯威尔（Robert Maxwell），"意识形态的作用（The Role of Ideology）"，见 *Architectural Design* 第 47 辑，第 3 册（1977 年），第 187~188 页。

[67] 参见艾克（Eco），*Opera aperta*；涉及其英文版本，*The Open Work*，安娜·坎考戈尼（Anna Cancogni）译（剑桥，哈佛大学出版社，1989 年），特别是它的第一章，"开放作品的诗学（The Poetics of the Open Work）"，第 1~23 页。从这一点出发，涉及了英语的翻译问题，这是一个一系列意大利版本及其他由艾克所写文字的综合本。*Opera aperta* 一书中的部分是涉及用英文出版的与乔伊西（Joyce）有关的东西，如 *The Aesthetics of Chaosmos：The Middle Ages of James Joyce*，艾伦·艾斯洛克（Ellen Esrock）译（剑桥，哈佛大学出版社，1989 年）。而我所引证的部分出自这个版本，当然，我也引了最初的，并且是标准的 *Opera aperta* 一书的版本。

[68] 艾克（Eco）以如下的方式描述了布莱希特（Brecht）的戏剧性的诗学："戏剧演出被看作是具有特别张力的矛盾与问题的暴露。通过表现这些紧张的关节点……从严格意义上说，布莱希特并没有表演什么，也没有提出什么解决之道。它只是让观众通过自己在舞台上所看到的东西而得出自己的结论。布莱希特的演出也是在一种模糊不定的情势下结束的……尽管这不再是那种似懂非懂没完没了的病态的暧昧与模糊，也不再是那种充满苦恼的神秘性，而是在某种社会交往的模糊性中特别具体肯定的东西，是一种未曾解决之矛盾与问题的纠结与冲突，从而使剧作家、演员和观众们的天分与机巧得以充分消耗。在这里，作品是 '开放'的，而这与争论中的 '开放'具有同样的意义。

一种解决之道，被看作是一种期待与渴望，而且它实际上是被期待着的。但是，它一定是来自观众们的共同参与和倾心的结果。在这种情况下，'开放'一词被转换成为一种革命性教育的工具。"（艾克，*The Open Work*，第 11 页）。

[69] 参见艾克，*The Open Work*，第 11 页；同上书，*The Aesthetics of Chaosmas*，第 86 页。

[70] 参见艾克，*The Aesthetics of Chaosmos*，第 85~86 页。

[71] "建筑学中的布莱希特诗学（*Brechtian poetics of architecture*）"并不是塔夫里所使用的一种表达，我使用它来描述他所感知建筑的方法，其中隐含着他心目中的批评方法的基础。

[72] 参见夫里，*Theoris and History of Architecture*，第 85~88 页。

[73] 斜体字中的术语是塔夫里在这一章中经常用到的，这一章的标题是 "Architecture as Indifferent Object and the Crisis of Critical Attention"，第 79~102 页。

[74] 塔夫里，*Theories and History of Architecture*，第 86~87 页。

[75] 同上书，第 91~92 页。

[76] 同上书，第 91 页。

[77] 艾克，*The Aestherics of Chaosmos*，第 85 页。

[78] 塔夫里，*Thearies and History of Architecture*，第 91 页。

[79] 同上书，第 214、216 页。

[80] 同上书，第二（意大利文）版中的注释，第 xviii 页。

[81] 参见罗伯特·德勒沃伊（Robert Delevoy），安索尼·维尔德勒（Anthony Vidler）及其他人，*Rational Architecture: The Reconstruction of the European City*（布鲁塞尔，Archives d'Architecture Moderne，1978 年）。

[82] 乌姆伯托·艾克（Umberto Eco），*L'oeuvre ouverte* 一书的附录，钱塔尔·鲁克斯·德·贝齐尤克斯（Chantal Roux de Bezieux）译（巴黎，Editions du Seuil，1965 年），第 307 页。

第八章

[1] 我的定义是从保罗·维纳（Paul Veyne）所写的条目 "Histoire" 中得到的，见《大百科全书》（*Encyclopaedia Universalis*），第 9 卷（1985 年），第 352 页。

[2] 保罗·维纳（Paul Veyne），*Writing History: An Essay on Epistemology*，米纳·乌尔-伦沃卢西（Mina oore–Rinvolucci）译（米德尔顿，康涅狄格州，卫斯理大学出版社，1984 年），第 36 页；最初发表的标题为 *Comment on écrit l'histoire*（巴黎，Editions du Seuil，1971 年）。

[3] 雅克·德里达（Jacques Derrida），"*Ousia* and *Grammé*: Note on a Note from *Being and Time*"，见 *Margins of Philosophy*，翻译，阿兰·巴斯（Alan Bass）（伦敦，Harvester

Press，1982 年），第 38 页；最初发表时的标题为 "Ousia et Gramme，Note sur une Note de Sein und Zeit"，见 *Marges de la Philosophie*（巴黎，Editions de Minuit，1972 年）。

[4] 肯内斯·弗兰普顿（Kenneth Frampton），*Modern Architecture：A Critical History*（伦敦，*Thames & Hudson*，1980 年）。

[5] 威廉·柯蒂斯（William Curtis），*Modern Architecture since 1900*（伦敦，Phaidon，1982 年）。

[6] 马丁·海德格尔（Martin Heidegger），*Being and Time*，约翰·马克艾里亚（John Macquarrie）和爱德华·罗宾逊（Edward Robinson）译（牛津，Blackwell，1962 年），第 446 页；最初发表的题目是 "Sein und Zeit"，见 *Jahrbuch für Philosophie und phänomenologische Forschung*（1927 年）。

[7] 亨利 – 艾雷尼·马洛（Henri–Irenee Marrou），*The Meaning of History*. 罗伯特·奥勒森（Robert J.Olsen）译（都柏林，Helicon Press，1966 年），第 39 页；最初发表的书名为 *De la connaissance historique*（巴黎，Editions du Seuil.1954 年）。

[8] 同上。

[9] 参见列奥波尔德·冯·兰克（Leopold von Ranke），*Geschichten der romanischen und germanischen Völker von 1494 bis 1514, vol.33 of Sämtliche Werke*（莱比锡，Duncker und Humblot，1885 年），第 vii 页；最初发表于 1824 年。关于兰克的历史观点及其影响，参见乔治·伊戈斯（Georg G.Iggers），"兰克在美国和德国历史思想中的反映（The Image of Ranke in American and German Historical Thought）"，*History and Theory* 第 2 辑（1962 年），第 17~40 页。

[10] 米歇尔·德·西尔特（Michel de Certeau），"历史编纂的操作（The Historiographical Operation）"，见 *The Writing of History*，汤姆·贡里（Tom Conley）译（纽约，哥伦比亚大学出版社，1988 年），第 58 页；最初发表的标题是 "L' operation historique"，见 *Faire de l'histoire I: Nouveaux problèmes*，编辑，雅克·勒·高夫（Jacques Le Goff）和皮艾尔·诺拉（Pierre Nora）（巴黎，Gallimard，1974 年）。亦参见雷蒙德·阿隆（Raymond Aron），*Introduction to the Philosophy of History：An Essay on the Limits of Historical Objectivity*，乔治·艾尔温（George J.Irwin）译（波士顿，Beacon Press，1961 年）；最初发表的标题是 *Introduction à la philosophie de l'histoire： Essai sur les limites de l'objectivité historique*（巴黎，Vrin，1938 年）；同上，*La philosophie critique de l'histoire*（巴黎，Vrin，1938 年）。

[11] *double* 一词的概念被雅克·德里达加以了发展，见 *Margins of Philosophy*（特别参见，"Differance" 一章，第 1~27 页，以及 "Form and Meaning：A Note on the Phenomenology of Language"，第 155~173 页），并见 *Dissemination*，巴巴拉·约翰逊（Barbara Johnson）译（芝加哥，芝加哥大学出版社；伦敦，Athlone Press，1981 年），最初发表

的标题为 *La dissémination*（巴黎，Editions du Seuil，1972 年）；特别参见标题为 "The Double Session" 的章节，第 173~285 页。这一概念的来源可以追溯到柏拉图，他在现实之间 "度量" 了距离，形成了个人对于现实的看法（doxa），以及它的语言表述方式（logos）。参见柏拉图（Plato），*Philebus, 38c–39d*。当然，概念 double 也被其他当代思想家所使用，包括亨利－艾雷尼·马洛，他在同一个历史文本中区分了真实的两个层面："的确，只要历史是真实的，它的真实性就是双重的，因为历史真实的组成既包括了过去本身，也包括了由历史学家所提供的陈述。"（*The Meaning of History*，第 238 页）。

[12] 保罗·维纳（Paul Veyne），"福柯的历史革命（Foucault revolutionne l'histoire）"，为 *Comment on écrit l'histoire* 一书的再版所写的刊后语（巴黎，Editions du Seuil，1979 年），第 363 页。

[13] 米歇尔·福柯（Michel Foucault），*The Archaeology of Knowledge*；和 *The Discourse on Language*，谢里丹·史密斯（A.M.Sheridan Smith）译（纽约，Pantheon Books，1972 年），第 126 页；最初发表时的题目是 *L'archéologie du savoir*（巴黎，Gallimard，1969 年）。

[14] 塔夫里，*Theories and History of Architecture*，第 149 页。

[15] 同上书，第 151 页。

[16] 费德勒（Fiedler）基于戈特弗里德·森佩尔（Gottfried Semper）的重要作品 *Der Stil in den technischen und tektonischen Künsten, oder praktische Ästhetik*（第 1 册，法兰克福，Verlag fur Kunst und Wissenschaft，1860 年，及第 2 册，慕尼黑，Friedrich Bruckmann，1863 年），他的著作将对于事物的理论与历史的路线加以了结合。参见贡拉德·菲尔德勒（Konrad Fiedler），*On the Nature and History of Architecture*，小埃德加·考夫曼（Edgar Kaufmann, Jr.）和卡罗琳·雷丁（Carolyn Reading）译（列克星敦，肯塔基州，n.p.，1954 年）；最初发表的题目是 "Bemerkungen uber Wesen und Geschichte der Baukunst"，见 *Deutsche Rundschau*（1878 年）。

[17] 参见弗朗索瓦·乔伊（Francoise Choay），*The Rule and the Model: On the Theory of Architecture and Urbanism*（剑桥，麻省理工学院出版社，1997 年），第 65 页及之后。

[18] 参见鲁道夫·威特考沃（Rudolf Wittkower），*Architectural Principles in the Age of Humanism*（伦敦，Warburg Institute，1949 年）。

[19] 参见乔伊（Choay），*The Rule and the Model*，第 73 页。

[20] 海因里希·沃尔夫林（Heinrich Wölfflin），*Prolegomena zu einer Psychologie der Architektur*（慕尼黑，Dr.C.Wolf und Sohn，1886 年）；曾在 *Kleine Schriften* 重印（巴塞尔，B.Schwabe，1947 年），第 13~47 页。

[21] 参见 *On Judging Works of Visual Art*，亨利·斯凯弗尔－西蒙（Henry Schaefer–Simmern）

和福尔摩·穆德（Fulmer Mood）译（伯克力，加利福尼亚大学出版社，1949 年）；最初发表的书名是 "Uber die Beurteilung von Werken der bildenden Kunst" [1876 年；重印于 *Schriften über Kunst*，编辑，汉斯·马尔巴克（Hans Marbach）（莱比锡，S.Hirzel，1896 年）] 亦参见费德勒（Fiedler），*On the Nature and History of Architecture*。

[22] 参见佩夫斯纳，为威廉·尼尔（William B.O'Neal）所编辑的 *Sir Nikolaus Pevsner: A Bibliography*，一书写的前言，由约翰·巴尔（John R.Barr）汇编，美国建筑书目协会，论文，第 7 册（夏洛茨维尔，弗吉尼亚大学出版社，1970 年），第 vii 页。

[23] 参见尼古劳斯·佩夫斯纳（Nikolaus Pevsner），*Pioneers of the Modern Movement from William Morris to Walter Gropius*（伦敦，Faber & Faber，1936 年），第 191~192 页。佩夫斯纳写道了 "日内瓦湖边的住宅（house on the lake of Geneva）"，但是，他用的插图及说明却是位于维也纳的斯泰纳住宅（Steiner residence in Vienna）（参见图 1.1）。这一错误当然被后来的版本所纠正，但是这也说明了一个事实，即在 20 世纪 30 年代时，现代建筑的历史仍然是一个正在进行的工作过程。

[24] 保罗·弗兰克尔（Paul Frankl），*Principles of Architectural History: The Four Phases of Architectural Style, 1420—1900*，詹姆斯·戈尔曼（James F.O'Gorman）译（剑桥，麻省理工学院出版社，1968 年），第 195 页；最初发表时的书名是 *Die Entwicklungsphasen der neueren Baukunst*（莱比锡，Verlag B.G.Teubner，1914 年）。

[25] 这是一个模棱两可的问题，如我们在第一章中所看到的，德国艺术史学者保罗·祖克尔（Paul Zucker）指出了 "现代建筑运动开始之时建筑理论上的模棱两可（The Paradox of Architectural Theories at the Beginning of the Modern Movement）"，见 *Journal of the American Society of Architectural Historians*. 第 10 辑，第 3 册（1951 年 9 月），第 8~14 页。

[26] 参见德里达，"*Ousia* and Gramme: Note on a Note from *Being and Time*"；和霍塞尔（Husserl）所称之为 *lebendige Gegenwart*（"the living present"）的分析，见文森特·德斯考姆斯（Vincent Descombes），Lem ê me et l' autre: Quarante-cinq ans de philosophie française, 1933—1978（巴黎，Editions de Minuit，1979 年），第 168 页。

[27] 德里达，*Dissemination*，第 210 页。

[28] 关于 *same* 与 *other* 两个词之间的不同，以及 *logic of identity* 与 *logic of difference* 的哲学意义表达上的不同，参见迪斯贡贝斯（Descombes），*Le même et l'autre*，第 93 页。

[29] 参见菲利普·琼诺德（Philippe Junod），*Transparence et opacité, essai sur les fondements théoriques de l'art moderne: Pour une nouvelle lecture de Konrad Fiedler*（洛桑:L'Age d'Homme，1976 年）。

[30] 参见琼诺德，*Transparence et opacité*，第 16~17，156~157，175~176，49 页，以及杰梅因·巴辛（Germain Bazin），*Histoire de l'histoire de l'art de Vasari à nos jours*（巴黎，Albin

Michel，1986 年），第 173~179 页。亦参见贝内德托·克罗齐（Benedetto Croce），*La storia come pensiero e come azione*（巴里，Laterza，1938 年）；同上，"La teoria dell'arte come pura visibilita"，见 *Nuovi saggi di estetica*（巴里，Laterza，1920 年）。

[31] 马洛（Marrou），*The Meaning of History*，第 283~284 页。

[32] 最初发表在 *Journal of the Warburg and Courtauld Institutes* 第 4 辑上（1940—1941 年），第 1~18 页；第 7 辑（1944 年），第 102~122 页；第 8 辑（1945 年），第 68~106 页。其第一版是以书的形式（伦敦，Warburg Institute，1948 年）在 3 个月时间内售罄。随后有 3 个版本，直到最近仍然可以买到。

[33] 参见柯林·罗（Colin Rowe），"理想别墅中的数学：帕拉第奥与勒·柯布西耶的比较（The Mathematics of the Idea Villa：Palladio and Le Corbusier Compared）"，*Architectural Review* 第 603 期（1947 年 3 月），第 101~104 页；同上书，"手法主义与现代建筑（Mannerism and Modern Architecture）"，*Architectural Review* 第 641 期（1950 年 5 月），第 289~299 页；两篇文章都在罗的文集 *The Mathematics of the Idea Villa and Other Essays* 中重印（剑桥，麻省理工学院出版社，1976 年）。雷诺·巴纳姆描述威特考沃的 *Architectural Principles* 是自佩夫斯纳的 *Pioneers of the Modern Movement* 之后英文建筑学著作中最为重要的贡献，并将其作者看作是他的第二位老师：参见"新粗野主义（The New Brutalism）"，*Architectural Review* 第 118 期（1955 年 12 月），第 361 页；在 *A Critic Writes：Essays by Reyner Banham*，中被重印，由玛丽·巴纳姆（Mary Banham）等人所选编（伯克力，加利福尼亚大学出版社，1996 年）。关于这些影响问题，参见亨利·米隆（Henry A.Millon），"鲁道夫·威特考沃的《人文主义时代的建筑》：它在现代建筑发展与解释中的影响（Rudolf Wittkower，*Architectural Principles in the Age of Humanism*：Its Influence on the Development and Interpretation of Modern Architecture）"，*Journal of the Society of Architectural Historians* 第 31 期，第 2 册（1972 年 5 月），第 83~91 页。关于粗野主义更为具体的讨论，参见巴纳姆，*The New Brutalism：Ethic or Aesthetic?*（伦敦，Architectural Press；纽约，Reinhold，1966 年）。

[34] 参见勒·柯布西耶（Le Corbusier），*Towards a New Architecture*，翻译弗雷德里克·艾特切尔斯（Frederick Etchells）（伦敦，Architectural Press；纽约，Praeger，1927 年），其章节的标题为 "Regulating Lines"，第 63~79 页；最初发表时的书名为 *Vers une architecture*（巴黎，G.Cres，1923 年）。

[35] 勒·柯布西耶（Le Corbusier），*Towards a New Architecture*，第 64 页。

[36] 勒·柯布西耶，*Towards a New Architecture*，第 76 页。勒·柯布西耶借用了 "regulating lines" 的本义——如其在 *Vers une architecture* 一书中所使用的——来自奥古斯特·舒瓦西（Auguste Choisy）的 *Histoire de l'architecture*（巴黎，Gauthier-Villars，1899 年）。

[37] "在决定周围墙体的形式，茅舍的形式，祭坛及其附属部分的位置关系时，他（原始人）一直是本能地求助于正交的轴线关系，以及方圆、圆形……事情并非是现今大多数建筑师已经忘记了那些伟大的建筑都是植根于那些人性非常基本的出发点上的，那么这是出于人类本能的直接功能吗？"（勒·柯布西耶，*Towards a New Architecture*，第 68 页）。

[38] 关于沃伯格（Warburg）及其学校，参见恩斯特·贡布里奇（Ernst Gombrich），*Aby Warburg: An Intellectual Biography*（伦敦，Warburg Institute，1970 年），以及柯特·弗斯特（Kurt W.Forster），"Aby Warburg's History of Art：Collective Memory and the Social Mediation of Images"，*Daedalus* 第 105 期，第 1 册（1976 年冬），第 169~178 页。

[39] 参见佩夫斯纳为欧'尼尔（O'neal）编辑的 *Sir Nikolaus Pevsner: A Bibliography*，所写的前言，第 ix 页。

[40] 关于潘诺斯基（Panofsky），参见米歇尔·安·霍里（Michael Ann Holly），*Panofsky and the Foundations of Art History*（伊萨卡，康奈尔大学出版社，1984 年），以及雅克·波内特（Jacques Bonnet）等，*Erwin Panofsky: Cahiers pour un temps*（巴黎，Centre Georges Pompidou and Pandora Editions，1983 年）。

[41] 艾尔温·潘娜夫斯基（Erwin Panofsky），"Der Begriff des Kunstwollens"，in *Aufsätze zu Grundfragen der Kunstwissenschaft*（柏林，Verlag Bruno Hessling，1974 年），第 29 页；最初发表在 *Zeitschrift für Aesthetik und Allgemeine Kunstwissenschaft* 第 14 辑（1920 年），第 321~329 页。

[42] 米歇尔·波德罗（Michael Podro），*The Critical Historians of Art*（纽黑文，耶鲁大学出版社，1982 年），第 181 页。

[43] 参见艾尔温·潘诺夫斯基（Erwin Panofsky），*Gothic Architecture and Scholasticism*（拉特罗布，宾夕法尼亚州，Archabbey Press，1951 年）；同上，*Perspective as Symbolic Form*，翻译，克里斯托夫·伍德（Christopher Wood）（纽约，Zone Books，1991 年）；最初发表的题目是 "Die Perspektive als 'Symbolische Form'"，*Vorträge der Bibliothek Warburg*（1924/1925），第 258~330 页。

[44] 参见米尔隆（Millon），"鲁道夫·威特考沃（Rudolf Wittkower），*Architectural Principles in the Age of Humanism*"。米尔隆贡献了他文章 "20 世纪 20 年代和 30 年代的现代建筑运动的再评估（Reassessment of Modern Architecture of the 1920s and 1930s）" 中的第三部分（第 87~91 页），他认为威特考沃的著作所激活的不仅是一种对于文艺复兴的历史兴趣，而且也是从其文化的、社会的和政治倾向的观点上对现代建筑进行再检验方面的兴趣："威特考沃对于建筑与社会之关系的说明，是在当他为了一种有关 20 世纪建筑观点的修订而能够服务于一种适当的方法论模式的时候提出来的。"威特考沃并没有纠正沃尔夫林（Wölfflin）和杰奥弗里雷·斯科特（Geoffrey

Scott）的解释，他的学生和其他人，追随了相同的模式（以及包括罗、巴纳姆、佐迪、弗兰普顿、柯尔贡、艾森曼、里克沃特和安德逊，如米尔顿自己为 *supra* 所做的注释），是对希区柯克和约翰逊、佩夫斯纳及杰迪恩的一种纠正（同上书，第 88 页）。

[45] 不要混淆 *postmodern* 和 *metamodern* 的思想，如在这里所使用时是涉及对于与对现代建筑的质疑平行发展的过去的态度，以及关于出现在 20 世纪 50 年代后期而且至今仍然在流行的更为一般意义上的建筑发展过程的思考。我提出了一个新的术语 *metamodern* 以期避免与隐含在 *postmodernism* 一词中的意义相混淆，也为了将其从在建筑实践领域中转换到历史话语中的应用而变换其结构。

[46] 参见约瑟夫·里克沃特（Joseph Rykwert），"Faire la paix avec le passe"，见 *Histoire et théories de l'architecture*，Rencontres Pedagogiques 第 17~20 期，1974 年 6 月（巴黎，Institut de l'Environnement，1975 年），第 27~33 页。

[47] 同上书，第 33 页。

[48] 同上。

[49] "后现代古典主义不像以前时代的——如古代、文艺复兴、巴洛克、洛可可或新古典主义那样，是一种完整的建筑语言……它只是像模具一样应用古典元素，或是作为一种秩序性原则，如都市类型和对称性应用，而没有其接受其完整的体系，如过去出现的复兴建筑那样。"查尔斯·詹克斯（Charles Jencks）将"后现代主义：新的综合（Post-Modern Classicism：The New Synthesis）"，引入到了概述之中（见 *Architectural Design* 第 5/6 期，1980 年，第 14 页）。换句话说，建筑师有自由选择的可能——从整个建筑的历史中选择，从所有可能的变化中来——这些重要的元素和形态学或构图学上的按照他之需要的"选录"，是为了产生一种表现他同时代情势的抽象拼贴画。亦参见查尔斯·詹克斯（Charles Jencks），《自由风格古典主义：更为宽泛的传统》（*Free Style Classicism：The Wider Tradition*）"，*Architectural Design* 第 1/2 期（1982 年），第 5~21 页；同上，*What is Post-Modernism?*（伦敦，Academy Editions，1986 年）。在一个相当早的时期，菲利普·约翰逊（Philip Johnson）完全清晰地表达了过去的有效性："我的方向是清晰的：折中主义的传统，这不是学术意义上的复兴主义。并没有古典的柱式或哥特式的尖顶饰这些东西。我试图透过整个历史来收拾起我所喜欢的东西。"——约翰·雅克布斯（John Jacobus），*Philip Johnson*（纽约，George Brazillier，1962 年）；引自查尔斯·詹克斯（Charles Jencks），*The Language of Post-Modern Architecture*（伦敦，Academy Editions，1977 年），第 82 页。

[50] 当马乌里克·库洛特（Maurice Culot）呼唤"在历史被工业资本主义及其内在的令人忘却的力量所带来的中断的地方重新恢复与历史的联系"（马乌里克·库洛特，"1980—1990：La decade du n'importe quoi"，*Archives d'Architecture Moderne* 第 17 期，1980 年，

第 3 页）的时候是用古语表述的。并非依赖过去的建筑，而是过去本身："我们既没有精力，也没有时间，更没有想对于一种已经失去之知识加以恢复的期待；我们的弱点是某种怀旧情绪以及对于已经失去之事物的喜爱。"[马乌里克·库洛特和菲利普·利夫布沃（Philippe Lefebvre），为 Déclaration de Bruxelles，一书所写的导言，安德列·巴里（Andre Barey）（布鲁塞尔，Archives d'Architecture Moderne，1980 年），第 14 页] 库尔特的文字中的古语用了"模仿，但其模式并非由其优势所确定：它们是在理想城市建构的框架之中选择的，就如其证据本身一样，并且透过这些证据以及可为鉴戒之城市中的斗争，而对设计所做的研究变得平白易懂了。"（库洛特和利夫布沃，为 Déclaration de Bruxelles，所写的导言，第 14 页）库洛特和他的至交莱昂·克利尔（Leon Krier）是透过一个"革命性视角"，亦即对于即将到来之未来（coming-inthe-future.）的现在，所看到的过去。

[51] 里克沃特（Rykwert），"Faire la paix avec le passe"，第 32 页。

[52] 艾略特（T.S.Eliot），Selected Essays，1917—1932（纽约，Harcourt，Brace，1932 年），第 18 页；被罗伯特·文丘里（Robert Venturi）所引证，Complexity and Contradiction in Architecture（纽约，Museum of Modern Art，1966 年，第二版修订版，1977 年），第 13 页。

[53] 霍伯特·达米奇（Hubert Damisch），"历史主义（艺术）[Historicisme（Art）]"，Encyclopaedia Universalis，第 9 卷（1984 年），第 394 页。

[54] 亨利 - 鲁塞尔·希区柯克（Henry-Russell Hitchcock），Architecture： Nineteenth and Twentieth Centuries（哈尔蒙德沃斯，Penguin Books，1958 年），第 469 页。

[55] 参见卡尔·洛维斯（Karl Lowith），Meaning in History（芝加哥，芝加哥大学出版社，1949 年）。

[56] 参见乔治·伊戈斯（Georg G.Iggers），The German Conception of History： The National Tradition of Historical Thought from Herder to the Present（米德尔顿，康涅狄格州，卫理斯大学出版社，1968 年）。关于术语 Historismus 的意义，参见伊戈斯，第 287~290 页，并参见德威特·李（Dwight E.Lee）和罗伯特·贝克（Robert N.Beck），"历史主义的意义（The Meaning of Historicism）"，American Historical Review 59（1953—1954），第 568~577 页。

[57] 卡尔·波普尔（Karl R.Popper），The Poverty of Historicism（伦敦，Routledge & Kegan Paul，1957 年），第 v 页。

[58] 参见尼古劳斯·佩夫斯纳（Nikolaus Pevsner），"现代建筑与历史学家，或回归历史主义（Modern Architecture and the Historian，or the Return of Historicism）"，见 Studies in Art，Architecture and Design，第 2 册（伦敦，Thames and Hudson，1968 年），第 242~243 页；最初发表在 Journal of the Royal Institute of British Architects 68（1961 年 4 月）。

[59] 同上书，第 243 页。

[60] 亦参见安斯奥尼·维德勒（Anthony Vidler），"历史主义之后（After Historicism）"，*Oppositions* 第 17 辑（1979 年），第 1~5 页；以及阿兰·柯尔贡，"三种历史主义（Three Kinds of Historicism）"，见 *Modernity and the Classical Tradition： Architectural Essays 1980—1987*（剑桥，麻省理工学院出版社，1989 年），第 3~19 页，最初发表在 *Architectural Design* 第 53 期，第 9/10 册（1983 年）。

[61] 在 *Morality and Architecture* 中，沃特金（Watkin）以波普尔所阐述的对历史主义的批评而奠定了他对佩夫斯纳的批评。

[62] 维德勒，"历史主义之后（After Historicism）"，第 1 页。

[63] 参见雅克伯·伯克哈特（Jacob Burckhardt），*Reflexions on History*（伦敦，George Allen & Unwin，1943 年）；最初发表的标题是 *Weltgeschichtliche Betrachtungen*（斯图加特，W.Speeman，1905 年）。

[64] 参见，例如，艾尔温·潘诺夫斯基（Erwin Panofsky），"乔其奥·瓦萨里的'Libro'的第 1 页：从多米尼克·贝克夫米两个立面设计的附记中对意大利文艺复兴的判断对哥特式风格所做的研究（The First Page of Giorgio Vasari's 'Libro'：A Study on the Gothic Style in the Judgment of the Italian Renaissance with an Excursus on Two Facade Designs by Domenico Beccafumi）"，见 *Meaning in the Visual Arts： Papers in and on Art History*（加登城，纽约州，Doubleday Anchor Books，1957 年），第 169~235 页，最初发表的标题是 "Das erste Blatt aus dem 'libro' Giorgio Vasaris：Eine Studie uber die Beurteilung der Gotik in der italienischen Renaissance, mit einem Exkurs uber zwei Fassadenprojekte Domenico Beccafumis," *Städel–Jahrbuch* 第 6 期（1930 年），第 25~72 页；同上，*Idea： A Concept in Art History*，翻译，约瑟夫·皮克（Joseph J.S.Peake）（哥伦比亚，南加利福尼亚大学出版社，1968 年），最初发表的题目是 *"Idea"： Ein Beitrag zur Begriffsgeschichte der älteren Kunsttheorie*（莱比锡：B.H.Teubner，1924 年）；保罗·弗兰克尔（Paul Frankl），*The Gothic： Literary Sources and Interpretations through Eight Centuries*（普林斯顿，普林斯顿大学出版社，1960 年）；伯纳德·特西德累（Bernard Teyssedre），*L'histoire de l'art vue du Grand Siècle*（巴黎，Julliard，1964 年）；汉斯·罗伯特·乔斯（Hans Robert Jauss），*Toward an Aesthetic of Reception*，翻译，蒂莫西·巴蒂（Timothy Bahti）（明尼阿波利斯，明尼苏达大学出版社，1982 年）；同上，*Die Theorie der Rezeption*（Konstanz: Universitatsverlag Konstanz，1987 年）。

[65] 参见尼古劳斯·佩夫斯纳，*Barockmalerei in den romanischen Ländern： Die italienische Malerei vom Ende der Renaissance bis zum ausgehenden Rokoko*（威尔德帕克 – 波茨坦（Wildpark-Potsdam），Akademische Verlagsgesellschaft Athenaion，1928 年）；同上，*Leipziger Barock： Die Baukunst der Barockzeit in Leipzig*（德累斯顿，WolfgangJess，1928

年）。

[66] 佩夫斯纳，*An Outline of European Architecture*，第 7 版，经过修订和扩展（哈尔蒙德沃斯，Penguin Books，1963 年），第 435 页。

[67] 参见柯尔贡，"Three Kinds of Historicism"，第 15~18 页。

[68] 见 *Revue Générale de l'Architecture*（1860 年），第 184 页。

[69] 参见阿兰·柯尔贡，"导言：现代建筑及其历史性（Introduction： Modern Architecture and Historicity）"，见 *Essays in Architectural Criticism： Modern Architecture and Historical Change*（剑桥，麻省理工学院出版社，1981 年），第 11~19 页；同上书，"Three Kinds of Historicism"，第 16~18 页。

参考文献 —————————————— Bibliography

The bibliography includes all the works cited in this book.For all works belonging to the central corpus, whose titles are in bold, I have given the first published edition, its first English translation, and, whenever appropriate, any other edition used for this study.

Adorno, Theodor W., and Max Horkheimer. *Dialectic of Enlightenment*, trans. John Cum-ming. New York: Continuum, 1972. Originally published as *Philosophische Fragmente*. New York: Institute of Social Research, 1944.

Alberti, Leon Battista. *On the Art of Building in Ten Books*, trans. Joseph Rykwert, Neil Leach, and Robert Tavernor.Cambridge: MIT Press, 1988. Originally published as *De re aedificatoria*. Florence, 1485.

Angrisani,Marcello. "Architettura: Forma o finzione,Reyner Banham e l'environmentalism."*Casabella* 353 (October 1970) : 41–46.

Angrisani, Marcello." Reyner Banham e l'environmentalism: La componente tecnologica nell'architettura." *Casabella* 350–351 (July–August 1970) : 67–74.

Aron, Raymond. *Introduction to the Philosophy of History: An Essay on the Limits of Historical Objectivity*, trans.George J.Irwin, Boston: Beacon Press, 1961. Originally published as *Introduction à la philosophie de l' histoire: Essai sur les limites de l' objectivité historique*. Paris: Vrin, 1938.

Aron, Raymond. *La philosophie critique de l' histoire*. Paris: Vrin, 1938.

Asor Rosa, Alberto, "Critica dell'ideologia ed esercizio storico/Critique of Ideology and Historical Practice." Casabella 619–620 (January–February 1995) : 28–33.

Banham, Reyner. *The Architecture of the Well–Tempered Environment*. London: Archirectural Press; Chicago: University of Chicago Press, 1969.

Banham, Reyner. *A Concrete Atlantis: U.S. Industrial Building and European Modern Architecture, 1900—1925*.Cambridge: MIT Press, 1986.

Banham, Reyner. *A Critic Writes: Essays by Reyner Banham*, selected by Mary Banham et al. Berkeley: University of California Press, 1996.

Banham, Reyner. *Design by Choice*, ed. with an introduction by Penny Sparke. London: Academy

Editions, 1981.

Banham, Reyner. *Guide to Modern Architecture*. London: Architectural Press; New York: Reinhold, 1962. Rev.ed., *Age of the Masters: A Personal View of Modern Architecture*. London: Architectural Press; New York: Harper & Row, 1975.

Banham, Reyner. "The History of the Immediate Future." *Journal of the Royal Institute of British Architects* 68, no. 7 (May 1961): 252–260, 269.

Banham, Reyner. *Los Angeles: The Architecture of Four Ecologies*. Harmondsworth: Allen Lane; New York: Harper & Row, 1971.Banham, Reyner. *Megastructures: Urban Futures of the Recent Past*. London: Thames & Hudson; New York: Harper & Row, 1977.

Banham, Reyner. *The New Brutalism: Ethic or Aesthetic?*London: Architectural Press; New York: Reinhold, 1966.Banham, Reyner. *Scenes in America Deserta*. London: Thames & Hudson; Salt Lake City: Gibbs M. Smith, 1982.

Banham, Reyner. *Theory and Design in the First Machine Age*. London: Architectural Press; New York: Praeger, 1960.

Barr, John. "A Select Bibliography of the Publications of Nikolaus Pevsner." In *Concerning Architecture: Essays on Architectural Writers and Writing Presented to Nikolaus Pevsner*, ed. John Summerson. London: Allen Lane, 1968.

Barthes, Roland. *Critique et vérité*. Paris: Editions du Seuil, 1965.

Barthes, Roland. *Mythologies. Paris*: Editions du Seuil, 1957.

Bazin, Germain. *Histoire de l'histoire de l'art de Vasari à nos jours*. Paris: Albin Michel, 1986.

Bedon, Anna, Guido Beltramini, and Pierre–Alain Croset. "Una prima bibliografia." *Casabella* 619~620 (January–February 1995): 170–175.

Behne, Adolf. *The Modern Functional Building*, trans.Michael Robinson, with an introduction by Rosemarie Haag Bletter. Santa Monica: Getty Research Institute for the History of Arts and the Humanities, 1996. Originally published as *Der moderne Zweckbau*. Munich: Drei Masken Verlag, 1926.

Behrendt, Walter Curt. *Modern Building: Its Nature, Problems, and Forms*. New York: Harcourt Brace; London: Hopkinson, 1937.

Behrendt, Walter Curt. *Der Sieg des neuen Baustils*, Stuttgart: Ft. Wedekind, 1927.

Benevolo, Leonardo. *The Architecture of the Renaissance*, trans. Judith Landry.London: Routledge & Kegan Paul; Boulder, Colo.: Westview Press, 1978. Originally published as *La storia dell'architettura del rinascimento*. Bari: Laterza, 1968.

Benevolo, Leonardo. *La città italiana del rinascimento*. Milan: Il Polifilo, 1969.

Benevolo, Leonardo. *History of Modern Architecture*, trans. H.J. Landry. London: Routledge & Kegan Paul; Cambridge: MIT Press, 1971. Originally published as *Storia del–l'architettura moderna*. Bari: Laterza, 1960.

Benevolo, Leonardo. *The History of the City*, trans.Geoffrey Culverwell. London: Scholar Press; Cambridge: MIT Press, 1980. Originally published as *Storia della città*. Bari: Laterza, 1975.

Benevolo, Leonardo. Introduction to *Histoire de l'architecture moderne*, by Leonardo Benevolo, trans. Vera and Jacques Vicari. Paris: Dunod, 1978.

Benevolo, Leonardo. *Introduzione all'architettura*. Bari: Laterza, 1960.

Benevolo, Leonardo. "Leonardo Benevolo intervistato da Fulvio Irace." Interview. Domus 668(January 1986) : 12–14.

Benevolo, Leonardo. *The Origins of Modern Town Planning*, trans. Judith Landry. London: Routledge & Kegan Paul; Cambridge: MIT Press, 1967. Originally published as *Le origini dell '– urbanistica moderna*. Bari: Laterza, 1963.

Benevolo, Leonardo. *L'ultimo capitolo dell'architettura moderna*. Bari: Laterza, 1985.

Benjamin, Walter. "The Work of Art in the Age of Mechanical Reproduction." in *Illuminations: Essays and Reflections*, ed. Hannah Arendt. New York: Harcourt Brace, 1968. Originally published as "Das Kunstwerk im Zeitalter seiner technischen Reproduzierbarkeit." *Zeitschrift für Sozialforschung* (1936) . Reprinted in Benjamin, *Schriften*. Frankfurt: Suhrkamp, 1955.

Bland, John. "Peter Collins." *Society of Architectural Historians, Newsletter* 26, no.2 (April 1982) : 4–5.

Bois, Yve–Alain, with Françoise Véry and Christian Bonnefoi. "La traversée des histoires." In *Modern' Signe: Recherches sur le travail du signe dans l'architecture moderne*, by Hubert Damisch et al. Vol. 1. Paris: CORDA and CEHTA, 1977.

Bonnet, Jacques, et al. *Erwin Panofsky: Cahiers pour un temps*. Paris: Centre Georges Pompidou; Pandora Editions, 1983.

Bonta, Juan Pablo. *Architecture and Its Interpretation: A Study of Expressive Systems in Architecture*. London: Lund Humphries, 1979.

Braudel, Fernand. *Ecrits sur l'histoire*. Paris: Flammarion, 1979.

Burckhardt, Jacob. *Reflexions on History*, trans. M. D.Hottinger. London: George Allen & Unwin, 1943.Originally published as *Weltgeschichtliche Betrachtungen*. Stuttgart: W. Speeman, 1905.

Certeau, Michel de. "The Historiographical Operation." In *The Writing of History*, trans. Tom Conley. New York: Columbia University Press, 1988.Originally published as "L'opération historique, " in *Faire de l' histoire I: Nouveaux problèmes*, ed. Jacques Le Goff and Pierre Nora. Paris: Gallimard, 1974.

Choay, Françoise. *L'allégorie du patrimoine*. Paris: Editions du Seuil, 1992.

Choay, Françoise. *The Rule and the Model: On the Theory of Architecture and Urbanism*. Cambridge: MIT Press, 1997.Originally published as *La règle et le modèle: Sur la théorie de l' architecture et de l' urbanisme*. Paris: Editions du Seuil, 1980.

Choisy, Auguste. *Histoire de l' architecture*. Paris: Gauthier Villars, 1899.

Ciucci, Giorgio. "Gli anni della formazione/The Formative Years." *Casabella* 619–620 (January–February 1995): 12–25.

Clifton–Taylor, Alec. "Nikolaus Pevsner." *Architectural History* 28 (1985): 1–6.

Cocâtre, Patrice. *Histoire de l'architecture: Problèmes et méthodes*. Paris: Institut de l'Environnement, 1975.

Cohen, Jean–Louis. "La coupure entre architectes et intellectuels, ou les enseignements de l'italophilie." *In Extenso* 1 (1984): 182–223.

Collingwood, Robin George. *The Idea of History*. Oxford: Clarendon Press, 1946.

Collins, Peter. *Architectural Judgement*. London: Faber & Faber; McGill–Queen's University Press, 1971.

Collins, Peter. *Changing Ideals in Modern Architecture, 1750—1950*. London: Faber & Faber, 1965.

Collins, Peter. *Concrete, the Vision of a New Architecture: A Study of Auguste Perret and His*

Precursors. London: Faber & Faber, 1959.

Collins, Peter. "The Form–Givers." *Perspecta* 7 (1961) : 91–96.

Collins, Peter. "Genius Loci: The Historic Continuity of Cities." *Progressive Architecture* 44 (July 1963) : 100—106.

Collins, Peter. "Oecodomics." *Architectural Review* 841 (March 1967) : 175–177.

Collins, Peter. "Peter Collins: Selected Writings."*Fifth Column* 4, no.3–4 (Summer 1984) : 3–96.

Collins, Peter."Theory of Architecture."*Encyclopedia Britannica*, 15th ed.(1974), s.v."Architecture."

Collins, Peter. "Thoughts about Architectural Education." *AIA Journal* 68, no.12 (October 1979) : 60–61, 68.

Colquhoun, Alan. *Essays in Architectural Criticism: Modern Architecrure and Historical Change*. Cambridge: MIT Press, 1981.

Colquhoun, Alan. "Reyner Banham, una lettura per gli anni ottanta." *Domus* 698 (October 1988) : 17–24.

Colquhoun, Alan. "Three Kinds of Historicism." In *Modernity and the Classical Tradition: Architectural Essays 1980—1987*.Cambridge: MIT Press, 1989. Originally published in *Architectural Design* 53, no.9/10 (1983) .

Croce, Benedetto. *The Philosophy of Giambattista Vico*, trans. R. G. Collingwood. New York: Macmillan, 1913.Originally published as *La filosofia di Giambattista Vico*. Bari: Laterza, 1911.

Croce, Benedetto. *La storia come pensiero e come azione*. Bari: Laterza, 1938.

Croce, Benedetto. "La teoria dell'arte come pura visibilità." In *Nuovi saggi di estetica*. Bari: Laterza, 1920.

Culot, Maurice. "1980—1990: La décade du n'importe quoi." *Archives d'Architecture Moderne* 17 (1980) : 1–3.

Culot, Maurice, and Philippe Lefèbvre.Introduction to *Déclaration de Bruxelles*, ed. André Barey. Brussels: Archives d'Architecture Moderne, 1980.

Curtis, William. *Modern Architecture since 1900*. London: Phaidon, 1982.

Damisch, Hubert. "Historicisme (Art) ." *Encyclopaedia Universalis*, 1984, s.v. "Historicisme."

Damisch, Hubert. "Ledoux avec Kant." Preface to *De Ledoux à Le Corbusier: Origine et développement de l'architecture autonome*, by Emil Kaufmann. Paris: L'Equerre, 1981.

Damisch, Hubert. *The Origin of Perspective*, trans. John Goodman. Cambridge: MIT Press, 1994. Originally published as *L'origine de la perspective*. Paris: Flammarion, 1988.

Damisch, Hubert.*Théorie du nuage*. Paris: Editions du Seuil, 1972.

Dean, Andrea Oppenheimer. *Bruno Zevi on Modern Architecture*. New York: Rizzoli, 1983.

Delevoy, Robert, Anthony Vidler, et al. *Rational Architecture: The Reconstruction of the European City*. Brussels: Archives d'Architecture Moderne, 1978.

Derrida, Jacques. *Dissemination,* trans. Barbara Johnson.Chicago: University of Chicago Press; London: Athlone Press, 1981. Originally published as *La dissémination*.Paris: Editions du Seuil, 1972.

Derrida, Jacques. "Ousia and Grammé: Note on a Note from *Being and Time.*" In *Margins of Philosophy*, trans. Alan Bass. London: Harvester Press, 1982. Originally published as "Ousia et Grammé: Note sur une note de Sein und Zeit, " in *Marges de la philosophie*. Paris: Editions de Minuit, 1972.

Descombes, Vincent. *Le même et l'autre: Quarante-cinq ans de philosophie française, 1933—1978.* Paris: Editions de Minuit, 1979.

Eco, Umberto. *The Aesthetics of Chaosmos: The Middle Ages of James Joyce*, trans. Ellen Esrock. Cambridge: Harvard University Press, 1989. Originally published as part of *Opera aperta*. Milan: Bompiani, 1962.

Eco, Umberto. *The Open Work*, trans. Anna Cancogni.Cambridge: Harvard University Press, 1989. Originally published as part of *Opera aperta*. Milan: Bompiani, 1962.

Eisler, Colin. "Kunstgeschichte American Style: A Study in Migration." In *The Intellectual Migration: Europe and America, 1930—1960*, ed. Donald Fleming and Bernard Bailyn. Cambridge: Harvard University Press, 1969.

Eliot, T. S.*Selected Essays, 1917—1932*. New York: Harcourt Brace, 1932.

Engels, Friedrich. *Die Lage der arbeitenden Klassen in England*. Leipzig: Otto Wigand, 1845.

Erouard, Gilbert. "Situation d'Emil Kaufmann." Introduction to *Trois architectes révolutionnaires: Boullée, Ledoux, Lequeu*, by Emil Kaufmann. Paris: Editions de la SADG, 1978.

Fiedler, Konrad. *On Judging Works of Visual Art*, trans.Henry Schaefer–Simmern and Fulmer Mood. Berkeley: University of California Press, 1949. Originally published in 1876 as "Über die Beurteilung von Werken der bildenden Kunst"; reprinted in *Schriften über Kunst*, ed.Hans Marbach. Leipzig: S. Hirzel, 1896.

Fiedler, Konrad. *On the Nature and History of Architecture,* trans. Edgar Kaufmann, Jr., and Carolyn Reading. Lexington, Ky.: n.p., 1954. Originally published as "Bemerkungen über Wesen und Geschichte der Baukunst." *Deutsche Rundschau* (1878).

Fiedler, Konrad. *Der Ursprung der künstlerischen Tätigkeit.* Leipzig: S. Hirzel, 1887

Fishmann, Robert. *Urban Utopias in the Twentieth Century.* New York: Basic Books, 1977.

Forster, Kurt W. "Aby Warburg's History of Art: Collective Memory and the Social Mediation of Images." *Daedalus* 105, no.1 (Winter 1976): 169–178.

Foucault, Michel. *The Archaeology of Knowledge; and the Discourse on Language,* trans. A.M.Sheridan Smith. New York: Pantheon Books, 1972. Originally published as *L'archéologie du savoir.* Paris: Gallimard, 1969.

Foucault, Michel. *The Order of Things: The Archaeology of Human Sciences.* New York: Pantheon Books, 1970.Originally published as. *Les mots et les choses: Une archéologie des sciences humaines.* Paris: Editions Gallimard, 1966.

Foulks, William. "Henry–Russell Hitchcock: Publications 1967—1981." In *In Search of Modern Architecture: A Tribute to Henry–Russell Hitchcock*, ed. Helen Searing.New York: Architectural History Foundation; Cambridge: MIT Press, 1982.

Frampton, Kenneth. "Giedion in America: Reflextions in a Mirror." *Architectural Design* 51, no.6–7 (1981): 45–52.

Frampton, Kenneth. *Modern Architecture: A Critical History.* London: Thames & Hudson, 1980.

Francastel, Pierre. *Art et Technique aux XIXe et XXe siècles.* Paris: Editions de Minuit, 1956.

Frankl, Paul. *The Gothic: Literary Sources and Interpretation through Eight Centuries.* Princeton: Princeton University Press, 1960.

Frankl, Paul. *Principles of Architectural History: The Four Phases of Architectural Styles, 1420—1900,* trans. James F. O'Gorman. Cambridge: MIT Press, 1968.Originally published as *Die Entwicklungsphasen der neueren Baukunst.* Leipzig: B. G. Teubner, 1914.

Georgiadis, Sokratis. *Sigfried Giedion: An Intellectual Biography*, trans. Colin Hall. Edinburgh: Edinburgh University Press, 1993. Originally published as *Sigfried Giedion: Eine intellektuelle Biographie*. Zurich: Institut für Geschichte und Theorie der Architektur and Ammann, 1986.

Giedion, Sigfried. *Architecture and the Phenomena of Transition: The Three Space Conceptions in Architecture*. Cambridge: Harvard University Press, 1971.

Giedion, Sigfried. *Building in France, Building in Iron, Building in Ferroconcrete*, trans. J. Duncan Berry. Santa Monica: Getty Research Institute for the History of Arts and the Humanities, 1995. Originally published as *Bauen in Frankreich, Bauen in Eisen, Bauen in Eisenbeton*. Leipzig: Klinkhardt & Biermann, 1928.

Giedion, Sigfried. *The Eternal Present: A Contribution on Constancy and Change*. Vol. 1, *The Beginnings of Art*. New York: Bollingen Foundation, 1962. Vol. 2, *The Beginnings of Architecture*. New York: Bollingen Foundation, 1964.

Giedion, Sigfried. "History and the Architect." *Zodiac* 1 (1957): 53–61.

Giedion, Sigfried. *Mechanization Takes Command: A Contribution to Anonymous History*. New York: Oxford University Press, 1948.

Giedion, Sigfried. *Space, Time and Architecture: The Growth of a New Tradition*. Cambridge: Harvard University Press, 1941. 5th ed., rev. and exp., Cambridge: Harvard University Press, 1967.

Giedion, Sigfried. *Walter Gropius: Work and Teamwork*. New York: Reinhold, 1954. Originally published as *Walter Gropius: Mensch und Werk*. Zurich: Max E. Neuenschwander, 1954.

Gombrich, Ernst. *Aby Warburg: An Intellectual Biography*. London: Warburg Institute, 1970.

Grady, James H., and Henry–Russell Hitchcock. "Henry Russel Hitchcock: The First Thirty Years." In *Hitchcock, Gropius, Johnson, Early Virginia*, ed. William B. O'Neal. American Association of Architectural Bibliographers, Papers, vol. 1. Charlottesville: University Press of Virginia, 1965.

Greimas, Julien Algirdas, et al. *Introduction à l' analyse du discours en sciences sociales*. Paris: Hachette, 1979.

Gropius, Walter. *Internationale Architektur*. Munich: Albert Langen, 1925.

Guerra, Andrea, and Cristiano Tessari. "L'insegnamento/The Teaching." *Casabella* 619–620 (January–February 1995): 124–129.

Heidegger, Martin. *Being and Time*, trans. John Macquarrie and Edward Robinson. Oxford: Blackwell, 1962. Originally published as "Sein und Zeit." *Jahrbuch für Philosophie und phänomenologische Forschung* 8 (1927) .

Hilberseimer, Ludwig. *Internationale neue Baukunst*. Stuttgart: Julius Hoffmann, 1927.

Hitchcock, Henry-Russell.*Architecture: Nineteenth and Twentieth Centuries*. Harmondsworth: Penguin Books, 1958.4th ed., rev., Harmondsworth: Penguin Books, 1977. French translation as *Architecture: Dixneuvième et vingtième siècles*, trans. L. and K. Merveille.Brussels: Pierre Mardaga, 1981.

Hitchcock, Henry-Russell. *The Architecture of Henry Hobson Richardon and His Time*. New York: Museum of Modern Art, 1936.

Hitchcock, Henry-Russell. *Early Victorian Architecture in Britain*. New Haven: Yale University Press, 1954.

Hitchcock, Henry-Russell. *German Renaissance Architecture*. Princeton: Princeton University Press, 1981.

Hitchcock, Henry-Russell. "In Search of a New Monumentality." *Architectural Review* 104, no. 621 (September 1948) : 123-125.

Hitchcock, Henry-Russell. *In the Nature of Materials, 1887—1941: The Buildings of Frank Lloyd Wright*. New York: Duell, Sloan and Pearce, 1942.

Hitchcock, Henry-Russell. *Modern Architecture: Romanticism and Reintegration*. New York: Payson & Clarke, 1929.

Hitchcock, Henry-Russell. *Painting toward Architecture*. New York: Duell, Sloan and Pearce, 1948.

Hitchcock, Henry-Russell. Review of *Internationale Architektur*, by Walter Gropius. *Architectural Record* (August 1929) : 191.

Hitchcock, Henry-Russell. Review of *Towards a New Architecture*, by Le Corbusier. *Architectural Record* (January 1928) : 90-91.

Hitchcock, Henry-Russell. "Some Problems in the Interpretation of Modern Architecture." *Journal of the American Society of Architectural Historians* 2, no. 2 (April 1942) : 29-40.

Hitchcock, Henry-Russell, and Philip Johnson.*The International Style: Architecture since 1922.*

New York: W.W Norton, 1932. Reprinted with a new foreword and an appendix by Henry–Russell Hitchcock.New York: W.W. Norton, 1966.

Hofer, Paul, and Ulrich Stucky, eds. *Hommage à Giedion: Profile seiner Persönlichkeit*. Basel: Institut für Geschichte und Theorie der Architektur and Birkhäuser, 1971.

Holly, Michael Ann. *Panofsky and the Foundarions of Art History*. Ithaca: Cornell University Press, 1984.

Iggers, Georg G. *The German Conception of History: The National Tradition of Historical Thought from Herder to the Present*. Middletown, Conn.: Wesleyan University Press, 1968.

Iggers, Georg G. "The Image of Ranke in American and German Historical Thought." *History and Theory* 2 (1962): 17–40.

Irace, Fulvio, ed. *Nikolaus Pevsner: La trama della storia*.Milan: Guerini, 1992.

Jacobus, John. *Philip Johnson*. New York: George Braziller, 1962.

Jaffé, G.M. *Le mouvement ouvrier à Paris pendant la Révolution française (1789—1791)*. Paris: Felix Alcan, 1924.

Jauss, Hans Robert. *Die Theorie der Rezeption*. Konstanz: Universitätsverlag Konstanz, 1987.

Jauss, Hans Robert. *Toward an Aesthetic of Reception*, trans. Timothy Bahti. Minneapolis: University of Minnesota Press, 1982.

Jencks, Charles. "Free Style Classicism: The Wider Tradition." *Architectural Design* 1/2 (1982): 5–21.

Jencks, Charles. Introduction to the profile "Post–modern Classicism: The New Synthesis." *Architectural Design 5/6* (1980): 4–20.

Jencks, Charles. *The Language of Post–modern Architecture*. London: Academy Editions, 1977.

Jencks, Charles. *What Is Post–modernism?* London: Academy Editions, 1986.

Joedicke, Jürgen. *A History of Modern Architecture*, trans.James C. Palmes. London: Architectural Press; New York: Praeger, 1959. Originally published as *Geschichte der modernen Architektur: Synthese aus Form, Funktion und Konstruktion* (Teufen: A. Niggli; Stuttgart: Gerd Hadje, 1958).

Jordy, William H. *American Buildings and Their Architects: The Impact of European Modernism in the Mid–Twentieth Century*. Garden City, N.Y.: Doubleday, 1972.

Junghanns, Kurt. *Bruno Taut, 1880—1938*. Berlin: Elefanten Press, 1983.

Junod, Philippe. *Transparence et opacité, essai sur les fondements théoriques de l'art moderne: Pour une nouvelle lecture de Konrad Fiedler*. Lausanne: L'Âge d'Homme, 1976.

Kant, Immanuel. *Critique of Pure Reason*. London; Henry G. Bohn, 1855. Originally published as *Kritik der reinen Vernunft*. 1781.

Kaufmann, Emil. *Architecture in the Age of Reason: Baroque and Post – Baroque in England, Italy, France.*Cambridge: Harvard University Press, 1955.

Kaufmann, Emil. "Claude–Nicolas Ledoux: Inaugurator of a New Architectural System." *Journal of the American Society of Architectural Historians* 3, no.3 (July 1943) : 12–20.

Kaufmann, Emil. *Three Revolutionary Architects*.Philadelphia: American Philosophical Society, 1952.

Kaufmann, Emil. *Von Ledoux bis Le Corbusier: Ursprung und Entwicklung der autonomen Architektur*. Vienna: Passer, 1933.

Kostof, Spiro. "Architecture, You and Him: The Mark of Sigfried Giedion." *Daedalus* 105, no.1 (Winter 1976) : 189–204.

Le Corbusier. *Towards a New Architecture*, trans. Frederick Etchells. London: Architecture Press; New York: Praeger, 1927.Originally published as *Vers une architecture*. Paris: G. Crès, 1923.

Lee, Dwight E., and Robert N. Beck. "The Meaning of Historicism." *American Historical Review* 59 (1953—1954) : 568–577.

Llorens, Tomás. "Manfredo Tafuri: Neo–Avant–Garde and History." *Architectural Design 51*, no.6/7 (1981) : 83–95.

Löwith, Karl. *Meaning in History*. Chicago: University of Chicago Press, 1949

Marrou, Henri–Irénée. *The Meaning of History*, trans.Robert J.Olsen. Dublin: Helicon Press, 1966. Originally published as *De la connaissance historique*. Paris: Editions du Seuil, 1954.

Maxwell, Robert."Il profeta irriverente: Reyner Banham (1922—1988)."*Casabella* 548(July–August 1988) : 38–41.

Maxwell, Robert. "Reyner Banham: The Plenitude of Presence." *Architectural Design* 6/7 (1981):

52–57.

Maxwell, Robert. "The Role of Ideology." *Architectural Design* 47, no.3 (1977): 187–188.

Millon, Henry A. "Rudolf Wittkower, *Architectural Principles in the Age of Humanism*: Its Influence on the Development and Interpretation of Modern Architecture." *Journal of the Society of Architectural Historians* 31, no. 2 (May 1972): 83–91.

Moholy–Nagy, László. *The New Vision: From Material to Architecture*, trans. Daphne M. Hoffman. New York: Brewer, Warren & Putnam, 1932. Originally published as *Von Material zu Architektur*. Munich: Albert Langen, 1929.

Moholy–Nagy, Sibyl. "The Canon of Architectural History." In *The History, Theory and Criticism of Architecture*, Papers from the 1964 AIA–ACSA Teacher Seminar, Cranbrook, ed. Marcus Whiffen. Cambridge: MIT Press, 1965.

Moholy–Nagy, Sibyl. "An Overestimation of Theory." Review of *Theory and Design in the First Machine Age*, by Reyner Banham. *Progressive Architecture* (April 1961): 200, 204.

Moholy–Nagy, Sibyl. Review of *Changing Ideals in Modern Architecture, 1750—1950*, by Peter Collins. *Journal of the Society of Architectural Historians* 26, no.4 (December 1967): 316–318.

Moos, Stanislaus von. "Giedion e il suo tempo." *Rassegna* 25 (1986): 6–17.

Morris, William. "The Art of the People." In *On Art and Socialism: Essays and Lectures*. London: J. Lehmann, 1947.Originally published in *Humane Review* (1900).

Morris, William. "The Prospects of Architecture in Civilization." In *On Art and Socialism: Essays and Lectures*. London: J. Lehmann, 1947.

Moschini, Francesco, ed. *Massimo Scolari: Watercolors and Drawings, 1965—1980*. New York: Rizzoli, 1980.

Mumford, Lewis. *Roots of Contemporary American Architecture*. New York: Reinhold, 1952.

Ockman, Joan."Venezia e New York/Venice and New York." *Casabella* 619–620 (January–February 1995): 56–71.

O'Neal, William. "Henry–Russell Hitchcock: The Fourth Decade." In *Hitchcock, Magazines, Adam, Vaux, Aalto*.American Association of Architectural Bibliographers, Papers, vol.5. Charlottesville: University Press of Virginia, 1968.

O'Neal, William B., ed. *Sir Nikolaus Pevsner A Bibliography*, comp. John R. Barr. With a foreword by Sir Nikolaus Pevsner. American Association of Architectural Bibliographers, Papers, vol. 7. Charlottesville: University Press of Virginia, 1970.

Oud, J.J. P. *Holländische Architektur*. Munich: Albert Langen, 1926

Panofsky, Erwin. "Der Begriff des Kunstwollens." In *Aufsätze zu Grundfragen der Kunstwissenschaft*. Berlin: Verlag Bruno Hessling, 1974. Originally published in *Zeitschrift für Aesthetik und Allgemeine Kunstwissenschaft* 14 (1920) : 321-329.

Panofsky, Erwin. "The First Page of Giorgio Vasari's 'Libro': A Study on the Gothic Style in the Judgment of the Italian Renaissance with an Excursus on the Two Façade Designs by Domenico Beccafumi." In *Meaning in the Visual Arts: Papers in and on Art History*. Garden City, N.Y.: Doubleday Anchor Books, 1957. Originally published as "Das erste Blatt aus dem Libro' Giorgio Vasaris: Eine Studie über die Beurteilung der Gotik in der italienischen Renaissance, mit einem Exkurs über zwei Fassadenprojekte Domenico Beccafumis." *Städel Jahrbuch*6 (1930) : 25-72.

Panofsky, Erwin. *Gothic Architecture and Scholasticism*. Latrobe, Pa.: Archabbey Press, 1951.

Panofsky, Erwin. "The History of Art." In *The Cultural Migration: The European Scholars in America*, by Franz L. Neumann et al. Philadelphia: University of Pennsylvania Press, 1953.

Panofsky, Erwin. *Idea: A Concept in Art History*, trans. Joseph J. S. Peake. Columbia: University of South Carolina Press, 1968. Originally published as *"Idea": Ein Beitrag zur Begriffsgeschichte der älteren Kunsttheorie*. Leipzig: B. H.Teubner, 1924.

Panofsky, Erwin. *Perspective as Symbolic Form*, trans.Christopher Wood. New York: Zone Books, 1991.Originally published as "Die Perspektive als 'Symbolische Form'" *Vorträge der Bibliothek Warburg* (1924/1925) : 258-330.

Panofsky, Erwin." Three Decades of Art History in the United States: Impressions of a Transplanted European." In *Meaning in the Visual Arts: Papers in and on Art History*. Garden City, N.Y.: Doubleday Anchor Books, 1957.Originally published in *College Art Journal* 14 (1953): 7-27.

Perret, Auguste. *Contribution à une théorie de l'ärchitecture*.Paris: André Wahl, 1952.

Pevsner, Nikolaus. *Barockmalerei in den romanischen Ländern: Die italienische Malerei vom Ende der Renaissance bis zum ausgehenden Rokoko*. Wildpark–Potsdam: Akademische Verlagsgesellschaft Athenaion, 1928.

Pevsner, Nikolaus. *A History of Building Types*. London: Thames & Hudson, 1976.

Pevsner, Nikolaus. Introduction to *The Anti-Rationalists*, ed. Nikolaus Pevsner and J. M. Richards. London: Architectural Press, 1973.

Pevsner, Nikolaus. "Judges VI, 34: But the Spirit of the Lord Came upon Gideon and He Blew a Trumpet." *Architectural Review* 106 (August 1949): 77–79.

Pevsner, Nikolaus. *Leipziger Barock: Die Baukunst der Barockzeit in Leipzig*. Dresden: Wolfgang Jess, 1928.

Pevsner, Nikolaus. "Modern Architecture and the Historian, or the Return of Historicism." In *Studies in Art, Architecture and Design*, vol. 2. London: Thames and Hudson, 1968. Originally published in *Journal of the Royal Institute of British Architects* 68 (April 1961).

Pevsner, Nikolaus. *An Outline of European Architecture*. Harmondsworth: Penguin Books, 1942. 7th ed., rev. and exp., Harmondsworth: Penguin Books, 1963.

Pevsner, Nikolaus. *Pioneers of the Modern Movement from William Morris to Walter Gropius*. London: Faber & Faber, 1936. 3d ed., rev. and exp., *Pioneers of Modern Design from William Morris to Walter Gropius*. Harmondsworth: Penguin Books, 1960.

Pevsner, Nikolaus. *Some Architectural Writers of the Nineteenth Century*. Oxford: Clarendon Press, 1972.

Pevsner, Nikolaus. *The Sources of Modern Architecture and Design*. London: Thames & Hudson, 1968.

Pigafetta, Giorgio. *Architettura moderna e ragione storica: La storiografia italiana sull' architettura moderna 1928—1976*. Milan: Guerini Studio, 1993.

Platz, Gustav Adolf. *Die Baukunst der neuesten Zeit*. Berlin: Propyläen Verlag, 1927. 2d ed., rev. and exp., Berlin: Propyläen Verlag, 1930.

Podro, Michael. *The Critical Historians of Art*. New Haven: Yale University Press, 1982.

Popper, Karl. *The Poverty of Historicism*. London: Routledge & Kegan Paul, 1957.

Ranke, Leopold von. *Geschichten der romanischen und germanischen Völker von 1494 bis 1514*, vol. 33 of *Sämtliche Werke*. Leipzig: Duncker und Humblot, 1885. Originally published in 1824.

Reichlin, Bruno. "'The International Style': Rezeption eines Essays als Spiegelbild architektonischen Verständnisses." *Werk, Bauen + Wohnen* 5 (December 1984): 48–53.

Rossi, Aldo. *The Architecture of the City*, trans. Diane Ghirardo and Joan Ockman. Cambridge:

MIT Press, 1982. Originally published as *L'architetrura della città*.Padua: Marsilio Editori, 1966.

Rowe, Colin. *The Mathematics of the Ideal Villa and Other Essays*. Cambridge: MIT Press, 1976.

Rykwert, Joseph. "Una celebrazione ad Harvard: I cinquant'anni di un libro pericoloso." *Casabella* 481 (June 1982) : 39.

Rykwert, Joseph. "Faire la paix avec le passe." In *Histoire et théories de l'architecture*, Rencontres Pédagogiques 17–20 June 1974.Paris: Institut de l'Environnement, 1975.

Rykwert, Joseph. *The First Moderns: The Architects of the Eighteenth Century*. Cambridge: MIT Press, 1980.

Rykwert, Joseph. *On Adam's House in Paradise: The Idea of the Primitive Hut in Architectural History*. New York: Museum of Modern Art, 1972.

Samonà, Giuseppe. *L'urbanistica e l'avvenire della città negli stati Europei*. Bari: Laterza, 1959.

Samson, David M. "Unser Newyorker Mitarbeiter': Lewis Mumford, Walter Curt Behrend and the Modern Movement in Germany." *Journal of the Society of Architectural Historians* 55, no.2 (June 1996) : 126–139.

Scalvini, Maria Luisa, and Maria Grazia Sandri. *L'immagine storiografica dell'architettura contemporanea da Giedion a Platz*. Rome: Officina, 1984.

Schapiro, Meyer. "The New Viennese School." *Art Bulletin* 18, no.2 (June 1936) : 258–266.

Schlosser, Julius von. "Die Wiener Schule der *Kunstgeschichte.*" *Mitteilungen des Österreichischen Instituts für Geschichtsforschungen* 13, no.2 (1934) : 145–228.

Scott, Geoffrey. *The Architecture of Humanism: A Study in the History of Taste*. London: Constable, 1914.2d rev.ed., with an epilogue, 1924.

Scully, Vincent. *Modern Architecture: The Architecture of Democracy*. New York: George Braziller, 1960.

Sekler, Eduard. Review of *Architecture: Nineteenth and Twentieth Centuries*, by Henry–Russell Hitchcock. *Journal of the Society of Architectural Historians* 19, no.3 (October 1960) : 125–127.

Semper, Gottfried. *Der Stil in den technischen und technischen Künsten, oder praktische Ästhetik*. Vol. 1, Frankfurt: Verlag für Kunst und Wissenschaft, 1860. Vol.2, Munich: Friedrich Bruckmann, 1863.

Summerson, John. "The Case for a Theory of Modern Architecture." *Journal of the Royal Institute of British Architects* 64 (June 1957): 307–313.

Tafuri, Manfredo. *Architecture and Utopia: Design and Capitalist Development*, trans. Barbara Luigia La Penta.Cambridge: MIT Press, 1979. Originally published as *Progetto e utopia: Architetura e sviluppo capitalistico*. Bari: Laterza, 1973.

Tafuri, Manfredo. *L'architettura dell'umanesimo*. Bari: Laterza, 1969.

Tafuri, Manfredo. "The Culture Markets." Interview by Françoise Véry. *Casabella* 619–620 (January–February 1995). Originally published as "Entretien avec Manfredo Tafuri." *Architecture, Mouvement, Continuité* 39 (June 1976): 64–68.

Tafuri, Manfredo. *History of Italian Architecture, 1944—1985*, trans. Jessica Levine. Cambridge: MIT Press, 1989. Originally published as *Storia dell' architettura italiana, 1944—1985*. Turin: Einaudi, 1986.

Tafuri, Manfredo. *The Sphere and the Labyrinth: Avant–Gardes and Architecture from Piranesi to the 1970s*, trans.Pellegrino d'Acierno and Robert Connolly. Cambridge: MIT Press, 1987. Originally published as *La sfera e il labirinto: Avanguardia e architettura da Piranesi agli anni'70*. Turin: Einaudi, 1980.

Tafuri, Manfredo. *Theories and History of Architecture*, trans. Giorgio Verrecchia. New York: Harper & Row, 1979; London: Granada, 1980. Originally published as *Teorie e storia dell' architettura*. Bari: Laterza, 1968.

Tafuri, Manfredo. *Venice and the Renaissance*, trans. Jessica Levine. Cambridge: MIT Press, 1989. Originally published as *Venezia e il rinascimento: Religione, scienza, architettura*. Turin: Einaudi, 1985.

Tafuri, Manfredo, and Francesco Dal Co. *Modern Architecture*, trans. Robert Erich Wolf. New York: Harry Abrams, 1979.Originally published as *Architettura contemporanea*. Milan: Electa, 1976.

Taut, Bruno. *Modern Architecture*. London: The Studio; New York: A.& C. Boni, 1929.

Taut, Bruno. *Die neue Baukunst in Europa und Amerika*. Stuttgart: Julius Hoffmann, 1929.

Teyssèdre, Bernard. *L'histoire de l'art vue du Grand Siecle*. Paris: Julliard. 1964.

Teyssot, Georges. "Henry–Russell Hitchcock, *Architecture; Nineteenth and Twentieth Centuries*." In Jean–Louis Cohen et al., *Histoire de l'architecture: Analyses d' ouvrages*. Paris:

Institut de l'Environnement, 1974.

Tintori, S. "Benevolo tra la storia e il manifesto." *Casabella—Continuità* 247 (January 1961) : 21–22.

Venturi, Lionello. *History of Art Criticism*, trans. Charles Marriott. New York : E. P. Dutton, 1936.

Venturi, Robert. *Complexity and Contradiction in Architecture*. New York : Museum of Modern Art, 1966. 2d, rev.ed., 1977.

Veyne, Paul. "Foucault révolutionne l'histoire." Postface to *Comment on écrit l'histoire*. Paris : Editions du Seuil, 1979.

Veyne, Paul. "Histoire." *Encyclopaedia Universalis*, 1985, s.v. "Histoire."

Veyne, Paul. *Writing History: An Essay on Epistemology*, trans. Mina Moore–Rinvolucci. Middletown, Conn.: Wesleyan University Press, 1984. Originally published as *Comment on écrit l'histoire*. Paris : Editions du Seuil, 1971.

Vidler, Anthony. "After Historicism." *Oppositions* 17 (Summer 1979) : 1–5.

Watkin, David. *Morality and Architecture: The Development of a Theme in Architectural History and Theory from the Gothic Revival to the Modern Movement*. Oxford : Clarendon Press, 1977.

Watkin, David. *The Rise of Architectural History*. London : Architectural Press ; Westview, N.J.: Eastview Editions, 1980.

Whyte, Iain Boyd. *Bruno Taut and the Architecture of Activism*. Cambridge : Cambridge University Press, 1982.

Wittkower, Rudolf. *Architectural Principles in the Age of Humanism*. London : Warburg Institute, 1949.

Wölfflin, Heinrich. *Prolegomena zu einer Psychologie der Architektur*. Munich : C. Wolf & Sohn, 1886. Reprinted in *Kleine Schriften*. Basel : B. Schwabe, 1946.

Wright, Frank Lloyd. *The Living City*. New York : Horizon Press, 1958.

Zevi, Bruno. *Architecture as Space: How to Look at Architecture*, trans. Milton Gendel. New York : Horizon Press, 1957. Originally published as *Saper vedere l'architettura: Saggio sull'interpretazione spaziale dell'architettura*. Turin : Einaudi, 1948.

Zevi, Bruno. *Architettura e storiografia*. Milan: Tamburini, 1950.Rev.and exp.ed., Turin: Einaudi, 1974.

Zevi, Bruno. "History as a Method of Teaching Architecture." In *The History, Theory and Criticism of Architecture*, Papers from the 1964 AIA–ACSA Teacher Seminar, Cranbrook, ed. Marcus Whiffen. Cambridge: MIT Press, 1965.

Zevi, Bruno. *Il linguaggio moderno dell'architettura: Guida al codice anticlassico*. Turin: Einaudi, 1973.

Zevi, Bruno. *The Modern Language of Architecture*, trans. Ronald Strom and William A. Packer. Seattle: University of Washington Press, 1978.

Zevi, Bruno. *Spazi dell'architettura moderna*. Turin: Einaudi, 1973.

Zevi, Bruno. *Storia dell'architettura moderna*. Turin: Einaudi, 1950.5th ed., rev. and exp., Turin: Einaudi, 1975.

Zevi, Bruno. *Towards an Organic Architecture*. London: Faber & Faber, 1950. Originally published as *Verso un'architettura organica: Saggio sullo sviluppo del pensiero architettonico negli ultimi cinquant'anni*. Turin: Einaudi, 1945.

Zevi, Bruno. *Zevi su Zevi*. Milan: Magma, 1977.

Zevi, Bruno. *Zevi su Zevi: Architettura come profezia*. Venice: Marsilio, 1993.

Zücker, Paul. "The Paradox of Architectural Theories at the Beginning of the Modern Movement." *Journal of the American Society of Architectural Historians* 10, no. 3 (September 1951): 8–14.

重要建筑史学家及其著作列表

图尼基沃蒂斯在他的书中，聚焦在了 20 世纪几位重要建筑史学家及其著作上。这些建筑史学家包括：佩夫斯纳（Nikolaus Pevsner）、贝内沃洛（Leonardo Benevolo）、杰迪恩（Siegfried Giedion）、考夫曼（Emil Kaufmann）、泽维（Bruno Zevi）、希区柯克（Henry-Russell Hitchcock）、巴纳姆（Reyner Banham）、柯林斯（Peter Collins）、塔夫里（Manfredo Tafuri）。

佩夫斯纳（1902—1983）
英国建筑史家

著作：

《现代设计的先驱》（*Pioneers of Modern Design*）

《坎伯兰与威斯特摩兰》（*Cumberland and Westmorland*）

《欧洲建筑纲要》（*An Outline of European Architecture*）

《建筑类型史》（*A History of Building Types*）

《视觉规划和诗情画意》（*Visual Planning and the Picturesque*）

《英国艺术的英国性》（*The Englishness of English Art*）

《北兰开夏郡》（*North Lancashire*）

《莱斯特郡与拉特兰》（*Leicestershire and Rutland*）

《现代建筑和设计之源》（*The Sources of Modern Architecture and Design*）

《英国建筑：林肯郡》（*The Buildings of England：Lincolnshire*）

贝内沃洛（1923—2017）
意大利建筑史家

著作：

《城市史》（*Die Geschichte der Stadt*）

《建筑导读》（*Introduzione all'architettura*）

《现代建筑史》（*Historia da arquitetura moderna*）

《现代城市规划的起源》（*The Origins of Modern Town Planning*）

《欧洲城市》（*The European City*）

杰迪恩（1888—1968）
瑞士建筑史家

著作：

《CIAM 当代建筑十年》（*CIAM A Decade of Contemporary Architecture*）

《空间、时间与建筑》（*Space，Time and Architecture*）

《知识分子传记》（*Eine Intellektuelle Biographie*）

《机械化统治时代》（*Die Herrschaft der Mechanisierung*）

《通往公众的道路》（*Wege in die Offentlichkeit*）

《机械化的力量》（*La mecanisation au povoir*）

《机械化的决定作用》（*Mechanization Takes Command： a contribution to anonymous history*）

《晚期巴洛克和浪漫古典主义》（*Spätbarocker und romantischer Klassizismus*）

《建筑·你和我：发展日志》（*Architecture，You and Me：The Diary of a Development*）

《不朽的现在》（*The Eternal Present*）

考夫曼（1891—1953）
奥地利建筑史家

著作：

《从冯·勒杜到勒·柯布西耶》（*De Ledoux a le Corbusier*）

《现代建筑》（*Modern Architecture*）

泽维（1918—2000）
意大利建筑史家

著作：

《近现代建筑史》（*Storia dell'architettura moderna*）

《建筑作为空间》（*Architecture as Space*）

《建筑的现代语言》（*The Modern Language of Architecture*）

《可见的建构》（*Saber ver la arquitectura*）

希区柯克（1903—1987）
美国建筑史学家

著作：

《国际式建筑风格》（*International Style*）

《拉丁美洲建筑》（*Latin American Architecture*）

《罗德岛建筑》（*Rhode Island Architecture*）

《德国文艺复兴时期建筑》（*German Renaissance Architecture*）

《H.H. 理查德森的建筑与他的时代》（*The Architecture of H. H.Richardson and His Times*）

《民主的殿堂：美国州议会大厦》（*Temples of democracy： The state capitols of the U.S.A*）

《建筑：18 世纪和 20 世纪》（*Architecture： Nineteenth And Twentieth Centuries*）

巴纳姆（1922—1988）
美国建筑史家

著作：

《第一次机器时代的设计与理论》（*Theory and Design in The First Machine Age*）

《建筑中的野兽派》（*Brutalismus in der Architektur*）

《洛杉矶：建筑的四种生态》（*Los Angeles： The Architecture of Four Ecologies*）

《超级建筑：近日的城市远景》（*Megastructure： Urban Futures of The Recent Past*）

柯林斯（1920—1981）

英国建筑史家

著作：

《变化中的现代建筑思想》（*Changing Ideals in Modern Architecture*）

《混凝土：一种新的建筑景象》（*Concrete：The Vision of a New Architecture*）

塔夫里（1935—1994）

意大利建筑史家

著作：

《建筑与乌托邦》（*Architecture and Utopia*）

《乌托邦项目》（*Progettoe utopia*）

《建筑的人道思想》（*L'architettura dell'umanesimo*）

《日本的现代建筑》（*L'architettura moderna in Giappone*）